煤炭高等教育“十四五”规划教材

现代机床设计

主　编　齐德新　刘宏梅
副主编　金　鑫　晁彩霞

中国矿业大学出版社
·徐州·

内容提要

本书为中国煤炭教育协会“十四五”高等教育规划教材。全书共7章，分别讲述机床设计方法与评价、金属切削机床设计、机床典型部件设计、组合机床设计、机械制造物流系统和机械加工生产线设计等内容。本书以现代机床设计方法为主线，以机床总体设计、运动设计和结构设计为重点，使学生掌握扎实的设计知识并增强工作能力。本书编写力求做到章节精简合理，知识集中度高，内容连贯完整、逻辑性与系统性强，讲解详细易懂，插图正确清晰，使教材内容与实践设计环节紧密联系，有利于培养学生和工程技术人员素养。

本书可作为高等院校机械设计制造及其自动化专业教材，还可作为普通机床和组合机床课程设计的参考书，也可供从事机床设计、改造与研究工作的工程技术人员参考使用。

图书在版编目(CIP)数据

现代机床设计/齐德新，刘宏梅主编. —徐州：中国矿业大学出版社，2024. 8. — ISBN 978-7-5646-6317-9

Ⅰ. TG502.1

中国国家版本馆 CIP 数据核字第 2024VG3198 号

书　　名　现代机床设计
主　　编　齐德新　刘宏梅
责任编辑　周　红　褚建萍
出版发行　中国矿业大学出版社有限责任公司
（江苏省徐州市解放南路　邮编 221008）
营销热线　(0516)83885370　83884103
出版服务　(0516)83885789　83884920
网　　址　http://www.cumtp.com　**E-mail**：cumtpvip@cumtp.com
印　　刷　苏州市古得堡数码印刷有限公司
开　　本　787 mm×1092 mm　1/16　**印张** 15　**字数** 384 千字
版次印次　2024 年 8 月第 1 版　2024 年 8 月第 1 次印刷
定　　价　38.00 元

前　言

现代机床设计是机械设计制造及其自动化专业的一门重要专业课，以讲解普通机床的机械结构和主要部件的设计方法为主，结合组合机床、机械制造生产线相关设计内容，使学生掌握机械制造装备设计的基础知识、基本理论和方法，树立正确的设计思想，以及掌握通用机械装备的设计原理、方法和一般规律，提高学生装备设计的能力，为今后从事专业技术工作打下良好的基础。

本书为煤炭高等教育"十四五"规划教材，紧密结合学校"十四五"学科发展规划和教学实际情况而编写。其课程体系按48～64学时设计，着重学科特色，体现为：① 从课程思政层面上介绍现代机床设计的历史、方法和特点，使学生掌握现代机械制造装备设计理论的同时，树立技术、产业报国思想；② 以金属切削机床和典型部件设计为主线，较为全面、系统地讲述了机械制造工作母机——现代机床的设计原理和方法。

全书体现了理论知识扎实、设计方法正确、应用技能突出的思想，构建突出重点、强化理解、注重实践的课程结构体系。全书共7章，第1章介绍了机床的发展历史与现状，以及现代机床应具备的主要功能；第2章介绍了现代机床设计方法与评价；第3章介绍了金属切削机床总体设计，以及机床主要参数、主传动系统和进给传动系统设计；第4章介绍了机床典型部件的结构与设计方法；第5章介绍了组合机床设计；第6章介绍了机械制造物流系统总体设计，以及上下料装置、传送装置和自动化仓库的设计；第7章介绍了机械加工生产线的总体布局和总体联系尺寸图设计等。

本书由辽宁工程技术大学齐德新、刘宏梅任主编，金鑫、晁彩霞任副主编。全书由刘宏梅统稿、齐德新定稿。晁彩霞在编写期间，工作调动到衢州职业技术学院。

本书是编者在总结多年来教学研究、教学改革和教学实践的基础上，结合实际教学要求编写的，但限于编者的水平，书中不足之处在所难免，恳请读者批评指正。

编　者

2024年4月

目 录

第1章 绪 论

1.1 机床与机械制造装备概述

1.1.1 机床与机械制造装备

装备制造业是国民经济发展建设的基础，装备制造业的技术水平和现代化程度决定着整个国民经济的发展水平和现代化程度。在现代机械制造工业中，加工机器零件的方法有多种，如铸造、锻造、冲压、焊接、切削加工和各种特种加工等，但切削加工是将金属毛坯加工成具有较高精度的形状、尺寸和较高表面质量零件的主要加工方法，在加工精密零件时，目前主要还是依靠切削加工来达到所需的加工精度和表面质量。因此，金属切削机床是加工机器零件的主要设备，它所担负的工作量占机器总制造工作量的40%～60%，机床的技术水平直接影响机械制造工业产品的最终质量和劳动生产率。

机械制造装备工业肩负着提供现代化技术装备的任务，它为工业、农业、交通运输业、科研和国防等部门提供各种机器、仪器和工具，是装备制造业赖以发展的基础。现代国防装备，如舰艇、飞机、火箭、卫星、飞船装置等必须通过机械制造才能满足高技术要求。而机床工业又是机械制造装备工业的基础。

机床作为机械制造的工作母机，它的品种、质量和加工效率直接影响着其他机械产品的生产技术水平和经济效益。机床的属性决定了它在国民经济中的重要地位，因此，机床工业的现代化水平和规模，以及所拥有机床的数量和质量，对提升机械产品市场竞争力、加强国防军工建设都具有举足轻重的作用。作为现代化工业生产不可或缺的重要装备，机床已经成为国家重要的战略装备，它的技术水平可以反映一个国家的综合国力，是一个国家工业发达程度的重要标志之一。

1.1.2 机械制造装备的分类

机械制造过程是从原材料开始，经过热、冷加工，装配成产品，对产品进行调试和检测、包装和发运的全过程，所使用的装备类型繁多，大致可划分为加工装备、工艺装备、仓储传送装备和辅助设备四大类。

1. 加工装备

加工装备是指采用机械制造方法制作机器零件的机床，即制造机器的机器，也称为工作母机。其种类非常多，例如金属切削机床、特种加工机床、锻压机床，以及快速成型机、塑料注射机、焊接设备、铸造设备、木工机床等。

(1) 金属切削机床

金属切削机床是采用切削或磨削的方法，利用刀具或磨具与工件之间的相对运动，从工件上去除多余的金属，以获得满足几何形状、尺寸精度和表面质量要求零件的加工设备。

(2) 特种加工机床

特种加工也称“非传统加工”或“现代加工方法”，是近几十年发展起来的新工艺，泛指用电能、热能、光能、电化学能、化学能、声能、特殊机械能等能量达到去除或增加材料的加工方法，从而实现材料被去除、变形、性能改变、镀覆等。与传统的切削加工方法相比，特种加工的特点包括：在加工过程中工具与工件之间没有显著的切削力；能用简单的运动加工出复杂的型面；加工范围不受材料物理、机械性能的限制，工具材料硬度可以低于被加工材料的硬度。该工艺主要用于一般切削加工方法难以加工(如材料性能特殊、形状复杂)的工件，是对传统加工工艺方法的重要补充与发展。特种加工机床即采用特种加工方法加工工件的机床，按其加工原理可分为电加工、超声加工、高能束加工、射流加工、等离子弧加工、磁脉冲加工、磁磨料加工、复合加工、其他特种加工机床等。

(3) 锻压机床

锻压机床是利用机床的塑性变形特点进行成形加工的设备，属无屑加工设备，主要包括锻造机、冲压机、挤压机和轧制机四大类。

2. 工艺装备

工艺装备是产品制造时所使用的各种刀具、模具、夹具、量具等工具的总称。它是保证产品制造质量、贯彻工艺规程、提高生产效率的重要手段。

(1) 刀具

刀具是切削加工时，从工件上切除多余材料所用的工具。刀具的种类非常多，如车刀、刨刀、铣刀、钻头、丝锥、齿轮滚刀等。大部分的刀具均已实现标准化，由刀具制造企业大批量生产，不需要自行设计。

(2) 模具

模具是用来将材料填充在其型腔中，以获得所需形状和尺寸制件的工具。模具种类很多，根据加工对象、加工工艺及结构特点的不同，包括粉末冶金模具、塑料模具、压铸模具、冷冲模具、锻压模具等。

(3) 夹具

夹具是机床上用于装夹工件(和引导刀具)的一种装置。其作用是将工件定位，以使工件获得相对于机床和刀具的正确位置，并把工件可靠地夹紧。夹具一般由定位元件、夹紧装置、对刀和引导元件或装置、连接元件、夹具体等部分构成。夹具按其所使用的机床可分为车床夹具、铣床夹具、钻床夹具(钻模)、镗床夹具(镗模)、磨床夹具、齿轮机床夹具等；按其产生夹紧力的动力源可分为手动夹具、气动夹具、液压夹具、电动夹具、电磁夹具、真空夹具等；按其使用范围，可分为通用夹具、专用夹具、组合夹具、随行夹具、通用可调夹具、成组夹具等类型。

(4) 量具

量具是以固定形式复现量值的计量器具的总称。按其用途可分为：标准量具、通用量具和专用量具。标准量具指用作测量或检定标准的量具，如量块、多面棱体、表面粗糙度比较样块等。通用量具也称万能量具，一般指由量具厂统一制造的通用性量具，如直尺、平板、角度块、卡尺等。专用量具也称非标量具，指专门为检测工件某一技术参数而设计制造的量具，如内外沟槽卡尺、钢丝绳卡尺、步距规等。

3. 仓储传送装备

物流系统是机械制造系统的重要组成部分之一，仓储传送装备的作用是将制造系统中的物料（如毛坯、半成品、成品、工夹具等）及时、准确地输送到有关设备或仓储设施处，主要完成物料的存储、输送、装卸、管理等功能。

4. 辅助设备

辅助设备包括清洗机和排屑装置等设备。

清洗机是用来清洗工件表面尘屑油污的设备。所有零件在装配前均需经过清洗，以保证装配质量和使用寿命。清洗液常用3%～10%的苏打或氢氧化钠水溶液，加热至80～90 ℃，采用清洗、喷洗、气相清洗或超声清洗等方法。

排屑装置设计安装在自动机床或自动线上，用于从加工区域将切屑清除，并传送至机外或线外的集屑器中。清除切屑的装置常用离心力、压缩空气、电磁、真空或切削液冲刷等方法；切屑传送装置则有带式、螺旋式、刮板式等。

1.2 机床的发展历史与现状

1.2.1 机床发展简史

机床制造工业可划分为三个发展阶段：手工业生产、机械化生产和自动化生产。公元前两千多年出现的树木车床是机床最早的雏形。该机床工作时，脚踏绳索下端的套圈，利用树枝的弹性使工件由绳索带动旋转，手拿贝壳或石片等作为刀具，沿板条移动工具切削工件。在12世纪和13世纪后半期，出现了装有绳索擒纵机构的原始钟和天平式钟，表明时钟齿轮系统有了进一步的发展。这个时期，曲柄连杆机构原理已经用于机械，加工机械方面出现了手动车床。15世纪，钟表制造业推动了机械制造技术的发展，钟表匠使用螺纹车床和齿轮加工机床制造更精密的钟表。

18世纪的工业革命推动了机床的发展。世界上第一台镗床是1775年由威尔金森发明的。威尔金森发明的镗床是一种能够精密地加工大炮的钻孔机，它是一种空心圆筒形镗杆，两端都安装在轴承上。威尔金森用这台炮筒镗床镗出的气缸，满足了瓦特蒸汽机的要求。为了镗制更大的气缸，他又于1776年制造了一台水轮驱动的气缸镗床，促进了蒸汽机的发展。从此，机床开始用蒸汽机通过曲轴驱动。

1797年，英国人莫兹利制成的车床由丝杠传动刀架，这台车床能够沿着两根平行导轨移动刀架和尾座。导轨的导向面是三角形的，在主轴旋转时带动丝杠使刀具架横向移动。这是近代车床所具有的主要机构，能实现机动进给和车削螺纹，这也是机床结构的一次重大变革。莫兹利也因此被称为“英国机床工业之父”。19世纪，由于纺织机械、动力机械、交通运输机械和军火生产的推动，各种类型的机床相继出现。1817年，英国人罗伯茨创制龙门刨床；1818年，美国人惠特尼制成了世界上第一台普通卧式铣床；1876年，美国人制成万能外圆磨床；1835和1897年，美国人先后发明滚齿机和插齿机。从19世纪末到20世纪初，单一的车床已逐渐演化出了铣床、刨床、磨床、钻床等多种功能机床。这些主要机床已经基本定型，随着电动机的发明，机床开始先采用电动机集中驱动，后又广泛使用单独电动机驱动。20 世纪初，为了加工精度更高的工件、夹具和螺纹加工工具，相继制造出坐标镗床和螺纹磨床。同时为了适应汽车、轴承等工业大量生产的需要，又研制出各种自动机床、仿形机床、组合机床和自动生产线。

随着电子技术的发展，美国于 1952 年研制成功第一台数字控制机床；1958 年研制成功能自动更换刀具，以进行多工序加工的加工中心；20 世纪 70 年代初研制成功柔性制造系统(FMS)；1987 年首创开放式数控系统等。电子技术、计算机技术和材料科学技术的发展与应用，使机床朝着高精度、高质量、高自动化、智能化方向发展，在驱动方式、控制系统和结构、功能等方面都发生了显著的变革，并出现复合化、多轴联动化、集成化、环保化等发展趋势。

1.2.2 我国机床发展现状

我国的机床工业是在中华人民共和国成立后建立起来的。在半封建半殖民地的中国，基本上没有机床制造工业。直到 1949 年，只有少数几个机械修配厂能少量生产结构简单的机床，全国机床产量仅 1 500 多台。至今经过 70 多年的发展，我国机床工具行业经历了从修配到制造，从制造一般产品到制造大型精密数控机床，从测绘仿制、引进技术到消化吸收再创新、部分产品自主创新，从仅仅面向国内市场到走向国际市场，从出口产品、与国外进行经济技术合作到收购国外一些技术先进的企业，开展国际化经营的一系列转变，我国机床工业获得了高速发展，逐步形成了具有较大规模、布局比较合理、结构比较完整、较强实力和较高技术水平的机床工业制造体系。

我国已连续几年成为世界最大的机床消费国和机床进口国，是世界第三大机床生产国。我国机床的拥有量和产量已步入世界前列，品种和质量也有了很大的发展和提高，除满足国内建设需要外，有一部分已远销国外。我国已制定了完整的机床系列型谱，生产的机床品种也日趋齐全，目前已具备了成套装备现代化工厂的能力，我国机床的性能也在逐步提高。

在消化、吸收、引进技术的基础上，我国的数控机床无论是产品种类、技术水平还是质量和产量都取得了很大的发展，一些关键技术也得到了重要突破，有些机床已经接近世界先进水平。目前我国机床品种超过 4 000 种(特别是数控机床及其他高新技术机床产品达 1 500 多种)，这在世界范围内也是位居前列的。我国的锻压机床、重型与超重型机床、高精度精密机床、电加工与特种加工机床、直齿与弧齿齿轮加工机床(滚、铣、插、剃、珩、拉，特别是磨齿)，品种门类齐全。我国可供市场的 1 500 多种数控机床，覆盖超重型机床、高精度机床、特种加工机床、锻压设备、前沿高技术机床等领域，范围之广可与美、日、德、意并驾齐驱。我国机床工业经过多年的发展，目前已经形成了完整的机床工业体系。

五轴联动数控机床是数控机床技术制高点的重要标志。五轴联动数控机床是一种高精度、高效率的加工设备，能够实现复杂曲面零件的加工。它通过同时控制工件在五个方向上的旋转和移动，使得加工过程更加灵活、精确。在高端制造领域，五轴联动数控机床被广泛应用于航空航天、汽车、模具等行业，为产品的精度和质量提供了重要保障。近年来，我国在数控机床的制造方面，无论是技术水平还是制造质量都在逐年提高，至今仍受到发达国家限制的数控五轴联动产品等的开发技术，我国都已陆续掌握，标志着我国高端数控机床工业已经迈上了一个新台阶。

技术创新是国内数控机床研发与生产企业成长的重要推动力。国内企业通过加大研发投入，培养人才团队，积极开展科技创新，推动了数控机床技术的进步。国内企业在数控机床领域中的成长空间巨大，在过去的几年里，国内企业通过技术创新和市场拓展，逐渐崭露头角，在机床结构设计、控制系统、刀具加工等方面进行了大量的研究和改进，不断提升产品的性能和质量。同时，国内企业还积极开展国际合作，引进和消化吸收国外先进技术，加速了自身的发展步伐。

国产数控机床与国外工业发达国家的产品比较，还存在许多差距，相当数量的中高档数控机床仍需要依赖进口。低端过剩和高端不足的结构性矛盾、国内市场需求结构快速升级与机床行业不能适应和满足这种需求的矛盾，成为掣肘机床产业健康发展的主要问题，也成为行业转型升级急需破解的重要课题。与国外先进企业相比，国内企业在核心技术和品牌影响力方面仍有差距。为了应对这些挑战，国内企业需要进一步加强技术创新，提升产品质量和性能。同时，他们还应加大市场拓展力度，提升品牌知名度，积极参与国际竞争，争取更多的市场份额。

中国机床行业缺的不是面，而是深度。在《中国制造 2025》目标下，智能制造成为我国高端装备制造重点发展方向之一，这为机床行业提供了新的发展空间。智能化产品将是机床行业在高端市场的一个新突破口。

我国是机床制造大国，但不是强国。虽然机床制造取得了很大的成绩，但与国家经济发展需要和世界先进水平相比还存在着一定的差距，必须迎头赶上。

1.3 现代机床应具备的主要功能

现代机床作为机械制造装备中的重要组成部分，应具备的主要功能中，除了一般功能要求以外，还应强调柔性化、精密化、自动化、机电一体化、节材节能、符合工业工程和绿色工程的要求。

1.3.1 一般功能要求

现代机床首先应满足以下几项一般功能要求。

1. 加工精度方面的要求

加工精度是指加工后的零件相对于理想尺寸、形状和位置的符合程度，一般包括尺寸精度、表面形状、相互位置精度和表面粗糙度等。满足加工精度要求是机床最基本的功能。影响机床加工精度的因素很多，其中与机床本身有关的因素包括几何精度、传动精度、运动精度、定位精度和低速运动平稳性等。

2. 强度、刚度和抗振性方面的要求

提高机床的强度、刚度和抗振性，不能靠一味地加大机床零部件的尺寸和质量，使之成为“傻、大、黑、粗”的产品，而是应该利用新技术、新工艺、新结构和新材料，对主要零部件和整体结构进行设计，在不增加或少增加质量的前提下，使机床的强度、刚度和抗振性满足规定的要求。

3. 可靠性和加工稳定性方面的要求

机床的可靠性主要取决于其在设计和制造阶段形成的固有的可靠程度，是指机床在使用过程中，在规定的条件下和时间内能完成规定功能的能力，通常用“概率”来表示。

机床在使用过程中，受到切削热、摩擦热、环境热等的影响，会产生热变形，影响加工性能的稳定性。对于自动化程度较高的现代机床，加工稳定性方面的要求尤其重要。提高加工稳定性的措施有减少发热量、散热和隔热、均热、热补偿、控制环境温度等。

4. 使用寿命方面的要求

机床经过长期使用，由于零件磨损、间隙增大，其原始工作精度将逐渐丧失。对于加工精度要求很高的现代机床，使用寿命方面的要求尤其重要，提高使用寿命应从设计、工艺、材料、热处理和使用等方面综合考虑。从设计角度来看，提高使用寿命的主要措施包括减少磨损、均匀磨损和磨损补偿等。

5. 技术经济方面的要求

不能为了盲目追求机床的技术先进程度而无计划地加大投入，应该在技术先进性和经济性之间进行合理分析，从而确定哪个是主要因素。因此，做好技术经济分析能增加现代机床的市场竞争能力。

1.3.2 其他功能要求

1. 柔性化

柔性化有两重含义，即机床结构柔性化和功能柔性化。

机床结构柔性化是指机床设计时采用模块化设计方法和机电一体化技术，只需对结构做少量的重组或改进，或只需要通过修改软件，就可以快速地推出市场需要的、具有不同功能的新产品。

功能柔性化是指只需进行少量的调整或通过修改软件，就可以方便地改变机床或系统的运行功能，以满足不同的加工需要。数控机床、柔性制造单元或系统均具有较高的功能柔性化程度。

要实现现代机床的柔性化，不一定非要采用柔性制造单元或系统。专用机床，包括组合机床及其组成的生产线，也可以被设计成具有一定柔性，能完成一些批量较大、工艺要求较高的工件加工装置，其柔性表现在机床可进行调整从而满足不同工件的加工要求。调整方法包括采用备用主轴、位置可调主轴、工夹量具成组化、工作程序软件化和部分动作实现数控化等。

2. 精密化

随着科学技术的发展和国际化市场竞争的加剧，对制造精度的要求也越来越高，从微米级发展到亚微米级，乃至纳米级。为了提高机床产品质量，压缩工件制造的公差带，只采用传统的措施，一味提高机床自身的精度已经无法达到这些要求，需要采用误差补偿技术。误差补偿技术可以是机械式的，如为提高丝杠或分度蜗轮的精度采用校正尺或校正凸轮等。较先进的方法是采用数字化误差补偿技术，通过误差补偿来提高其几何精度、传动精度、运动精度和定位精度等。

3. 自动化

自动化有全自动化和半自动化之分。全自动化是指能自动完成工件的上料、加工和卸料的生产全过程。半自动化则是上、下料需要人工完成。实现自动化后，可以减少加工过程中人的干预，减轻工人劳动强度，提高加工效率和劳动生产率，保证产品质量及机床的稳定性，改善劳动条件。

实现自动化控制和运行的方法可分为刚性自动化和柔性自动化。刚性自动化是指采用传统的凸轮和挡块控制，如采用凸轮机构控制多个部件运动，使之相互协调工作。当工件发生变化时，必须重新设计凸轮及调整挡块，由于调整过程复杂，因此这种方式仅适合大批量生产。柔性自动化是由计算机控制的生产自动化，主要包括可编程逻辑控制和计算机数字控制。通过计算机数字控制和可编程逻辑控制相结合，实现单件小批量生产的柔性自动化控制，如数控机床、加工中心、柔性制造单元、柔性制造系统以及计算机集成制造等。

生产自动化技术不断向智能化方向发展，在加工过程中，可根据实际加工条件自动地改变切削用量（如切削速度、进给速度等），使加工过程始终处于最佳状态。

4. 机电一体化

机电一体化是指机械技术与微电子、传感监测、信息处理、自动控制和电力电子等技术，按系统工程和整体优化的方法，有机地组成最佳技术系统。机电一体化系统和产品的通常结构是机械的，用传感器检测来自外界和机床内部运行状态的信息，由计算机进行处理，经控制系统，由机械、液压、气动、电气、电子及其混合形式的执行系统进行操作，使系统能自动适应外界环境的变化。设计机电一体化产品要充分考虑机械、液压、气动、电力电子、计算机硬件和软件的特点，充分发挥各自的特点，进行合理的功能搭配，构成一个极佳的技术系统，使得现代机床体积小、结构简化、原材料节约、可靠性和效率提高，从而实现机床精密化、高效化和柔性自动化。

5. 符合工业工程的要求

工业工程是对人、物料、设备、能源和信息所组成的集成系统进行设计、改善和实施的一门科学。其目标是设计一个生产系统及其控制方法，在保证工人和最终用户健康和安全的前提下，以最低的成本生产出符合质量要求的产品。

在机床产品开发阶段，应充分考虑结构的工艺性，提高其标准化、通用化水平，以便采用最佳的工艺方案，选择最合理的制造设备，尽可能减少材料和能源的消耗，合理地进行机床的总体布局，优化操作步骤和方法，提高工作效率，并对市场和消费者进行调研，保证产品达到合理的质量标准，减少因质量标准定得过高而造成不必要的浪费。

6. 符合绿色工程的要求

绿色工程是指注重保护环境、节约资源、保证可持续发展的工程。按绿色工程的要求设计的产品称为绿色产品。绿色产品的设计在充分考虑产品的功能、质量、开发周期和成本的同时，还优化各有关设计的要求，使得产品从设计、制造、包装、运输、使用到报废处理的整个生命周期中，对环境的影响最小，资源利用率最高。

绿色产品设计时考虑的内容包括产品材料的选择应该是无毒、无污染、易回收、可重用、易降解的；产品制造过程中应充分考虑对环境的保护，包括资源回收、废弃物的再生和处理、原材料的再循环、零部件的再利用等方面；产品的包装也应充分考虑选用资源丰富的包装材料，以及包装材料的回收利用及其对环境的影响等；原材料再循环利用的成本一般较高，应综合考虑经济、结构和工艺上的可行性；为了零部件的再利用，应通过改变材料、结构布局和零部件的连接方式来实现产品拆卸的方便性和经济性。

第2章 机床设计方法与评价

2.1 概述

金属切削机床(metal cutting machine tools)是用切削的方法将金属毛坯加工成机器零件的机器,它是制造机器的机器,又称为“工具机”(machine tools),我国又称为“工作母机”,习惯上简称为机床。

2.1.1 机床的分类

2.1.1.1 按加工原理分类

机床主要是按加工方法和所用刀具进行分类的,根据国家制定的机床型号编制方法,将机床分为以下几类:车床、钻床、镗床、磨床、齿轮加工机床、螺纹加工机床、铣床、刨插床、拉床、特种加工机床、锯床及其他机床。在每一类机床中,又按工艺范围、布局形式和结构性能分为若干组,每一组又分为若干个系(系列)。

1. 车床

车床主要用于加工各种回转表面,如内外圆柱表面、内外圆锥表面、成形回转面和回转体的端面等。车床使用的刀具为各种车刀,也可用钻头、扩孔钻、铰刀进行孔加工,用丝锥、板牙加工内外螺纹表面。由于大多数机器零件都具有回转表面,车床的应用范围较广,在金属切削机床中所占的比重较大。车床如图 2-1 所示。

2. 钻床

钻床是用钻头在工件上加工孔的机床,如图 2-2 所示。通常钻头旋转为主运动,钻头轴向移动为进给运动。钻床结构简单,加工精度相对较低,可钻通孔、盲孔,可扩、锪孔,可铰孔或进行攻丝等加工。加工过程中工件不动,刀具做旋转主运动,同时沿轴向做进给运动。

3. 铣床

铣床是用铣刀进行切削加工的机床,可以加工平面(水平面、垂直面)、沟槽(键槽、T 形槽、燕尾槽等)、分齿零件(齿轮、花键轴、链轮)、螺旋形表面(螺纹、螺旋槽)及各种曲面。通常以铣刀的旋转运动为主运动,工件和铣刀的移动为进给运动。铣削是多刃断续切削,生产率较高。铣床如图 2-3 所示。

4. 镗床

镗床是对工件已有的预制孔进行镗削的机床。通常,镗刀的旋转运动为主运动,镗刀或工件的移动为进给运动。镗床主要用于加工高精度孔或一次定位完成多个孔的精加工,此

图 2-1　车床

图 2-2　钻床

外还可以从事与孔精度加工有关的其他加工面的加工。除镗孔外，还可进行铣削、钻孔、扩孔、铰孔等工作。镗床如图 2-4 所示。

图 2-3　铣床

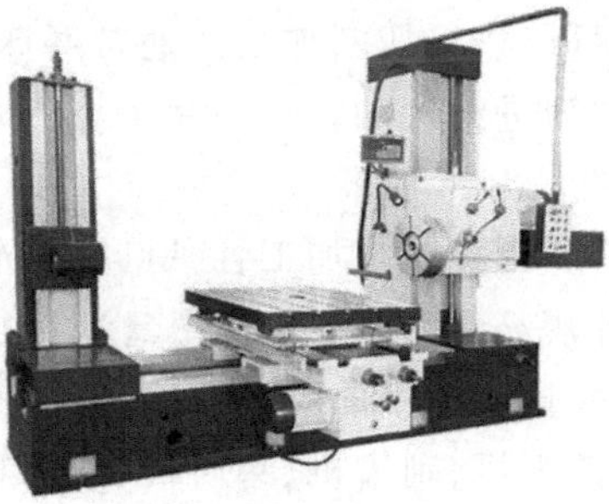

图 2-4　镗床

5. 刨床

刨床是用刨刀对工件的平面、沟槽或成形表面进行刨削的机床，如图 2-5 所示。刨床是使刀具和工件之间产生相对的直线往复运动来达到刨削工件表面的目的。往复运动是刨床上的主运动。机床除了有主运动以外，还有辅助运动，也称进刀运动，刨床的进刀运动是工作台（或刨刀）的间歇移动。

6. 插床

插床实际上是一种立式刨床，如图 2-6 所示。它在结构原理上与刨床同属一类。插刀随滑枕在垂直方向上的直线往复运动是主运动，工件沿纵向、横向及圆周三个方向分别做的间歇运动是进给运动。插床的生产率和精度都较低，多用于单件或小批量生产中加工内孔键槽或花键孔等，在批量生产中常被铣床或拉床代替。但在加工不通孔或有障碍台肩的内孔键槽时，就只能利用插床了。

7. 磨床

磨床是用磨具和磨料（如砂轮、砂带、油石、研磨剂等）对工件的表面进行磨削加工的一

图 2-5　刨床

图 2-6　插床

种机床，广泛用于零件的精加工，如图 2-7 所示。磨床能加工硬度较高的材料，如淬硬钢、硬质合金等；也能加工脆性材料，如玻璃、花岗石。磨床能进行高精度和表面粗糙度很小的磨削，也能进行高效率的磨削，如强力磨削等。磨床可以加工各种表面，如平面、内外圆柱面、圆锥面和螺旋面等。通过磨削加工，工件的形状及表面的精度、粗糙度达到预期的要求；同时，它还可以进行切断加工。通常磨床中磨具的旋转运动为主运动，工件的旋转与移动或磨具的移动为进给运动。

8. 齿轮加工机床

齿轮加工机床是加工各种圆柱齿轮、锥齿轮和其他带齿零件齿部的机床。齿轮加工机床的品种规格繁多，有加工几毫米直径齿轮的小型机床，有加工十几米直径齿轮的大型机床，还有大量生产用的高效机床和加工精密齿轮的高精度机床。齿轮加工机床包括滚齿机、插齿机、铣齿机、剃齿机、磨齿机、珩齿机、挤齿机等，其基本原理是用展成法或成形法对齿轮进行加工。滚齿机如图 2-8 所示。

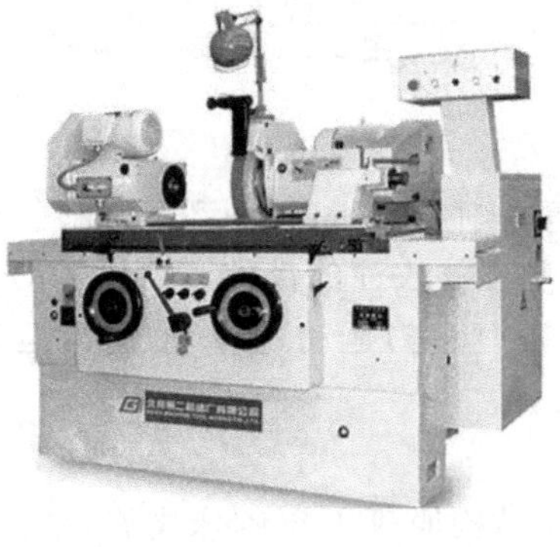

图 2-7　磨床

图 2-8　滚齿机

2.1.1.2　其他分类

除了上述基本分类方法外，还有其他分类方法：

(1) 按工艺范围不同可分为：通用机床、专门化机床和专用机床。

① 通用机床:可加工不同尺寸、形状工件的多种加工面,加工范围较广,通用性强,但结构比较复杂,如卧式车床、万能磨床以及摇臂钻床等。

② 专门化机床:用于加工特定工件某一道特定工序的机床,工艺范围窄,如铲齿车床、丝杠铣床、丝杆车床、凸轮轴车床等。

③ 专用机床:一般用于加工某一零件的某一道特定工序,工艺范围最窄,适用于大批量生产,如加工机床主轴箱体孔的专用镗床,加工机床导轨的专用导轨磨床,汽车零件所用的各种钻、镗组合机床等。

(2) 按加工精度的不同可分为:普通精度机床、精密机床和高精度机床。

(3) 按照自动化程度的不同可分为:手动、机动、半自动和全自动机床。自动机床具有完整的自动工作循环,包括自动装卸工件,能够连续地自动加工出工件。半自动机床也有完整的自动工作循环,但装卸工件还需人工完成,因此不能连续地加工。

(4) 按照机床质量和尺寸可分为:仪表机床、中型机床(一般机床)、大型机床(质量大于10 t)、重型机床(质量在30 t以上)和超重型机床(质量在100 t以上)。

(5) 按机床主要工作部件的多少可分为:单轴、多轴、单刀或多刀机床等。

随着工业化的发展,机床品种越来越多,技术也越来越复杂,同时,机床技术水平的高低、质量的好坏,对机械产品的生产率和经济效益都有影响。因此,机床的优良性能和正确细心操作十分重要。

2.1.2 机床产品设计要求

机械产品的性能,80%取决于设计阶段,因此,必须高度重视设计方法和手段的应用。对于机床产品的设计,需要满足以下几个要求。

2.1.2.1 性能设计要求

1. 工艺范围

机床工艺范围指机床满足不同生产要求的能力。大致包括下列内容:

(1) 在机床上可完成的工序种类。

(2) 加工零件的类型、材料和尺寸范围。

(3) 毛坯的种类等。

(4) 生产纲领:根据生产纲领确定工艺范围。生产纲领一般分为以下两种形式。

① 大批量生产:为提高生产率,按工序分散原则,设计成专门化机床或专用机床,工艺范围窄,生产率高,结构简单,成本低。

② 单件小批生产:为使在一台机床上完成多种工序的加工,适用不同部门的需要,设计成通用机床,有较宽的变速范围、尺寸参数和较多的机床附件,以扩大机床使用范围。

2. 生产率和自动化程度

生产率是指单位时间内机床所能加工的零件数量,它影响到生产效率和生产成本,在满足加工精度和机床使用要求的情况下,生产率应尽可能地提高。

根据自动控制系统的规模和控制手段的复杂程度区分自动化的等级。在生产过程自动化中通常将自动化程度分为三级。

(1) 初级自动化主要是工作循环的自动化,即采用自动机床和半自动机床以实现生产过程的自动化,又称为单机自动化。在初级自动化中,工艺过程的自动化仅仅包括各个加工工序,而装配、检验和成品包装均以手工进行,或采用机械化工具进行。

（2）二级自动化指机床系统的自动化，即建立自动生产线。在二级自动化中，将各种加工、检验、装配、包装等工序，按照工艺顺序进行配置，用输送和控制设备进行连接，自动地完成除调整以外的综合工序。这种自动机床系统称为自动生产线，简称自动线。

（3）三级自动化指生产过程的综合自动化，即采用电子计算机、自动控制、系统工程等技术建立的自动化。自动化车间和自动化工厂属这一级自动化，要求在生产过程的全部环节中能解决工件的储存、自动线之间的输送、废物的排除、质量控制和调度检查的综合自动化问题。

3. 加工精度和表面粗糙度

（1）几何精度：机床在不运动（机床主轴不转动，工作台不移动或转动等情况下）或空载低速运动时的精度，它反映了机床主要零部件的几何形状精度及它们之间的相对位置与相对运动轨迹的精度。几何精度由机床的制造精度和装配精度决定，是评价机床质量的基本指标。

（2）运动精度：机床在额定负载下运动时主要零部件的几何位置精度。该指标取决于运动部件的制造精度、机床零部件的动态刚度和机床热变形的程度。

（3）传动精度：机床传动链两端执行件间的运动协调性和均匀性。传动精度由传动系统设计的合理性和转动的制造精度及装配精度所决定。

（4）定位精度：机床主要部件在运动终点所达到的实际位置的精度。

4. 可靠性

可靠性指机床在规定的使用时间内，其功能的稳定程度和性质，即要求机床不轻易发生或尽可能减少发生故障。

5. 机床的机械效率和寿命

机床的机械效率指消耗于切削的有效功率与电动机输出功率之比。机床的寿命指机床保持它具有加工精度的使用期限，包括使用寿命、设计寿命、自然寿命。

6. 噪声

生理学上，人们把不需要的声音统称为噪声，即不同频率和不同强度的声音无规律地组合在一起。普通机床操作时噪声应不超过 85 dB，精密机床应不超过 75 dB。

2.1.2.2　经济效益要求

在保证实现机床性能要求的同时，还必须使机床具有很高的经济效益。这不仅要考虑机床设计和生产的经济效益，更重要的是从用户出发，提高机床使用经济效益。

2.1.2.3　人机关系要求

机床设计除了应满足其功能要求外，还应满足人机关系，如操作方便、省力、容易掌握、不易出现操作上的失误和故障等。另外，机床的外形设计必须合乎时代要求，即美观大方、色彩怡人，使操作者有舒适宜人的感觉。

2.2　机床产品设计的方法

机床设计经历了由静态分析到动态分析、由定性分析到定量分析、由线性分析到非线性分析、由安全设计到优化设计、由手动计算到自动化计算的发展过程。机床产品设计除了可以参考机械制造装备设计的相关设计方法外，通常还采用如下设计方法。

1. 理论分析计算和试验研究相结合的设计方法

理论分析计算和试验研究相结合的设计方法是机床设计的主要方法。这种方法首先是根据理论计算和局部试验确定结构尺寸，制造样机；对样机进行整机或局部薄弱环节的各种试验；最后补充修改定性。

2. 分析计算法

(1) 集中参数法

用集中参数法计算机床动态特性时，把机床构件看成由若干有质量的质点和无质量的弹簧组成的振动系统。

(2) 有限元法

有限元法是把结构假想分割成有限个单元，把一个连续体作为离散单元的集合体来看。目前，在机床设计阶段采用有限元法进行仿真分析已经越来越广泛。

(3) 优化设计

优化设计是在一定条件下，合理选择有关参数，以获得一个技术经济指标最佳设计方案。

(4) 可靠性设计

可靠性设计是以可靠性作为评定设计质量的一项指标而进行的设计，它是使设计产品在使用中不产生故障的设计方法和技术。

2.2.1　创新设计

2.2.1.1　创新设计的概念

机床生产企业要在激烈的市场竞争中求得生存，需要不断地推出具有竞争力的创新产品。创新设计是依据市场需求发展的预测，进行产品结构的调整，用新的技术手段和技术原理，改造传统机床产品，开发新一代的、具有高技术附加值的新产品，从而改善机床的功能、技术性能和质量，降低生产成本和能源消耗，并采用先进生产工艺，缩短与国内外同类先进产品之间的差距，提高产品的竞争能力的设计方法。

2.2.1.2　创新设计的方法

创新设计通常从市场调研和预测开始，明确产品的创新设计任务，经过产品规划、方案设计、技术设计和施工设计四个阶段；还应通过产品试制和产品试验来验证新产品的技术可行性；通过小批量试生产来验证新产品的制造工艺和工艺装备的可行性。设计过程一般需要较长的设计开发周期，投入较大的研制开发工作量。

1. 产品规划阶段

市场对产品的需求是动态变化的，但企业的产品生产在一段时间内应是相对稳定的。为了协调企业生产要求相对稳定和市场需求多变的矛盾，在产品设计前必须进行产品规划，确定新产品的功能、技术性能和开发的日程表。产品规划阶段的任务是明确设计任务。通常应在市场调查的基础上进行可行性分析，制订设计任务书。

(1) 市场调查研究。市场调查研究内容包括：新产品开发面向的社会消费群体，及其对产品功能、技术性能、质量、数量、价格等方面的要求；现有类似产品的功能、技术性能、价格、市场占有情况和发展趋势；竞争对手在技术、经济方面的优势和劣势，以及发展趋向；主要原材料、配件、半成品等的供应情况，价格及变化趋势等。

(2) 可行性分析。可行性分析一般包括技术分析、经济分析和社会分析三个方面。技术分析是对开发产品可能遇到的主要关键技术问题做全面的分析，提出解决这些关键技术问题的措施；通过经济分析，应力求新产品投产后能以最少的人力、物力和财力消耗得到满意的功能，取得较好的经济效益；社会分析是分析所开发的产品对社会和环境的影响。

可行性分析主要内容包括：产品开发的必要性；同类产品国内外技术水平对比及发展趋势；本单位的技术基础及预期产品开发能达到的技术水平；设计、工艺和质量等方面需要解决的关键技术问题；现有设备条件及预期投资费用；预期开发进度及投放市场的时间；经济效益和社会效益估计等。

(3) 确定产品设计的主要要求和设计参数。① 产品用途、功能、作业要求等；② 运动参数：运动形式、运动范围及速度、加速度等；③ 动力参数：载荷性质及大小、功率、转矩等；④ 产品性能：精度、刚度、生产率等；⑤ 控制要求：自动化程度、自动控制方式等；⑥ 成本控制：控制最高成本；⑦ 其他要求：可靠性、寿命。

(4) 进度要求。包括要求研制开始和完成日期。

(5) 制订设计任务书。设计任务书内容应包括产品的用途描述，设计所需要的全部重要数据，总体布局和结构特征，应满足的要求、条件和限制等。设计任务书是产品设计、评价和决策的依据。

2. 方案设计阶段

方案设计实质是根据设计任务书的要求，进行产品功能原理的设计。其目标是获得产品的基本形式或形状。方案设计的重要性主要体现在：方案设计阶段仅花费20%左右的成本和时间，却可以决定产品80%左右的成本、70%左右的最终市场价值、50%左右的产品特征，该设计阶段完成的质量如何将对产品的结构、性能、工艺和成本产生重大影响，直接关系到产品的技术水平及竞争能力。

产品的功能方案设计可以说是整个设计过程中最重要的一步，首先需要提出可以实现该产品功能的各种可能方案并进行优选，其次经过功能分析、确定方案，最终通过结构设计将构想表示出来，包括功能、原理、形状、布局和初步结构。

对于机械产品设计而言，技术设计与详细设计的重点就是应用工程图学、机械零件、机械原理、理论力学、材料力学、加工工艺学、材料学等基础知识完成产品的总装图、部件装配图、零件图及有关的设计与计算，这些可认为是常规设计的内容。而方案设计则是根据产品总的功能需求创造出相应原理方案的一种创造性过程，通过各种方法，探索多种方案，求得多个系统原理解，在此基础上通过评价和优化筛选，求得相对最佳原理解。

机床、机器人、坐标测量机分别是机械制造装备的加工装备、物流装备、测控装备的典型代表，称为坐标运动类机械制造装备。坐标运动类机械制造装备设计是机械制造装备设计中最复杂、运动和结构设计要求最高的一种类型，对其运动和结构要求都比较高，机床的方案设计具体包括运动原理方案设计、传动原理方案设计、结构原理方案设计。下面结合图2-9，说明机床方案设计的一般过程。

① 运动原理方案设计及评价：设计可能的运动原理方案及运动原理图，并进行分析、比较、评价及运动原理方案初选。

② 传动原理方案设计及评价：对经过初选评价后的(若干种)运动原理方案，进行传动原理方案及传动原理图设计，并进行评价及初选。

③ 结构原理方案设计及评价：对经过评价初选后的(若干种)传动原理方案，进行结构

原理方案及结构原理方案简图设计，并进行评价和初选。

④ 初选结构方案的总体设计：对初选结构方案进行总体结构草图设计。

⑤ 初选结构方案的细化：在初选结构方案的总体结构草图的基础上，设计总体方案装配图草图（细化到关键的零部件），能够进行重量、主要技术参数、性能、所用材料、制造工艺、成本等方面的初步定量计算。

⑥ 初选结构方案的评价：可采用经验观测评价法、模糊评价法及数字样机（虚拟样机）的整机仿真评价法等。

从以上设计过程可以看出，方案设计是在各个设计阶段的方案产生、评价与选择等设计活动中进行的，图 2-9 所示为方案设计阶段的设计过程。

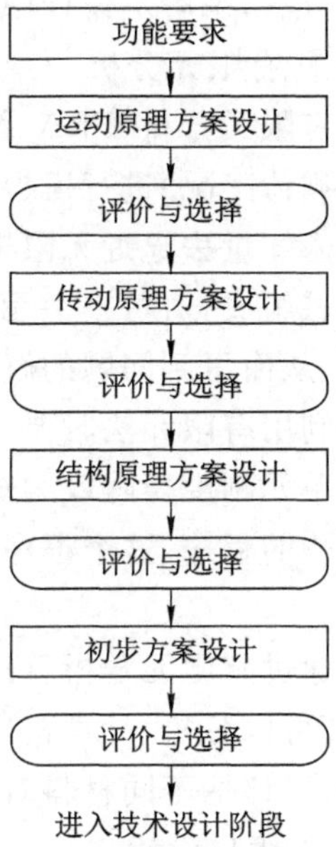

图 2-9　方案设计过程

3. 技术设计阶段

技术设计阶段是将方案设计阶段拟订的初选结构方案具体化，确定详细结构原理方案；进行总体技术方案设计，确定主要技术参数、布局；进行详细结构设计，绘制详细的装配图，初选主要零件的工艺方案，进行各种必要的性能仿真；如果需要还可以通过模型实验检验和改善设计；通过技术经济分析选择较优的设计方案。

（1）确定结构原理方案

① 确定结构原理方案。根据初选结构方案，对主要功能结构进行详细的结构原理方案设计。

② 评价和修改。对确定的结构原理方案进行技术经济评价，为进一步的修改提供依据。

（2）总体设计

① 主要结构参数。包括尺寸参数、运动参数、动力参数、占用面积和空间等。

② 总体布局。包括部件组成、各部件的空间位置布局和各部件的相对运动配合关系。

③ 系统原理图。包括产品总体布局图、机械传动系统图、液压系统图、电力驱动和控制系统图等。

④ 经济核算。包括产品成本和运行费用的估算、成本回收、资源的再利用等。

⑤ 其他。包括材料选用、配件和外协件的供应、生产工艺、运输、开发周期等。

在确定总体布局时，应充分考虑使用维护的方便性、安全性、外观造型、环境保护、对环境的要求等关系。

（3）结构设计

结构设计阶段的主要任务是在总体设计的基础上，对结构原理方案结构化，绘制产品总装图、部件装配图；提出初步的零件表、加工和装配说明书；对结构设计进行技术经济评价。

技术经济评价通常从以下几方面进行：实现的功能，作用原理的科学性，结构合理性，参数计算的准确性，安全性，人机工程要求，制造、检验、装配、运输、使用和维护的性能，资源回收利用，成本和产品研制周期等。

进行结构设计时必须遵守国家、部门和企业颁布的有关标准规范，充分考虑人机工程、外观造型、结构可靠和耐用性、加工和装配工艺性、资源回收利用、环保，以及材料、配件和外协件的供应，企业设备、资金和技术资源的利用，产品系列化、零部件通用化和标准化，结构相似性和继承性等方面的要求，通常要经过设计、审核、修改、再审核、再修改多次反复，方可批准投产。

在结构设计阶段经常采用有限元分析、优化设计、可靠性设计、计算机辅助设计等现代设计方法，来解决设计中出现的问题。

① 有限元分析

有限元分析(FEA，finite element analysis)是利用数学近似的方法对真实物理系统(几何和载荷工况)进行模拟的方法。利用简单而又相互作用的元素(即单元)，就可以用有限数量的未知量去逼近无限未知量的真实系统。它将求解域看成是由许多称为有限元的小的互连子域组成，对每一单元假定一个合适的(较简单的)近似解，然后推导求解这个域总的满足条件，从而得到问题的解。

利用有限元法时要进行单元分析和系统分析。单元分析包括选择单元的大小和形状以及用单元刚度矩阵或柔矩阵来表示节点力和节点位移间的关系。系统分析可以写成不受单元影响的程序，这个程序适用于有刚度矩阵的任意类型单元，能处理由不同类型单元组成的结构。

通过有限元分析，确保在满足结构性能的基础上，使基础件具有合理的布局和最轻的质量；还可以分析、计算机床的各项动态性能，通过虚拟制造技术仿真机床部件的实际工作状态；可以评估不同材料对机床工作精度和性能的影响，选择最合适的材料。

② 优化设计

优化设计就是在一定条件下，合理选择有关参数，以获得一个技术经济指标最佳的设计方案。例如：最经济、重量最轻、体积最小、寿命最长、最可靠等都可以在一定约束条件下构成设计所追求的目标。

优化设计首先必须将工程设计问题转化成一个数字问题，然后利用规划论的方法，应用电子计算机求得最佳方案。优化设计过程及其相互关系如图 2-10 所示。

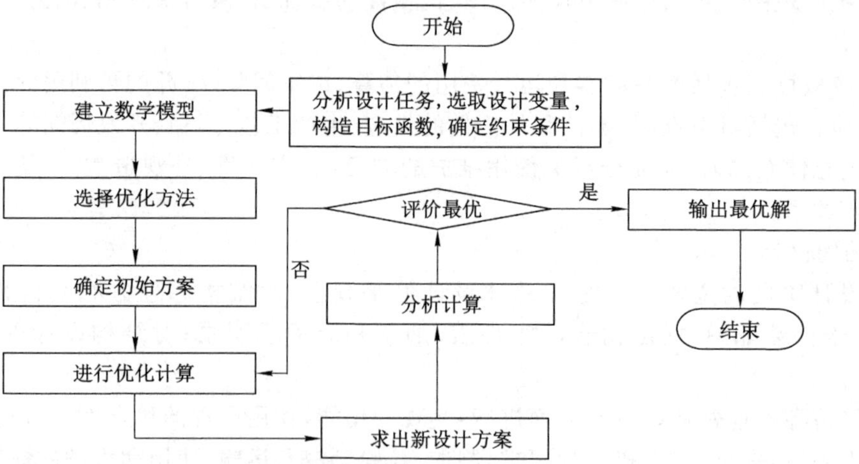

图 2-10　优化设计过程

整个设计过程可分为两部分。一部分是利用数学规划论建立数学模型及优化方法;另一部分是利用计算机自动计算,包括程序编制、数据准备、结果分析与整理。

数学规划的方法就是按一定的方向与步长,一步一步搜索最优值。因此,优化设计是一个循环反复的计算过程,这样一个计算过程,一般不借助计算机的自动计算难以完成。方案是否达到最优,也要利用计算机的逻辑判断功能来评价。其评价方法是按照某项或几项设计指标所建立的目标函数最小或最大来进行的。

优化设计是设计方法上的一个重大变革,它为复杂设计问题求得最佳方案提供了可能,大大减轻了工作量,提高了设计效率,保证了产品质量。

③ 可靠性设计

以前设计人员往往只根据性能要求提出设计方案,不能做可靠性的定量分析。现在由于可靠性技术的进步,可以把可靠性和性能、机能等一起作为设计参数,在产品设计阶段就进行考虑,即进行可靠性设计。

进行可靠性设计一要有可靠性情报,二要有可靠性设计方法,包括一般方法和特殊方法。图2-11所示是可靠性设计的顺序。

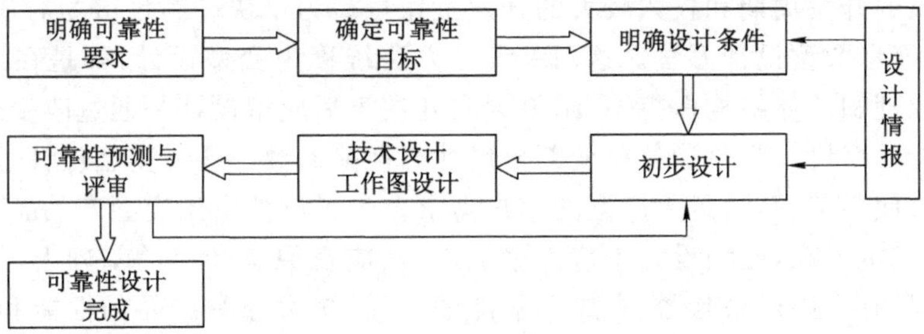

图2-11　可靠性设计一般程序

可靠性设计的一般方法是指根据以往积累的经验而形成的预防故障的设计方法,例如:零件数要少,结构力求简化,易于检修、调整和更换等。可靠性设计的特殊方法常用的有可靠度分配、储备设计方式、安全寿命设计方式、防止故障设计方式、可靠性实验等。

4. 施工设计阶段

施工设计阶段主要进行零件工作图设计,完善部件装配图和总装配图,进行商品化设计,编制各类技术文档等。

(1) 零件图设计。零件图中包含了制造零件所需的全部信息,这些信息包括几何形状、全部尺寸、加工面的尺寸公差、几何公差和表面粗糙度要求、材料和热处理要求、其他特殊技术要求等。组成产品的零件有标准件、外购件和基本件。标准件和外购件不必提供零件图,基本件无论是自制或外协,均需提供零件图。零件图的图号应与装配图中的零件件号对应。

(2) 完善装配图。在绘制零件图时,更加具体地从结构强度、工艺性、标准化等方面进行零件的结构设计,不可避免地要对技术设计阶段提供的装配图做些修改。所以零件图设计完毕后,应完善装配图的设计。装配图中的每一个零件应按企业规定的格式标注件号。零件号是零件唯一的标识符,不可乱编,以免造成生产混乱。件号中通常包含产品型号和部件号信息,有的还包含材料、毛坯类型等其他信息,以便备料和毛坯的生产与管理。

(3) 商品化设计。商品化设计的目的是进一步提高产品的市场竞争力。商品化设计的内容一般包括:进行价值分析和价值设计,在保证产品功能和性能的基础上,降低成本;利用工业美学原理设计精美的造型和悦目的色彩,改善产品的外观功能;美化包装设计等。

(4) 编制技术文档。应重视技术文档的编制工作,将其看作设计工作的继续和总结。编制技术文档的目的是为产品制造、安装调试提供所需要的信息,为产品的质量检验、安装运输、使用等做出相应的规定。为此,技术文档应包括产品设计计算书、产品使用说明书、产品质量检查标准和规则、产品明细表等。产品明细表包括基本件明细表、标准件明细表、外购件明细表等。

对于不同的设计类型,设计步骤大致相同。以上所述是机床设计的典型步骤,比较适用于创新设计类型。如果创新设计遵循系列化和模块化设计的原理,为产品的进一步变型和组合已做了必要的考虑,变型设计和组合设计的有些步骤可以简化甚至省略。

2.2.2 变型设计

2.2.2.1 变型设计的概念

单一产品往往满足不了市场多样化和瞬息万变的需求。如每种产品都采用创新设计方法,则需要较长的开发周期和投入较大的开发工作量。为了快速满足市场需求的变化,常常采用适应型和变参数型设计方法。这两种设计方法统称为变型设计,都是在原有产品基础上,基本工作原理和总体结构保持不变,不同之处在于适应型设计是通过改变或更换部分部件或结构,变参数型设计则是通过改变部分尺寸与性能参数。通过变型设计,形成所谓的变型产品,以扩大使用范围,满足更广泛的用户需求。为了避免由于变型产品品种繁多所带来的生产混乱和成本增高,变型设计不应无序地进行,应在原有产品的基础上,按照一定的规律演变出各种具有不同规格参数、布局和附件的产品,扩大原有产品的性能和功能,形成一个产品系列。

变型产品的基本工作原理和主要功能结构均与原有产品相同,其设计的依据是原有产品,该产品应属于技术成熟的产品,在设计和制造工艺方面是已经过关了的。这就是变型设计之所以可以在较短时间内,高质量地设计出符合市场需要产品的原因。作为变型设计依据的原有产品,通常是采用创新设计方法完成的。为可能在其基础上进行变型设计,原有产品在创新设计时应考虑变型设计的可能性,遵循系列化设计的原理,将创新设计和变型设计二者进行统筹规划。即原有产品的设计不再是孤立进行,而是作为系列化产品中所谓的基型产品来精心设计的。变型产品也不再是无序地进行设计,而是在系列型谱的范围内有依据地进行设计。

2.2.2.2 系列化设计

1. 系列化设计的概念

市场对产品的要求是多种多样的,如对车床,在加工尺寸、加工件的结构和材料、精度等方面的要求是相差很多的,不可能用单一规格的产品去满足市场的需求。需要设计和制造出尺寸规格、功率参数、精度等各不相同的一系列产品投放市场,为了缩短产品的设计、制造周期,降低成本,保证和提高产品的质量,在产品设计中应遵循系列化设计的方法,以提高系列产品中零部件的通用化和标准化程度。

系列化设计方法是在设计的某一类产品中,选择功能、结构、尺寸等方面较典型的产品作为基型,以此为基础,运用结构典型化、零部件通用化、标准化的原则,设计出其他各种尺寸参数的产品,构成产品的基型系列。在产品基型系列的基础上,同样运用结构典型化、零部件通用化、标准化的原则，增减、更换或修改少数零部件，派生出不同用途的变型产品，构成产品派生系列。

机床系列化的工作，包括制定机床参数标准、编制机床系列型谱和进行系列设计。机床系列化就是给同一类型的机床安排一个系列型谱，在统一规划下拟订一系列同类机床的总体方案，对品种进行系列设计。它的目的是用最少的规格和最少形式的机床来满足国民经济生产部门的需求。“基型”和“变型”合称为某类机床的系列型谱。机床主参数系列是系列型谱的纵向（按尺寸大小）发展，而同规格的各种变型机床则是系列型谱的横向发展。因此，系列型谱综合地表现了机床产品规格参数的系列性与结构的相似性。

在系列型谱中，各规格产品应有相同的功能结构和相似的结构形式；同一类型的零部件在规格不同的产品中具有完全相同的功能结构；不同规格的产品，同一种参数按一定规律（通常按等比级数）变化。

系列化设计应遵循“产品系列化、零部件通用化、标准化”的原则，简称“三化”原则。有时将“结构的典型化”作为第四条原则，即所谓的“四化”原则。

系列化设计是产品设计合理化的一条途径，是提高产品质量、降低成本、开发变型产品的重要途径之一。

2. 系列化设计的优缺点

(1) 系列化设计的优点

① 可以用较少品种规格的产品满足市场较大范围的需求。减少产品品种意味着提高每个品种产品的生产批量，有助于降低生产成本，提高产品制造质量的稳定性。

② 系列中不同规格的产品是依据经过严格性能试验和长期生产考验的基型产品演变和派生而成的，可以大大减少设计工作量，提高设计质量，降低产品开发的风险，缩短产品的研制周期。

③ 产品有较高的结构相似性和零部件的通用性，因而可以压缩工艺装备的数量和种类，有助于缩短产品的研制周期，降低生产成本。

④ 零部件的种类少，系列中的产品结构相似，便于进行产品的维修，改善售后服务质量。

⑤ 为开展变型设计提供技术基础。

(2) 系列化设计的缺点

为以较少品种规格的产品满足市场较大范围的需求，每个品种规格的产品都具有一定的通用性，满足一定范围的使用需求，用户只能在系列型谱内有限的品种规格中选择所需的产品，选到的产品，一方面其性能参数和功能特性不一定最符合用户的要求，另一方面有些功能还可能冗余。

3. 系列化设计的步骤

(1) 主参数和主要性能指标的确定

系列化设计的第一步是确定产品的主参数和主要性能指标。主参数和主要性能指标应最大程度地反映产品的工作性能和设计要求。例如卧式车床的主参数是床身的工件最大回转直径，主要性能指标之一是最大的工件长度；升降台铣床的主参数是工作台工作面的宽度，主要性能指标是工作台工作面的长度；摇臂钻床的主参数是最大钻孔直径，主要性能指标是主轴轴线至立柱母线的最大距离等。上述参数决定了相应机床的主要几何尺寸、功率和转速范围，从而决定了该机床的设计要求。

(2) 参数分级

经过技术和经济分析，将产品的主参数和主要性能指标按一定规律进行分级，制定参数标准。产品的主参数应尽可能采用优先数系。优先数系指的是公比为 $\sqrt[N]{10}$，$N=5$、10、20 或 40 的等比数列，见表 2-1。例如，摇臂钻床的主参数系列公比为 1.6，即 25、40、63、100、160；卧式车床和升降台铣床的主参数系列公比为 1.25，分级比摇臂钻床密一倍，为 315、400、500、630。

表 2-1　优先数系及其公比 φ

N	5	10	20	40
公比 φ	1.60	1.25	1.12	1.06
优先数系	1.00	1.00	1.00	1.00
				1.06
			1.12	1.12
				1.18
		1.25	1.25	1.25
				1.32
			1.40	1.40
				1.50
	1.60	1.60	1.60	1.60
				1.70
			1.80	1.80
				1.90
		2.00	2.00	2.00
				2.12
			2.24	2.24
				2.36
	2.50	2.50	2.50	2.50
				2.65
			2.80	2.80
				3.00
		3.15	3.15	3.25
				3.35
			3.55	3.55
				3.75
	4.00	4.00	4.00	4.00
				4.25
			4.50	4.50
				4.75
		5.00	5.00	5.00
				5.30
			5.60	5.60
				6.00
	6.30	6.30	6.30	6.30
				6.70
			7.10	7.10
				7.50
		8.00	8.00	8.00
				8.50
			9.00	9.00
				9.50

主参数系列公比如选得较小，则分级较密，有利于用户选到满意的产品，但系列内产品的规格品种较多，上述系列化设计的许多优点得不到充分利用；反之，则分级较粗，系列内产品的规格品种较少，可带来上述系列化设计的许多优点，但为了以较少的品种满足较大使用范围内的需求，系列内每个品种产品应具有较大的通用性，导致结构相对复杂、成本会有所提高，对用户来说较难选到称心如意的产品。因此必须把市场、设计、制造和经销作为一个系统来进行全面的调查研究，经过技术经济分析，才能正确地确定最佳的参数分级。简而言之，产品的需求量越大，要求的技术性能越要准确，参数分级应越密；反之，参数分级可粗些。

(3) 制定系列型谱

系列型谱通常是以主参数加上一些主要性能指标构成的二维或者多维的型谱。通过系列型谱的制定，确定产品的品种、基型和变型、布局、各产品品种的技术性能和技术参数等，在系列型谱中，结构最典型、应用最广泛的是所谓的“基型产品”，进行产品的系列设计通常从基型产品开始。

在制定系列型谱过程中，应周密地策划系列内产品的通用化零部件和标准化零部件。通用化零部件是指同一类型、不同规格或不同类型的产品中，彼此相互适用的零部件。标准化零部件是指按照现行的各种标准和规范进行设计和制造的、使用要求相同的零部件。

系列型谱内的产品是在基型产品的基础上经过演变和派生而扩展成的。扩展的方式有纵系列、横系列及跨系列扩展三类。

① 纵系列产品。纵系列产品是一组功能、工作原理和结构相同，而尺寸和性能参数不同的产品。纵系列产品一般应综合考虑使用要求及技术经济原则，合理确定产品主参数和主要性能参数系列。如主参数和主要性能指标按优先数系选择，能较好地满足用户要求且便于设计。

② 横系列产品。横系列产品是在基型产品基础上，通过增减、更换或修改某些零部件，实现功能扩展的派生产品。例如在卧式车床基础上开发的，用于加工轴承套圈的无尾架短床身车床、加工大直径工件的马鞍形车床等。

③ 跨系列产品。跨系列产品是采用相同的主要基础件和通用部件的不同类型产品。例如，通过改造坐标镗床的主轴箱部件和部分控制系统，可开发出坐标磨床、坐标电火花成形机床、三坐标测量机等不同类型产品，即跨系列产品。其中机床的工作台、立柱等主要基础件及一些通用部件适用于跨系列的各种产品。

2.2.3　模块化设计

1. 模块化设计的概念

模块化设计是为了开发多种不同功能结构，或相同功能结构而性能不同的产品，不必对每种产品单独进行设计，而是精心设计出一批模块，将这些模块经过不同的组合来构造具有不同功能结构和性能的多种产品。

模块是具有一定功能的零件、组件或部件。模块也应该用系列化设计原理进行设计，即每类模块具有多种规格，其规格参数按一定的规律变化，而功能结构则完全相同，不同模块中的零部件尽可能标准化和通用化；模块的结构与外形设计要考虑不同模块组合时的协调性，模块上具有特定的连接表面和连接方法，以保证相互组合的互换性和精确度。

如果一个模块化系统完全由模块组合而成，称之为纯模块系统。纯模块系统是很难实现的。因为要达到纯模块化，模块的设计要照顾到许多因素，即使耗费了相当大的工作量，也不可能顾及有些意想不到的因素。因此,模块化系统多数是属于模块和非模块组合的混合系统。

2. 模块化设计的优点

采用模块化设计方法开发产品的优点类似于系列化设计方法,在缩短新产品开发周期、提高产品质量、降低成本和加强市场竞争能力方面的综合经济效果十分明显,在这里不再赘述。除此之外,模块化设计尚有以下优点:

(1) 根据科学技术的发展,便于用新技术设计性能更好的模块,取代原有旧的模块,提高产品的性能,组合出功能更完善、性能更先进的组合产品,加快产品的更新换代。

(2) 采用模块化设计,只需更换部分模块,或设计制造个别模块和专用部件,便可快速满足用户提出的特殊订货要求,大大缩短设计和供货周期。

(3) 模块化设计方法推动了整个企业技术、生产、管理和组织体制的改革。由于产品的大多数零部件由单件小批生产变为批量生产,有利于采用成组加工等先进工艺,有利于组织专业化生产,既提高质量,又降低成本。

(4) 模块系统中大部分部件由模块组成,设备如发生故障,只需更换有关模块,维护修理更为方便,对生产影响小。

3. 模块化设计的步骤

(1) 明确任务

为了能以最少的模块组合出数量最多、总功能各不相同的产品,需要对市场需求进行深入调查,对所有欲实现的总功能加以明确,摒弃市场需求很少而又需要付出很大设计和制造代价的那些总功能。以车床的市场需求为例,对一批企业进行调查,结果见表 2-2。从表中可发现,带尾座的切削仅占 18%～40%,因此,尾座可当作特殊模块类设计。在螺纹切削中,米制螺纹切削占大多数,因此米制螺纹切削应作为基本功能。

表 2-2 车床需求分析

单位:%

机床类型	生产类型	刀具		后刀座刀数		无尾座车削	螺纹车削				仿形车削
		高速钢	硬质合金	1把	2把		总计	其中 米制	英制	模制	
简单通用	修理车间、车库用	50	50	—	—	60	10	65	35	—	—
	小工厂用	20	80	—	—	72	9	80	20	—	15
	单一产品加工用	12	88	10	—	70	7	82	16	—	5
数控数显	小批量生产	6	94	15	—	75	5	92	8	—	40
	中、小工厂中批量生产	—	100	18	—	80	2	96	4	—	35
	大工厂中批量生产	—	100	21	3	82	—	98	2	—	5
	大、中工厂中大量生产	—	100	20	4	79	—	96	4	—	—

(2) 建立功能结构

待实现的总功能可由多个具有分功能的模块组合而成。如何划分模块是模块化产品设计中的关键问题。模块种类少,通用化程度高,加工批量大,对降低成本较有利。但每个模块需满足更多的功能和更高的性能,其结构必然复杂,组成的每个产品的功能冗余必然也多，整个模块化系统的结构柔性化程度也必然低。设计时应对功能、性能、成本等诸方面因素进行全面分析，才能合理地划分模块。

划分模块的出发点是功能分析。将产品的总功能分解为分功能、功能元，获得相应的功能模块，在功能模块的基础上，再根据具体生产条件确定生产模块。一个功能模块可能分解为几个生产模块。

功能模块是从满足技术功能的角度来确定的，因此它可以通过模块的相互组合来实现各种总功能结构。生产模块则不是根据其功能，而纯粹是从制造的角度来确定的，是实际使用时拼装组合的模块。生产模块可以是部件、组件或零件。

生产模块的类型中，部件模块应用较为普遍；组件模块可以使部件有不同的功能和性能，有时比更换部件更灵活；零件模块的灵活性则更大，例如大的铸件或焊接件，从便于加工考虑还可进一步模块化，划分为若干个结构要素，用这些结构要素可组合成不同规格的铸件或焊接件，以减少模具的数量。

分功能包括基本功能、辅助功能、特殊功能、适应功能、专门功能等，对应建立基本模块、辅助模块、特殊模块、适应模块、非标模块等，如图 2-12 所示。

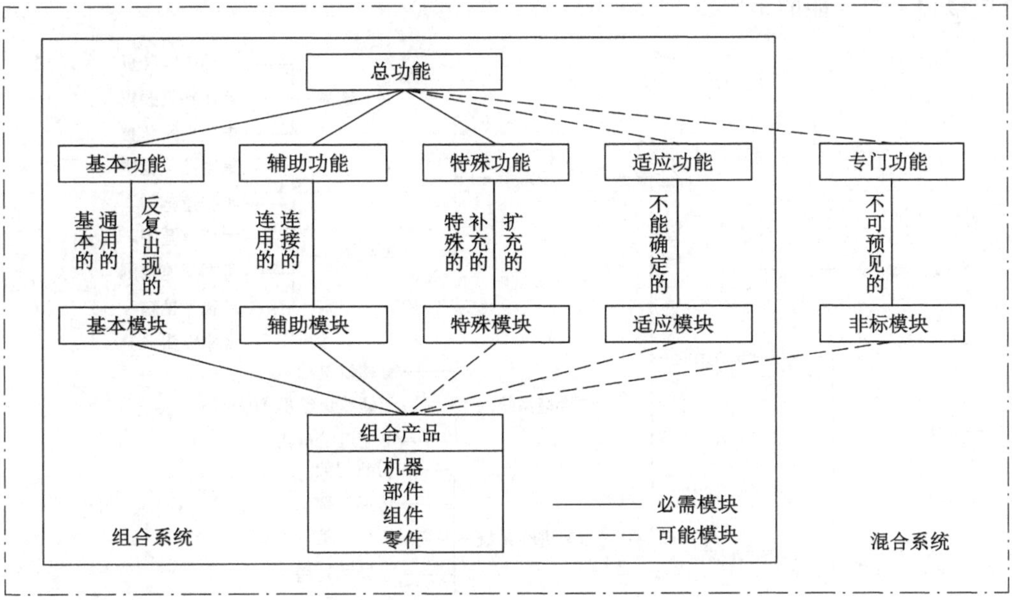

图 2-12　模块分类

基本模块可实现系统中最基本的功能，是反复使用和不可缺少的，它可能仅有一种参数规格，或有多种参数规格，有时还可有不同的精度级别。

辅助模块的用途是实现模块间的连接，通常为连接元件和接头。辅助模块必须按基本模块和其他模块的参数规格开发，在组合产品中是必不可少的。

特殊模块可完成某些特殊的、补充的和设计任务书特别要求的功能，它不一定在其他组合产品中出现，通常是基本模块的一个附件。

适应模块是为了适应其他系统和边界条件，模块某些结构尺寸是不确定的，可随着边界条件的变化加以调整。

非标模块是为某个具体任务单独开发的，以解决模块化系统有时满足不了、一些意想不到的功能要求，与标准模块构成所谓的混合系统。

现以车床为例进行模块的划分。首先通过市场需求的分析，明确任务，绘制出功能结构，如图 2-13 所示。

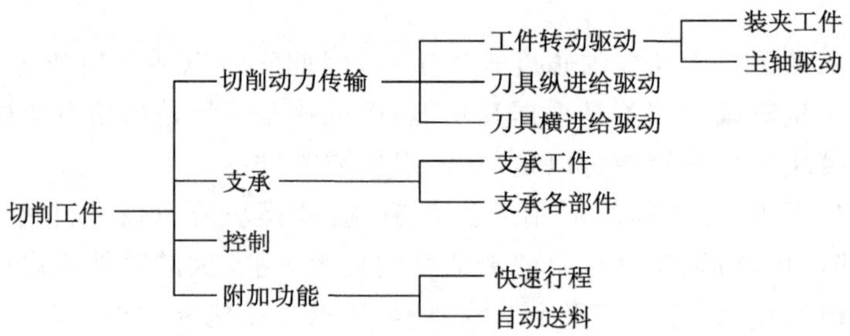

图 2-13　车床功能结构

根据对功能结构分析的结果，可建立模块系统，如图 2-14 所示，共有 9 类 28 种模块，以组合成多种不同功能的车床。

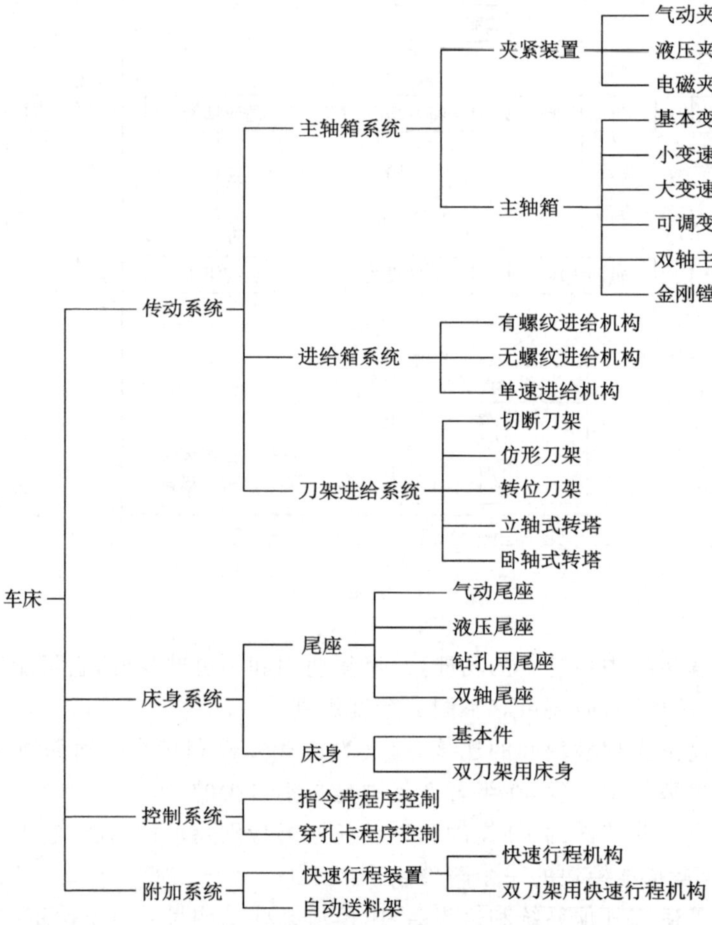

图 2-14　车床的模块划分

(3) 合理确定产品的系列型谱和参数

模块化系统也应遵循系列化设计的原理，以用户的需求为依据，通过市场调查及技术经济分析，确定模块的系列型谱。纵系列模块系统中模块功能及原理方案相同，结构相似，而尺寸参数有变化，可随参数变化对系列产品划分合理区段，同一区段内模块通用。横系列模块系统是在一定基型产品基础上更换或添加模块，以得到扩展功能的同类变型产品。跨系列模块系统中包括具有相近动力参数的不同类型产品，可有两种模块化方式：在相同的基础件结构上选用不同模块系统的模块组成跨系列产品；基础件不同的跨系列产品中具有同一功能的零部件选用相同的功能模块。

(4) 模块的组合

模块化系统的设计要考虑模块如何组合，来达到用较少种类的模块组合出尽可能多的组合产品的目的。模块系统分开式和闭式两类。闭式系统是由一定数量、种类的模块组成有限数量的组合，而开式系统则是由模块得到无限多的组合。闭式系统可计算出模块的理论组合数。实际组合时要考虑使用需要、工艺可能及相容关系，实际组合数远远小于理论组合数。

模块组合要精心设计结合部的结构，结合部位的形状、尺寸、配合精度等应尽量符合标准。

(5) 模块的计算机管理系统

采用计算机对结构模块及模块化产品建立目录，不但实现对产品有关性能、功能的计算机管理，还便于进行有关信息的检索、修改与完善，更好地体现模块化设计的优越性。模块的计算机辅助管理功能如下：

① 对模块进行编码，以便进行计算机管理；

② 给出模块系统最多可组合的产品数；

③ 对于用户的某一给定的设计要求，分析是否存在一种有效的组合方案；

④ 在满足要求的几种组合方案中进行评价，选择最佳的组合方案；

⑤ 若无有效的组合方案满足用户要求，可为新的模块设计提供信息；

⑥ 给出已选方案的模块组装图、明细表及价格表。

模块化设计可由销售部门承担，有关设计资料包括模块组装图和明细表，通过计算机网络直接传给生产计划部门，对产品的各个模块直接安排投产，实现所谓的 MRP Ⅱ 驱动。

2.2.4　零部件的通用化和标准化

机床的系列化、通用化、标准化是密切联系的，品种系列化是部件通用化和零件标准化的基础，而部件的通用化和零件的标准化又促进和推动品种系列化工作，对提高机床的质量、缩短新机床试制和生产周期、保证互换性及协作配套等都有十分重要的意义。

机床零件一般可分为专用件、借用件、标准件和外购件等。专用件和借用件又统称为基本件。专用件是某机床所特有的零件。借用件是在某机床或部件中采用了另一种机床或部件中的专用件。标准件是由国家或行业标准化的，在各种机床以至各种机器上都有采用的标准件，有的工厂还有适用于本厂的标准件。外购件是由专门工厂生产的，可以购买的零部件。在机床系列化的基础上可使类似机床中若干零部件互相通用，这样就可以扩大零部件的制造批量，使加工工艺典型化。这不但可以利用现有的工艺设备，也有利于生产管理及提高技术水平和保证产品质量。

零部件的通用化和标准化的目的，是要尽量提高通用件和标准件在零件总量中的比重。它的优点是减少设计工作量，扩大生产批量，减少工艺装备，便于管理生产和组织专业化生产，降低成本，保证质量。通用化设计是在行业内部利用较少的几种结构，去适应较多产品的需要，以减少企业生产的零、部件种数，使制造厂的生产和管理过程简化，以获得较高的经济效益。部件通用化多数是指在系列型谱中，相同规格的基型与变型机床之间的通用。例如，同一主参数的铣床(万能、卧铣、立铣)中，大多数的部件如升降台、工作台、进给箱、主传动机构等都是通用的。系列中相邻规格的机床之间，也有可能实现部件通用化。例如最大钻孔直径为 63 mm 和 80 mm 的主轴箱可以通用；直径为 100 mm 和 125 mm 的主轴箱也可通用。

对于组合机床及自动线，更需要体现"标准化、通用化、模块化"这一技术经济政策。因为组合机床是以大量通用部件为基础，配以少量的专用件组合而成的机床。我国组合机床专业已制定了一整套通用部件，可供组成组合机床时选用。具体内容后面章节会有详细介绍。

2.3　机床设计评价

设计过程是通过分析、创造和综合而达到满足特定功能目标的一种活动。在此过程中需不断地对设计方案进行评价，根据评价结果进行修改，逐渐实现特定的功能目标。掌握评价的原理和方法，有助于建立正确的设计思想，在设计过程中不断地发现问题和解决问题。从机床设计的特点出发，设计评价的内容主要包括：可靠性评价、结构工艺性评价、人机工程评价、技术经济评价和标准化评价等。

2.3.1　可靠性评价

可靠性是指机床产品在规定的条件下和规定的时间内完成规定功能的能力。这里所谓的规定条件包括使用条件、维护条件、环境条件、操作技术等；规定时间可以是某个预定的时间，也可以是与时间有关的其他指标，如作用或重复次数、距离等；规定功能是指产品应具有的技术指标。产品的可靠性主要取决于产品在研制和设计阶段形成的产品固有可靠性。

1. 可靠性特征量

表示产品可靠性水平高低的各种可靠性数量指标称为可靠性特征量。可靠性指标体系如图 2-15 所示。现简略介绍机床可靠性、维修性和有效性的衡量指标。

(1) 可靠度。可靠度是可靠性的度量化指标，是指产品在规定条件下和规定时间内，完成规定任务的概率，一般记为 R。可靠度是时间的函数，故也记为 $R(T)$，即可靠度函数。

对于不可修复的产品，可靠度观测值是指直到规定时间终了为止，能完成规定任务的产品数与进行观测的产品总数之比。对于可修复的产品，可靠度观测值是指产品的无故障工作时间达到或超过规定时间的次数与观测时间内无故障工作的总次数之比。可靠度的观测值记为 $\hat{R}(T)$。

(2) 累积失效概率。累积失效概率是指产品在规定的条件下和规定的时间内，未完成

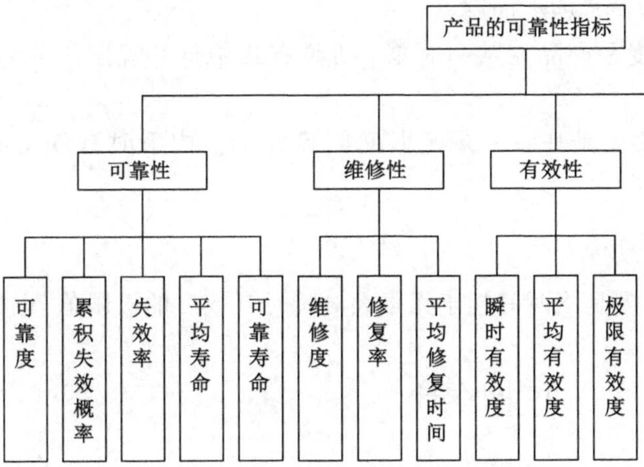

图 2-15　可靠性指标体系

规定任务的概率，也称为不可靠度，记为 $F(T)$，其观测值记为 $\hat{F}(T)$。可根据概率互补定理由可靠度指标推算出累积失效概率，即

$$F(T)=1-R(T)$$

或

$$\hat{F}(T)=1-\hat{R}(T)$$

(3) 失效率。失效率是指工作到某时刻尚未失效的产品，在该时刻后单位时间内失效的概率，也称为故障率。失效率的观测值是在某时刻后，单位时间内失效的产品数与工作到该时刻尚未失效的产品数之比。

(4) 平均寿命和平均无故障工作时间。对于不可修复产品，从开始使用到发生故障报废时的平均有效工作时间，称为平均寿命，一般记为 MTTF(mean time to failures)，其观测值为当所有试验样品都观察到寿命终了时，所有试验产品寿命的算术平均数就是平均寿命。对于可修复产品，从一次故障到下次故障的平均有效工作时间，称为平均无故障工作时间，记为 MTBF(mean time between failures)，其观测值为一个或多个产品在其使用寿命期内的某个观察期间，累积工作时间与故障次数之比。

(5) 可靠寿命。可靠度随着工作时间的增长而下降，给定不同的可靠度，其寿命也就不同。可靠寿命是指给定的可靠度所对应的时间。

(6) 维修度。维修度是可修复产品在规定条件下使用，在规定时间内按照规定的程序和方法进行维修时，保持和恢复到能完成规定任务状态的概率。维修度的观察值：$t=0$ 时，处于故障状态需要维修的产品数 N_t，与经时间 t 后修复的产品数 N 之比，即

$$M(t)=\frac{N_t}{N}$$

(7) 修复率。修复率是修复时间达到某个时刻 t 但尚未修复的产品，在该时刻后的单位时间内完成修复的概率。

(8) 平均修复时间。平均修复时间是产品修复时间的平均值，记为 MTTR(mean time to repair)。其观测值是修复时间的总和与修复的产品数之比，即

$$\mathrm{MTTR}=\sum t/N_t$$

其中：$\sum t$ 为总的修复时间；N_t 为修复的产品数。

(9) 瞬时有效度。瞬时有效度是产品在某一时刻 t 所具有或维持其规定任务的概率，它是时间的函数，记为 $A(t)$。

(10) 平均有效度。平均有效度是在某一规定时间间隔 (t_1, t_2) 内瞬时有效度的平均值，即

$$A(t_1, t_2) = \frac{1}{t_2 - t_1}\int_{t_1}^{t_2} A(t)\,\mathrm{d}t$$

(11) 极限有效度。极限有效度是当时间趋于无限大时瞬时有效度的极限值，也称稳态有效度，记为 A，即

$$A = \lim_{t \to \infty} A(t)$$

2. 可靠性预测

可靠性预测是对新产品设计的可靠性水平进行评估，计算出产品或其零部件可能达到的可靠性指标，目的是发现薄弱环节，提供方案比较、修改、优选和进行可靠性分配的依据，并对产品的维修费用以至全寿命运行费用做出估计。

产品可看作一个系统，其可靠性取决于组成系统的各单元的可靠性水平，以及由系统的类型和结构所决定的系统本身的可靠性水平，因此可靠性预测包括单元可靠性预测和系统可靠性预测。单元可靠性预测是系统可靠性预测的基础，应重点预测关键零部件的失效模式、失效标准(或称失效判据)、失效分布规律及可靠度，在此基础上进而预测系统的可靠性水平。

可靠性预测有许多方法，根据预测的目的、设计的时期、系统的规模、失效的类型、数据情况等的不同而采用不同的方法，如统计分析法、故障模式影响及危害度分析法(failure mode, effects and critically analysis, FMECA)、故障树分析法(fault tree analysis, FTA)、可靠性逻辑框图法、近似值法等。对于系统而言，比较简单的方法是采用可靠性逻辑框图法，根据组成系统各单元的可靠性特征量，推算出系统的可靠性。这里仅简单介绍可靠性逻辑框图法的基本原理。

一个系统为了完成特定功能，由若干个彼此有联系并能相互协调工作的单元组成。系统和单元的含义均是相对的，如将一条生产线作为一个系统，组成生产线的各单机便是单元；如将生产线中的一台单机作为系统，组成单机的部件便成为单元；如将部件作为系统时，组成部件的零件就成为单元。以此类推，还可继续往下分解。

在分析系统可靠性时，必须了解系统中每个单元的功能，各单元间在可靠性功能上的联系，以及这些单元功能、失效模式对系统功能的影响，这是建立可靠性逻辑框图的基础。

根据单元在系统中所处的状态及其对系统的影响，系统可分为如图 2-16 所示的几种类型。

(1) 串联系统。在串联系统中，只要有一个单元功能失效，整个系统的功能也随之失效，故又称非储备系统，其可靠性逻辑框图如图 2-17 所示。

串联系统的可靠度等于组成系统的各独立单元可靠度的连乘积，即

$$R_s(t) = \prod_{i=1}^{n} R_i(t)$$

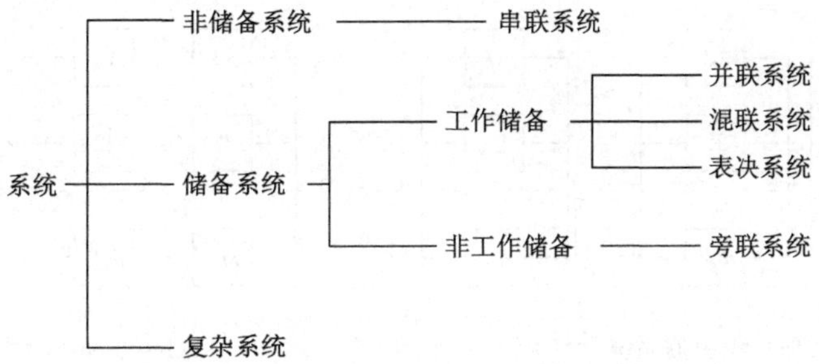

图 2-16　系统类型

式中　$R_s(t)$——串联系统的可靠度；

$R_i(t)$——组成串联系统第 i 个独立单元的可靠度；

n——组成串联系统的独立单元数。

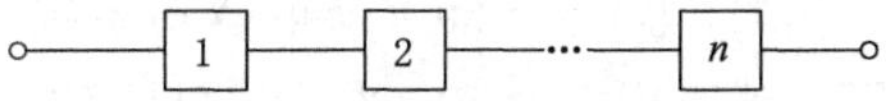

图 2-17　串联系统的可靠性逻辑框图

在串联系统中，影响系统可靠度最大的是系统中可靠度最差的单元。要提高系统的可靠度，应注意提高该薄弱单元的可靠度。

(2) 并联系统。在并联系统中，只要有一个单元在正常工作，系统就能正常工作，只有全部单元都失效时，系统才失效，故称之为储备系统。储备系统又称冗余系统，它不同于串联系统（非储备系统），当系统内某些单元失效后，系统内具有等效功能的单元马上接替其工作，不会引起全系统的崩溃。并联系统的可靠性逻辑框图如图 2-18所示。

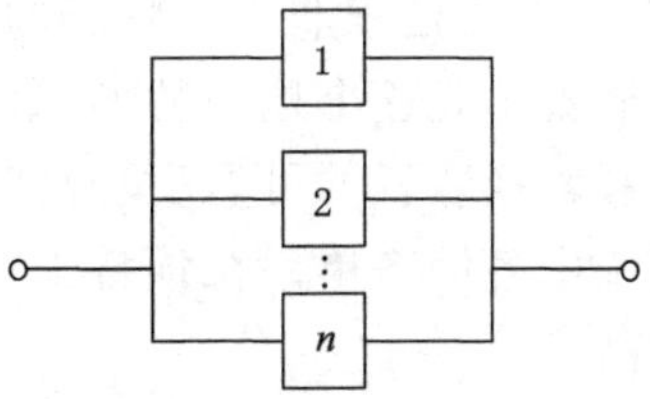

图 2-18　并联系统的可靠性逻辑框图

并联系统的可靠度为：

$$R_s(t) = 1 - \prod_{i=1}^{n}[1 - R_i(t)]$$

并联系统的可靠度大于各单元中可靠度的最大值，组成系统的单元数 n 越多，系统的可靠度也越高，但是并联的单元数也越多，即系统的结构也越复杂，尺寸、质量和成本越大。

(3) 混联系统。所谓混联系统即由串联和并联混合组成的系统，可分为串-并联系统和并-串联系统两种，其可靠性逻辑框图分别如图 2-19(a)和(b)所示，可靠度分别为：

$$R_s(t)=[1-F^m(t)]^n,\quad R_s(t)=1-\{1-[1-F(t)]^n\}^m$$

(4) 表决系统。表决系统的特点是：组成系统的 n 个单元中，至少有 r 个单元不失效，系统才能正常工作，这样的系统被称为 r/n 表决系统。这也属于一种储备系统。

对于 r/n 表决系统，如单元可靠度均为 $R(t)$时，表决系统的可靠度则可由下式计算：

$$R_s(t) = \sum_{i=r}^{n}\binom{n}{i}R^i(t)\,[1-R(t)]^{n-i} = R^n(t) + nR^{n-1}(t)[1-R(t)] +$$

$$\frac{n(n-1)}{2!}R^{n-2}(t)\,[1-R(t)]^2 + \cdots + \frac{n!}{r!(n-r)!}R^r(t)\,[1-R(t)]^{(n-r)}$$

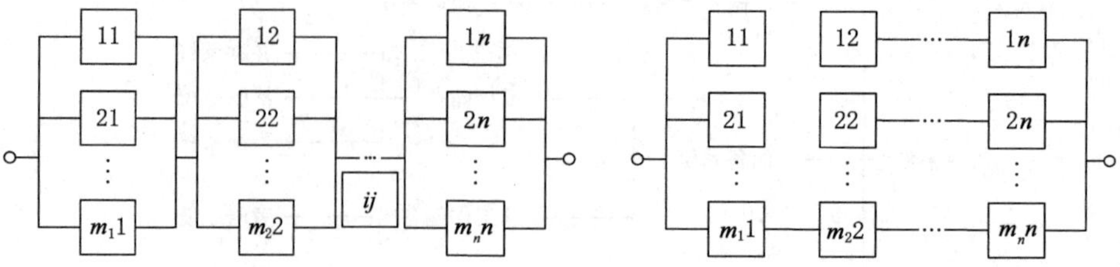

（a）串-并联系统

（b）并-串联系统

图 2-19　混联系统的可靠性逻辑框图

例如，功率为 120 kW 的驱动系统，若采用一个 120 kW 的大原动机驱动，设可靠度是 0.75。若改用六个 40 kW、可靠度与大原动机相同的小原动机，三个工作，另外三个备用，即六个小原动机中，只要有三个正常工作，系统就算正常，$n=6$，$r=3$。系统的可靠度可由0.75 提高到 0.962 4。计算如下：

$$R_s = 0.75^6 + 6 \times 0.75^5 \times (1-0.75) + \frac{6\times5}{1\times2} \times 0.75^4 \times (1-0.75)^2 + \frac{6\times5\times4}{1\times2\times3} \times 0.75^3 \times (1-0.75)^3 = 0.962\ 4$$

（5）旁联系统。图 2-20 所示为由 n 个单元组成的旁联系统，其中一个单元在工作，其余 $n-1$ 个单元处于非工作状态的储备。当监测装置探知工作的单元发生故障时，通过转换装置使储备单元逐个地去替换，直到所有储备单元都发生故障时，则系统失效。一般而言，如监测和转换装置的可靠度较高时，旁联系统的可靠度大于并联系统的可靠度。这是因为旁联系统中各储备单元在顶替工作前处于闲置状态，均以全新的姿态参加工作，其自身的可靠度较高。

（6）复杂系统。复杂系统中各单元之间既非串联又非并联关系，如图 2-21 所示。对复杂系统的可靠性计算比较复杂，一般采用布尔真值表法、卡诺图法、贝叶斯分析法、最小割集近似法等。

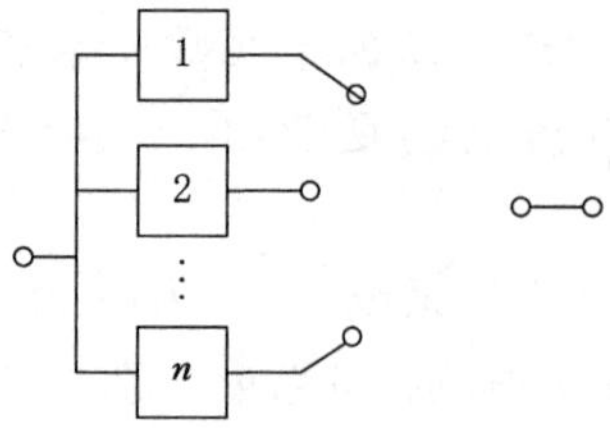

图 2-20　旁联系统逻辑框图

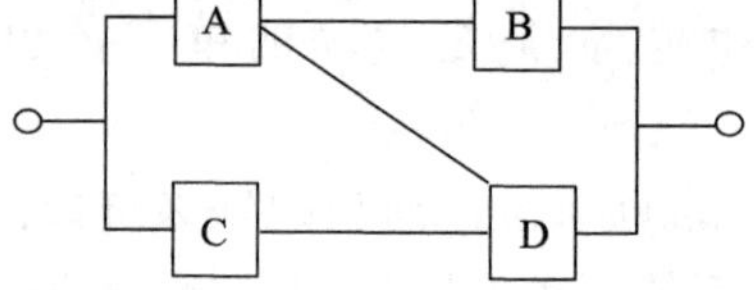

图 2-21　复杂系统逻辑框图

现以图 2-21 所示的复杂系统为例，用布尔真值表法计算系统正常工作的概率。图示系统中共四个单元，其可靠度分别为 $R_A=0.9$，$R_B=0.8$，$R_C=0.7$，$R_D=0.6$。每个单元有工作 W 和失效 F 两种状态，四个单元共有 16 种状态，见表 2-3，A、B、C 和 D 列中，0 代表失效，1 代表工作。序号为 1～3 的系统状态为失效，概率约等于零；序号为 4 的系统状态，A 和 B 失效，C 和 D 工作，系统能正常工作，其概率为：

$$R_4 = R_A R_B R_C R_D = (1-0.9)\times(1-0.8)\times 0.7\times 0.6 = 0.0084$$

按照上述方法可求出所有 16 种系统状态的概率，见表 2-3，整个系统工作的概率是各个工作状态概率的总和，即等于 0.871 8。

表 2-3　布尔真值表

序号	A	B	C	D	系统状态	概率
1	0	0	0	0	F	
2	0	0	0	1	F	
3	0	0	1	0	F	
4	0	0	1	1	W	0.008 4
5	0	1	0	0	F	
6	0	1	0	1	F	
7	0	1	1	0	F	
8	0	1	1	1	W	0.033 6
9	1	0	0	0	F	
10	1	0	0	1	W	0.034 2
11	1	0	1	0	F	
12	1	0	1	1	W	0.075 6
13	1	1	0	0	W	0.086 4
14	1	1	0	1	W	0.129 6
15	1	1	1	0	W	0.201 6
16	1	1	1	1	W	0.302 4
概率总和						0.871 8

3. 可靠性指标的分配

将系统要求的可靠度指标合理地分配到系统的各个组成单元，从而明确各组成单元的可靠性设计要求，以便在单元设计、制造、试验、验收时加以保证。

(1) 可靠性分配的原则

① 对技术成熟的单元，能够保证实现较高的可靠性，或预期投入使用时可靠性有把握达到较高水平的单元，可分配较高的可靠度。

② 对较简单的单元，组成单元的零部件数量少，装配容易保证质量或故障后易于修复的单元，可分配较高的可靠度。

③ 对重要的单元，该单元的失效将引起严重的后果，或该单元失效会导致全系统失效，应分配较高的可靠度。

④ 对整个任务时间内需连续工作，或工作条件恶劣的单元，应分配较低的可靠度。

(2) 可靠性分配方法

① 等同分配法。在设计初期，对系统各组成单元的可靠性资料掌握得不充分时，常以

相等的原则进行可靠性分配。

② 按比例分配法。按比例分配法用于以下两种情况：

a. 当新设计的产品与原有产品基本相似，已知原有产品各单元不可靠度或失效率预测值，而对新产品的可靠性要求与原有产品不同时，可按比例提高或降低原有产品各单元不可靠度或失效率预测值，作为新设计产品相应的各单元的可靠度要求。

b. 根据已掌握的可靠性资料，已能预测出新设计产品各单元的不可靠度或失效率预测值，但尚未能满足新设计产品的可靠性要求，这时可按比例提高或降低预测得到的各单元不可靠度或失效率预测值，作为新设计产品各单元的可靠度要求。

③ 综合评分分配法。按经验对新设计产品的各单元进行综合评分，根据各单元得分多少进行可靠性分配。评分考虑的因素和评分方法应根据具体情况而定。考虑的因素通常包括技术水平、复杂程度、重要程度和任务情况等。各单元综合得分可取各因素得分之积。

④ 最优化分配法。采用动态规划使系统中起主导作用的特性参数，如系统的成本、质量或尺寸等，在满足规定的系统可靠性指标及各种约束条件下，选取最优化单元可靠性分配方案。

2.3.2 结构工艺性评价

结构工艺性评价的目的是降低生产成本，缩短生产时间，提高产品质量。结构工艺性应从加工、装配、维修、运输等方面来评价。

1. 加工工艺性

从产品结构的合理组合和零件加工工艺性两方面评价加工工艺性。

(1) 产品结构的合理组合

一个产品是由部件、组件和零件组成的。组成产品的零部件越少，结构越简单，质量也越可减轻，但可能导致零件的形状复杂，加工工艺性差。根据工艺要求，设计时应合理地考虑产品的结构组合，把工艺性不太好或尺寸较大的零件分解成多个工艺性较好的较小零件。这样做的优点有：使零件的尺寸与企业生产设备尺寸相适应，易于装配和运输；零件形状简单化，易于毛坯生产和加工制造；维修时只需更换失效的零件，其他零件仍可继续使用；多个零件可以平行投产，缩短生产周期。其缺点有：因多个零件靠连接面装配在一起，这些连接面均需保证一定的精度要求，增加了加工费用和装配费用；由于存在连接面，刚度、抗振性和密封性能均有所降低。因此，产品结构的合理组合也包括设计时把多个结构简单、尺寸较小的零件合并为一个零件，以减轻质量，减少连接面数量，节省加工和装配费用，改善结构的力学性能。

有些零件上各工作面的工作条件不同，常采用不同的材料。例如蜗轮的齿部出于耐磨的考虑采用铜，轮毂部位为了提高强度和减少成本而采用钢材，可将多个零件的坯件用不可拆的方式连接在一起，如热压配合、铆接、粘接、螺纹连接等，然后再整体地进行加工，可取得很好的效果。

(2) 零件的加工工艺性

零件的结构形状、材料、尺寸、表面质量、公差和配合、毛坯类型等确定了其加工工艺性。加工工艺性的评价应依据制造厂现有的生产条件，没有一个绝对的标准。这些生产条件概括起来包括以下几个方面：传统的工艺习惯，本企业的加工设备和工装条件，外协加工条件，与老产品结构的通用，材料、毛坯和半成品的供应情况和质量检验的可能性等。

零件的加工工艺性与其材料和毛坯类型有很大的关系。现简单介绍对结构设计具有指导意义的规律。

① 铸件类零件。尽可能不采用型芯，如采用型芯需考虑其支承和清砂；铸型和型芯尽可能采取直线、平面等简单形状；结构形状应充分考虑拔模方便；避免大面积的水平壁和截面朝上逐渐变小，以免产生气泡和缩孔；壁厚不可小于最小允许尺寸，并尽量均匀，厚度变化应逐渐过渡；合理考虑分模面的位置，便于机械加工和去除毛刺；加工面留有必要的退刀结构，考虑加工时夹紧和定位的可靠性和刚性；避免倾斜的加工面，在结构允许的前提下，调整加工面于一个平面上；孔在同一个轴线上具有相同直径和公差，可合并工序，简化工艺；在结构允许的前提下，用分散布置的小连接面替代整块大的连接面，以减少加工工作量。

② 模锻件类零件。结构形状应充分考虑拔模方便；分模面尽可能是平面，尽量位于零件高度的一半处，并与最小高度相垂直；避免过大的薄平面；采用较大过渡圆角，避免过窄散热片、内槽和过小的冲孔；避免急剧的断面过渡和向冲模内过深的挤压成形要求。

③ 冷挤压件类零件。结构形状应充分考虑拔模方便；避免边缘倾斜和小的直径差；尽可能采取回转对称形状；避免断面突然变化、尖锐的棱边和内槽；避免细、长或侧向的孔。

④ 车削加工类零件。给出必要的退刀槽；力求成形刀具尽量简单；尽可能不要在孔内开沟槽，孔公差和表面粗糙度不要太严；考虑车削加工时夹持的可靠性；轴上的环肩不要太高，以免增加金属去除量。

⑤ 有钻孔加工类零件。尽量采用通孔，避免盲孔，盲孔尽可能是锥形孔底；斜孔的入口和出口处有垂直于孔轴线的凸台或凹面。

⑥ 有铣削加工类零件。尽量采用平的铣削表面，以便采用平铣刀或组合铣刀进行加工，避免采用昂贵的成形铣刀；沟槽尽可能采用盘状铣刀进行加工，避免采用指状铣刀，后者价格较高且加工效率低；各加工面尽可能处于同一平面或相互平行，以便在一次走刀或安装中完成加工。

⑦ 有磨削加工类零件。磨削面两端尽可能没有台肩，以便采用高效低成本的大直径圆周砂轮进行磨削，如结构上必须有台肩，应留出足够宽度的退刀槽；在同一个零件上，尽可能采用相同的圆角和锥度。

2. 装配工艺性

产品设计阶段不仅决定了零件加工的成本和质量，也决定了装配的成本和质量。装配的成本和质量取决于装配操作的种类和次数，装配操作的种类和次数又与产品结构、零件及其结合部位的结构和生产类型有关。

(1) 便于装配的产品结构。装配操作的分解、压缩、统一和简化是实现便于装配合理结构组合的主要措施。

① 装配操作的分解。将产品合理地分解成部件，部件分解成组件，组件再分解成零件。可实现平行装配，既缩短了装配周期，也保证了装配质量；在装配过程中尽可能减少加工；部件尽可能可单独进行试验。

② 装配操作的压缩。结构简单的零件合并为一个零件，以减少装配工作量；满足功能

的前提下，尽可能减少零件、接合部位和接合表面的数量；对已装好部件或产品进行试验时不必将它们拆开。

③ 装配操作的统一。装配时尽可能采用统一的工具、统一的装配方向和方法。

④ 装配操作的简化。加工和装配操作结合在一起，如用自攻螺纹，省去攻螺纹工序；减少装配工序和工步的数目；良好的检验可及性，进行目测的可能性。

(2) 便于装配的零件接合部位结构。零件接合部位结构的合理性可以改善装配工艺性。减少接合部位的数量、统一和简化接合部位的结构是提高装配工艺性的重要措施。采用粘接、卡接或一些特殊连接方法代替螺纹连接，可减少连接元件数量和装配工作量。

简化接合部位结构的措施很多。例如，避免双重配合；简化调整方式，采用专门的补偿连接来补偿制造误差；调整时尽可能不拆或少拆已装好的零件；保证装配过程中工具的活动空间等。

(3) 便于装配的零件结构。零件结构应便于自动储存、识别、整理、夹取和移动，以提高装配的工艺性。

3. 维修工艺性

产品设计应充分考虑产品的维修性。维修性的优劣可从如下几方面做综合分析评价：

(1) 平均修复时间短。

(2) 维修所需元器件或零部件的互换性好，并容易买到或有充足的备件。

(3) 有宽敞的维修工作空间。

(4) 维修工具、附件及辅助维修设备的数量和种类少，准备齐全。

(5) 维修技术的复杂性低。

(6) 维修人员数量少。

(7) 维修成本低。

(8) 采用状态监测和自动记录，指导维修。

2.3.3 人机工程学评价

机床产品设计应满足其应具备的功能，也应满足人机工程学方面的要求。人机工程学是研究人机关系的一门学科，它将人和机作为一个系统，研究人机系统应具有什么样的条件，才能使人机实现高度的协调性，人只需付出适宜的代价即可使系统取得最大的功效和安全。它不仅涉及工程技术理论，还涉及生理学、人体解剖学、心理学和劳动卫生学等理论和方法，是一门综合性的边缘学科。

1. 人因素方面

产品设计中应充分考虑与人体有关的因素。例如，人体静态与动态的形体尺寸参数，人对信息的感知特性，人体的反应及能力特性，人在劳动中的心理特征等，使设计的产品符合人的生理、心理特点，具有一个安全、舒适、可靠、高效的工作条件。

(1) 人体静态尺寸

产品设计中应充分考虑与人体尺寸参数有关的问题。人体静态尺寸随人种、地区和性别而异，我国的人体平均身高为 169 cm，女性比男性平均矮 10～11 cm。

(2) 人体动态尺寸

人体动态尺寸是指人在工作位置上的活动空间尺度，主要包括立姿、坐姿和综合姿势的四肢活动空间，图 2-22 所示为综合姿势操作的合适空间尺度。

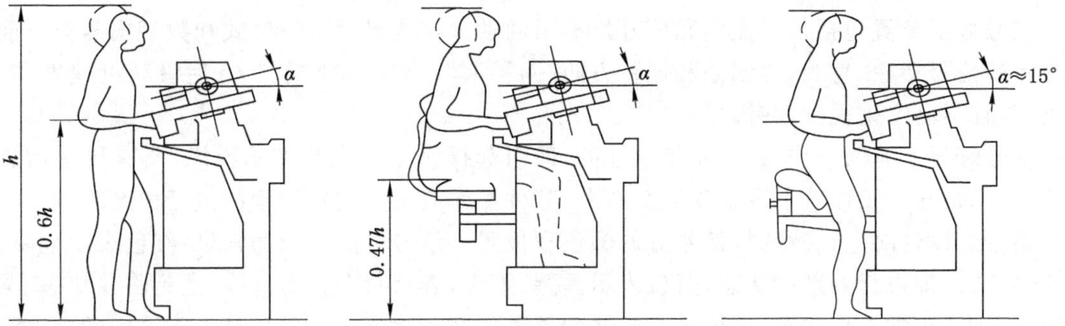

图 2-22　综合姿势操作空间尺度

(3) 人体的操作力

人在操作和使用机器时需要用到一些操作动作。操作会使人体承受一定的负荷，这些负荷使人体的肌肉工作，当操作负荷达到一定的强烈程度和持续时间时，将导致人体疲劳。人体不同部位的肌肉可承受的负荷还与操作件的位置、动作方向有关，例如手向前伸时可使出的力比收回时要大，右手一般比左手有力等。通常情况下，操作应轻快、灵活，但也不能过于轻快，以致承受不起人体肢体的净重而产生误操作。

(4) 人的视觉和听觉

人在操作机器时会通过感官接受外界信息，并由大脑进行分析和处理，做出反应，进而实现对机器的操纵和控制。设计产品时，应研究和分析人的感觉器官的感知能力和范围，以确定合适的人机界面。

人眼的运动沿水平方向比垂直方向灵活，感觉水平尺寸的误差比垂直尺寸小，且不易疲劳，因此视觉信号源应尽可能水平排列。人的视线习惯从左到右、从上到下按顺时针方向移动。当眼睛观察视区时，观察效果依次是右上、左上、左下和右下象限。人眼最易辨认的轮廓为直线轮廓。最易辨认的颜色依次为红、绿、黄、白；当两种颜色在一起时，最易辨认的顺序依次是黄底黑字、黑底白字、蓝底白字、白底黑字等。

人的听觉器官也是重要的信息接收器。人对听觉信息的反应比视觉信息快 30～50 ms；人耳可接收的声音为 20～2 000 Hz，可以听到的声强为 0～120 dB，超过 110～130 dB，人会感到不舒服。机器的运转信号如需要通过声音将信息传给操纵者，其声音信号的频率和声强应适于人耳的接收范围，而且应有别于机器周围或机器本身产生的声音。声音信号应根据信号的意义，如报警、提示、显示运行状态等的区别，设计成不同的音响形式。音响形式可以是连续音响、断续音响、音乐等，使人听到该音响后马上产生相应的条件反射，进行必要的操作。

2. 机器因素方面

设计产品时，产品自身结构应满足人机工程学方面的要求。主要包括以下几方面内容。

(1) 信号显示装置设计

信号显示装置将机器的信息传递给人，人根据接收的信息来了解和掌握机器的运行情况，从而操纵和控制机器。因此，信号显示装置的质量优劣直接影响人机系统的工作效率。

信号显示装置应根据人的生理和心理特征进行设计，使人接收信息速度快、可靠性高、误读率低，并减轻精神紧张和身体疲劳。

信号显示装置包括仪表显示和信号灯显示两种。仪表显示有指针式和数字式两类。前者显示的信号形象、直观，对偏差和偏差方向一目了然，常用于监控仪表；后者认读速度快、精度高，且不易产生视觉疲劳。

信号灯显示有两个作用：一是指示性的，即引起操纵者注意或指示操纵，具有传递信息的作用；二是显示工作状态及反映某个指令、某种操作或某个运行过程的执行情况。

信号灯设计时应正确选择信号灯的颜色和位置。信号灯的颜色通常是：红色表示危险、禁止，要求立即进行处理的状态；黄色表示提醒、警告，表示状态变得危险，达到临界状态；绿色表示安全、正常工作状态，还可表示机器的预置和准备状态。信号灯显示除了用颜色表示各种状态外，还可以配以相应的文字或图形符号加以说明信号的确切含义。信号灯的位置应布置在良好的视野范围内，不要使人必须扭转头或身躯才能发现。信号灯采用闪光方式，更能引起人的注意，用闪光的快慢表示紧急程度，如果配合声响效果更好。

(2) 操纵装置设计

操纵装置有手动和脚动两类。手动操纵装置按运动方式分为旋转式操纵器、移动式操纵器、按压式操纵器等。设计时应注意其形状、大小、位置、运动状态、操纵力的大小等，留出人的操作位置，让操纵者有一个合适的姿势，合理布置操作件的位置和确定操作运动的方向、合适的操作力大小。这些均应符合生物力学和生理学的规律，以保证操纵时的舒适和方便。

人们在操纵时，通常通过视觉或听觉得到信号，经过思索，理解信号的意义，然后产生相应的行动。经过长期生活、工作实践及学习培训，人们逐渐形成了一套习惯，直接根据接收到的信号产生相应的行动而不经过大脑的思考。这样可以有效地提高操作的速度。在进行产品设计时，必须遵循这些习惯，以免操纵者受到外界干扰，未经思考，直接按习惯进行行动而产生误操作。这些操作习惯包括：

① 手柄操作方向。当运动件做直线运动时，手柄操作方向应大致平行于运动件的移动轨迹，并与运动件产生的运动方向一致。当运动件做回转运动时，手柄的回转平面应与运动件的回转平面平行，手柄的操作方向应与运动件产生的回转方向一致。

② 按钮位置。按钮的排列直线应和运动件的运动方向相平行，即操纵运动件向右、向前或向上的按钮应布置在按钮板的最右、最前和最上方，如图 2-23 所示。如运动件做回转运动，按钮位置的排列方向应与距该组按钮最近的运动件上的圆周线速度方向一致。

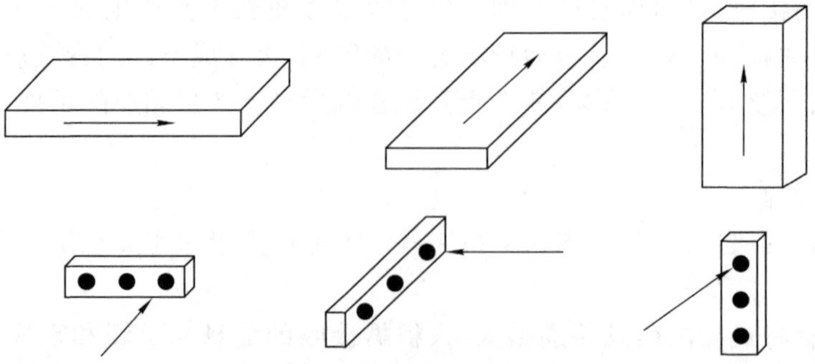

图 2-23　平面运动按钮布置规则

③ 手轮操作方向。首先，操纵者面对手轮轴端：如运动件做直线运动，顺时针方向转动手轮时，运动件应向右或向上运动；如运动件做回转运动，顺时针方向转动手轮时，运动件应做顺时针方向回转；如运动件做径向运动，顺时针方向转动手轮时，运动件应向中心方向运动。

④ 特殊情况。如一个操作件可以使运动件实现多个方向运动时，上述原则应用于最常用的一个方向；如同时操纵主运动和进给运动时，上述原则适用于进给运动。

(3) 安全保障技术

安全保障技术包括系统本身安全性和操作人员安全性两大方面。为保证系统本身的安全性，应自动设置安全工作区限，设计互锁安全操作，工作环境条件的监测监控，非正常工作状态的自动停机，对操作失误的自动安全处理等。为保证人员的安全性，应采取各种保障人身安全的措施，如漏电保护、报警指示、急停操作、快速制动等，同时对危险工作区要设置自动光电栅栏和工作区自动防护及有害物和危险物的自动封闭等。

(4) 人体舒适性和使用方便性

在操纵机器时为了达到人体的舒适，不仅要合理设计显示、操纵装置，还要充分考虑人与机器之间的相互关系和合理布局。

① 作业空间能使操作者感到舒适和安全，要照顾到不同操作者的身体尺寸。

② 操作过程中避免差错，提高工作效率。

③ 显示装置和操纵装置的布局要既紧凑又可区分。

④ 人作业时，四肢分担的作业要均衡，避免身体局部超载荷作业。

⑤ 要根据机器设备的功能特点、外观形态来进行合理的布局，以适应人作业时的各种心理、生理的感知特性。

3. 环境因素方面

环境因素方面需要评价的内容包括：作业空间，如场地、厂房、机器布局、作业线布置、道路及交通、安全门等；物理环境，包括照明、空气温度、湿度、气压、粉尘、辐射、噪声等；化学环境，包括有毒物质、化学性有害气体及水质污染等。

2.3.4 技术经济评价

设计的机床产品应在技术上具有先进性，在经济上具有合理性。技术的先进性和经济的合理性往往是相互矛盾的，二者的平衡至关重要。技术经济评价就是通过深入分析这两方面的问题，建立目标系统和确定评价标准，并对各设计方案进行评分，给出综合的技术经济评价。技术经济评价的步骤大致分为以下几个阶段。

1. 建立评价目标树和评价目标

对于技术系统来说，其实际评价目标通常不止一个，而是一个评价目标系统。为了保证评价目标建立的科学性，可采取将总目标逐层分解的方法，形成评价目标树，如图 2-24 所示。其中 Z 为总目标，Z1、Z2 为第一级子目标，Z11、Z12、Z13 为 Z1 的子目标，最后一级子目标为评价目标中的具体评价目标，又称评价标准。

评价目标或标准通常选择设计要求和约束条件中较重要的项目，一般不超过 6～10 项，项目过多会使评价工作过于复杂，且容易掩盖其主要影响因素。

在评价目标体系中，各评价目标的重要程度是不同的，因此应使用重要性系数(加权系数)以示区别。为了便于计算，每个评价目标的重要性系数均是小于 1 的数，但各目标重要

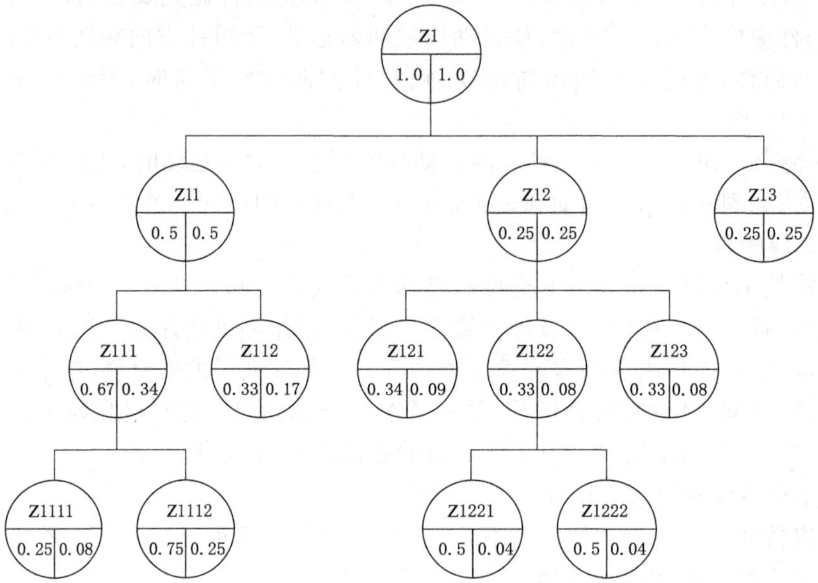

图 2-24 目标系统与重要性系数

性系数之和应等于 1。因此，各目标的重要性系数可根据目标树，用相对重要性系数相乘求出。如图 2-24 所示，每个评价目标圆圈内有两个数字，左边的数字表示隶属于同一上级目标的各子目标之间的相对重要性系数，其总和也应等于 1；右边数字表示本目标的重要性系数，其值等于它的相对重要性系数与相关各上级目标的相对重要性系数的乘积，如 Z1112 的重要性系数为

$$0.75\times0.67\times0.5\times1.0=0.25$$

隶属于同一上级目标的各同级目标之间的相对重要性系数可采用经验法得出，即由设计人员或设计组共同商定，也可采用判别表计算法求出。

2. 确定各设计方案的评价分数

算出目标系统中每个评价标准（树叶）的重要性系数后，可按评价标准确定每一个设计方案的评价分数，评价分数可按 5 分制（0～4）或 10 分制（0～9）给出。评价分数的大小代表了技术方案的优劣程度。

确定评价分数的方法如表 2-4 所示，将目标系统树中的每个评价标准（树叶）及其重要性系数填写在表的前 3 列，第 4～5 列为每个评价标准的特征说明及计算方法。在表的其余部分列入待比较的 m 个设计方案，每个设计方案的栏内有三列，分别是特征值、评价值和加权值。“特征值”列中填入按特征计算方法算出的值。将各“评价标准”行中各设计方案算出的特征值（T_{ij}，$j=1,2,3,\cdots,m$）按其大小排列，特征值最小的评价分数取“0”分，最大的取“9”或“4”分，处于中间的特征值则按 10 分制（0～9，打分较细）或 5 分制（0～4，打分较粗）打分，并分别填写在“评价值”列中。“加权值”的值等于评价值乘以评价标准的重要性系数，即

$$q_{ij}=Q_i p_{ij}$$

表 2-4　设计方案评价分数的确定

评价标准			特征		设计方案 1			…	设计方案 j			…	设计方案 m		
No	内容	重要性系数	说明	计算方法	特征值	评价值	加权值	…	特征值	评价值	加权值	…	特征值	评价值	加权值
1		Q_1			T_{11}	P_{11}	q_{11}	…	T_{1j}	P_{1j}	q_{1j}	…	T_{1m}	P_{1m}	q_{1m}
2		Q_2			T_{21}	P_{21}	q_{21}	…	T_{2j}	P_{2j}	q_{2j}	…	T_{2m}	P_{2m}	q_{2m}
3		Q_3			T_{31}	P_{31}	q_{31}	…	T_{3j}	P_{3j}	q_{3j}	…	T_{3m}	P_{3m}	q_{3m}
…		…	…		…	…	…	…	…	…	…	…	…	…	…
Ⅰ		Q_{I}			T_{11}	P_{11}	q_{11}	…	$T_{\text{I}j}$	$P_{\text{I}j}$	$q_{\text{I}j}$	…	$T_{\text{I}m}$	$P_{\text{I}m}$	$q_{\text{I}m}$
…					…	…	…	…	…	…	…	…	…	…	…
n		Q_n			T_{n1}	P_{n1}	q_{n1}	…	T_{nj}	P_{nj}	q_{nj}	…	T_{nm}	P_{nm}	q_{nm}
总权重值					ZQ_1			…	ZQ_j			…	ZQ_m		
技术评价					T_1			…	T_j			…	T_m		
经济评价					E_1			…	E_j			…	E_m		
技术经济评价					TE_1			…	TE_j			…	TE_m		

3. 计算总权重值 ZQ_j

将每个初步设计方案的 n 个“加权值”进行累加，即可得出该方案的总权重，第 j 个初步设计方案的总权重值 ZQ_j 可由下式算出

$$ZQ_j = \sum_{i=1}^{n} q_{ij}$$

4. 计算技术评价 T_j

设 m 个设计方案的总权重值的最大值是 $Q_{\max}$，则技术评价 T_j 的计算方法如下：

$$T_j = \frac{ZQ_j}{Q_{\max}}$$

技术评价值越高，表示方案的技术性能越好，技术评价值为最大值，也就是等于“1”的方案是技术上最理想的方案；技术评价值小于 0.6 的方案在技术上不合格，必须加以改进，或者被淘汰；技术评价值处于 1～0.6 之间的方案在技术上是可行的。

5. 计算经济评价 E_j

产品的成本主要是由产品的工作原理和结构方案确定的，经济评价是理想生产成本 C_{L} 与实际生产成本 C_{s} 之比，即

$$E_j = \frac{C_{\text{L}}}{C_{\text{s}}}$$

通常，理想成本 C_{L} 应低于市场同类产品最低价的 70%。经济评价 E_j 越大，代表其经济效果越好，$E_j=1$ 的方案在经济上最理想，如果经济评价值小于 0.7，说明方案的实际生产成本大于市场同类产品的最低价，一般不予考虑。

6. 技术经济评价

设计方案的技术评价 T_j 和经济评价 E_j 通常不会同时都达到最优，所以，进行技术和经济的综合评价才能最终选出最理想的方案。技术经济评价 TE_j 有两种计算方法：

(1) 当 T_j 和 E_j 的值相差不太悬殊时，可用均值法计算 TE_j 值，即

$$TE_j=\frac{T_j+E_j}{2}$$

(2) 当 T_j 和 E_j 的值相差很悬殊时，建议采用双曲线法计算 TE_j 值，即

$$TE_j=\sqrt{T_j+E_j}$$

技术经济评价值 TE_j 越大，该设计方案的技术经济综合性能越好，一般 TE_j 值不应小于0.6。

2.3.5 标准化评价

1. 标准化评价的目的

标准化是在经济、技术、科学及管理等社会实践中，对重复性事物和概念通过制定、发布和实施标准，达到统一，以获得最佳秩序和社会效益的过程。实现标准化的目的包括以下几方面：

(1) 合理简化产品的品种；

(2) 促进相互理解、相互交流并提高信息传递的效率；

(3) 在生产、流通、消费等方面，能够全面地节约人力和物力；

(4) 在商品交换与提高服务质量方面，保护消费者的利益和社会公共利益；

(5) 在安全、卫生、环境保护方面，保障人类的生命、安全与健康；

(6) 在国际贸易中，消除国际贸易的"技术壁垒"。

2. 标准分类

标准分类如图2-25所示。按照标准的性质来分，标准有技术标准、工作标准和管理标准三类；按照标准化对象的特征来分，标准有基础标准、产品标准、方法标准、安全卫生和环境保护标准四大类；按照标准的适用范围，标准分为不同的级别，依次为国际标准、区域标准、国家标准、专业标准(包括专业协会标准、部委标准)、地方标准和企业标准六个级别。

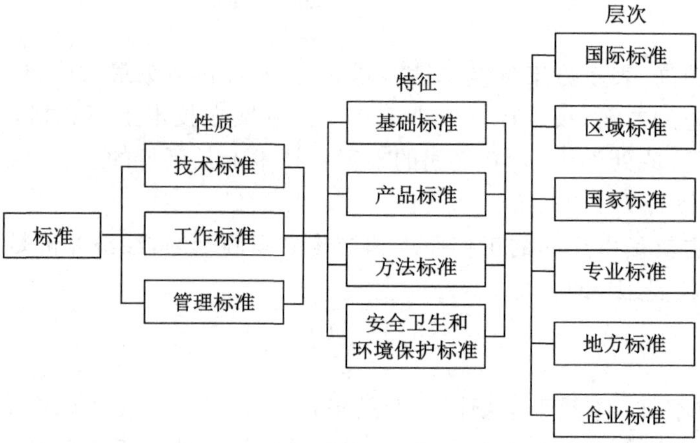

图2-25 标准分类

3. 标准化评价内容

产品设计的标准化对提高设计水平、保证设计质量、简化设计程序、节约设计费用将产

生显著效果。从编制产品设计任务书到设计、试制、鉴定各个阶段，都必须充分考虑标准化的要求，认真进行标准化审查。对产品设计进行标准化评价的主要内容有以下几个：

（1）企业标准的审查。包括编号、文件格式、编制方法是否符合上级标准的要求和有关规定。

（2）设计文件的标准化审查。包括图样和技术文件成套性检查；图样格式、视图、剖视、投影、公差配合、表面粗糙度、几何公差是否符合有关标准；设计技术文件内容的准确性、科学性和合理性；零件图、结构要素和应用材料是否符合有关标准；是否采用标准件和通用件；设计文件的格式、技术术语、文字符号等是否符合有关标准；产品图样和设计文件的代号是否符合有关标准。

（3）工艺文件的标准化审查。内容包括工艺文件的成套性；格式、名称、工艺术语、材料、代号；工艺尺寸的准确性；通用工具、量具是否符合有关标准；是否采用典型工艺等。

（4）工装设计文件的标准化审查。内容包括工装设计文件的成套性；是否采用标准件和标准毛坯等。

2.4　机床设计步骤

不同的机床类型设计步骤也不同，但归纳起来大体上可分为以下四个阶段。

1. 总体方案设计

在满足设计任务书中具体要求的前提下，由设计人员构思出若干种方案并进行分析比较，从中优选出一种功能满足要求、工作性能可靠、结构设计可行、成本低廉的方案。总体方案设计所包含的内容包括工艺分析、主要技术参数、机床总体布局、传动系统、电气系统、液压系统、主要部件的结构草图、试验结果及技术经济分析报告等。具体包括以下内容。

（1）运动功能设计：包括确定机床所需运动的个数、形式（直线运动、回转运动）、功能（主运动、进给运动、其他运动）及排列顺序，最后画出机床的运动原理图，并进行运动功能设计。

（2）基本参数设计：包括尺寸参数、运动参数和动力参数设计。

（3）传动系统设计：包括传动方式、传动原理图及传动系统图设计。

（4）总体结构布局设计：包括总体布局结构形式及总体结构方案图设计。

（5）控制系统设计：包括控制方式及控制原理、控制系统图设计。

在总体方案设计阶段，对各种方案进行综合评价，从中选择较好的方案。对所选择的方案进行进一步的修改或优化，确定最终方案。上述设计内容通常是交叉进行的。

选择方案时要注意尽可能采用先进的工艺结构，尽量采用先进技术，设计方案必须以生产实践和科学试验为依据，凡是未经实践考验的方案，必须经过试验证明可靠后才能用于设计。

2. 详细设计

详细设计包括技术设计和施工设计。

（1）技术设计

设计机床的传动系统，确定各主要结构的原理方案，设计部件装配图，对主要零件进行分析计算或优化，设计液压原理图和相应的液压部件装配图，设计电气控制系统原理图和相应的电气安装接线图，设计和完善机床总装配图和总联系尺寸图。

（2）施工设计

设计机床的全部自制零件图，编制标准件、通用件和自制件明细表，编写设计说明书、使用说明书，制定机床的检验方法和标准等技术文档。

3. 机床整机综合评价

对所设计的机床进行整机性能分析和综合评价。可对所设计的机床进行计算机建模，得到所谓的数字化样机，又称之为虚拟样机（virtual prototyping）。采用虚拟样机技术对所设计的机床进行运动学仿真和性能仿真，在实际样机没有试造出来之前对其进行综合评价，可以大大减少新产品研制的风险，缩短研制周期，提高研制质量。

上述步骤可反复进行，直到设计结果满意。在设计过程中，设计与评价反复进行，可以提高一次设计成功率。

4. 试制鉴定

工作图完成后进行试制，然后对样机进行试验鉴定，设计人员应参加制造、装配、试车鉴定全过程，从中了解设计中存在的问题，及时总结经验教训和修改设计，以便对机床进行必要的改进和提高，为以后设计积累经验和资料。

第 3 章　金属切削机床设计

3.1　金属切削机床总体设计

3.1.1　机床系列型谱的制定

为满足国民经济不同部门对机床的要求，机床分成若干种类型，如通常所说的车、铣、刨、钻、磨、镗等 11 大类通用机床。每一类机床又分为大小不同的几种规格。国家根据机床的生产和使用情况，在调查研究的基础上，规定了每一种通用机床的主参数系列。它是一个等比级数的数列。例如，中型卧式车床的主参数是可安装工件的最大回转直径，主参数系列中有 250 mm、315 mm、400 mm、500 mm、630 mm、800 mm、1 000 mm 七种规格，是公比为 1.25 的等比数列。《金属切削机床 型号编制方法》(GB/T 15375—2008)规定，我国金属切削机床型号由汉语拼音字母和阿拉伯数字按一定规律组合而成。

3.1.1.1　通用机床型号

1. 型号的表示方法

通用机床型号如图 3-1 所示。

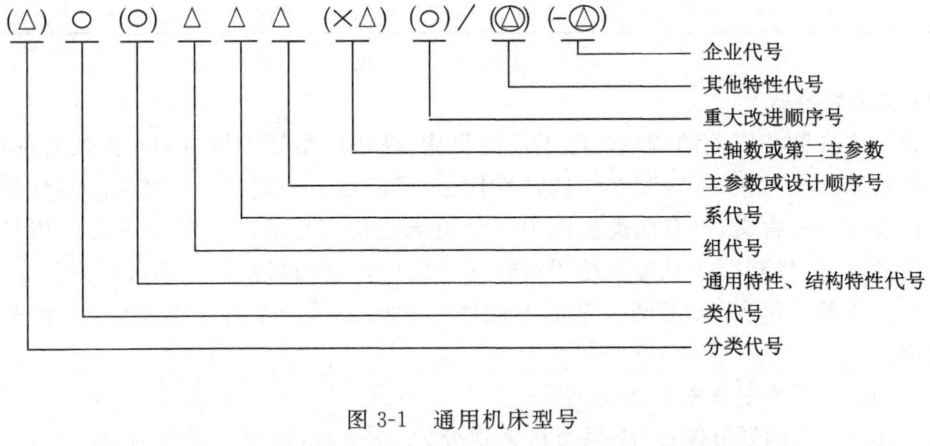

图 3-1　通用机床型号

注：1. 有“( )”的代号或数字，当无内容时，不表示，若有内容，则不带括号；

2. 有“○”符号者，为大写的汉语拼音字母；

3. 有“△”符号者，为阿拉伯数字；

4. 有“◎”符号者，为大写的汉语拼音字母，或阿拉伯数字，或两者兼有之。

2．机床的分类及类代号

机床按其工作原理共分为11类，用大写的汉语拼音字母表示。例如，“车床”的汉语拼音是“Che Chuang”，所以用“C”来表示车床。需要时，类以下还可以有若干分类，分类代号用阿拉伯数字表示，放在类代号之前，但第一分类不予表示。例如，磨床类分为M、2M、3M三个分类。机床的类别代号及读音见表3-1。

表3-1　机床的类别代号及读音

类别	车床	钻床	镗床	磨床			齿轮加工机床	螺纹加工机床	铣床	刨(插)床	拉床	锯床	其他机床
代号	C	Z	T	M	2M	3M	Y	S	X	B	L	G	Q
读音	车	钻	镗	磨	二磨	三磨	牙	丝	铣	刨	拉	割	其

3．通用特性代号、结构特性代号

通用特性代号、结构特性代号用大写的汉语拼音表示，放在类代号之后。

(1) 通用特性代号

通用特性代号有统一的固定含义，它在各类机床的型号中，表示的意义相同。当某类型机床，除有普通型外，还有下列某种通用特性时，则在类代号之后加通用特性代号予以区分，如果某类型机床仅有某种通用性能，而无普通型者，则通用特性不予表示。

当在一个型号中需要同时使用两至三个通用特性代号时，一般按重要程度排列顺序。

机床通用特性代号及读音见表3-2。

表3-2　机床的通用特性代号及读音

通用特性	高精度	精密	自动	半自动	数控	加工中心(自动换刀)	仿形	轻型	加重型	简式或经济型	柔性加工单元	数显	高速
代号	G	M	Z	B	K	H	F	Q	C	J	R	X	S
读音	高	密	自	半	控	换	仿	轻	重	简	柔	显	速

(2) 结构特性代号

为表示主参数相同而结构或性能不同的机床，在机床型号中加结构特性代号加以区分。根据各类机床的具体情况，对某些结构特性代号，可以赋予一定含义。结构特性代号在机床型号中没有统一的含义，具有同类机床中区分机床结构或性能不同的作用。当型号中有通用特性代号时，结构特性代号排在通用特性代号之后。结构特性代号用汉语拼音字母(通用特性代号已用的字母和“I、O”两个字母不能用)表示，当单个字母不够用时，可将两个字母组合使用。

4．机床组、系的划分原则及其代号

① 机床组、系的划分原则：将每类机床划分为10个组，每个组划分为10个系。在同一类机床中，主要布局或使用范围基本相同的机床，即为同一组。在同一组机床中，其主参数相同、主要结构及布局形式相同的机床，即为同一系。

② 机床的组、系代号：机床的组，用一位阿拉伯数字表示，位于类代号、通用特性代号和

结构特性代号之后。机床的系，用一位阿拉伯数字表示，位于组代号之后。

通用机床类、组划分见表3-3。

表3-3 通用机床类、组划分

类别		组别 0	1	2	3	4	5	6	7	8	9
车床C		仪表车床	单轴自动、半自动车床	多轴自动、半自动车床	回轮、转塔车床	曲轴及凸轮轴车床	立式车床	落地及卧式车床	仿形及多刀车床	轮、轴、辊、锭及铲齿车床	其他车床
钻床Z		—	坐标镗钻床	深孔钻床	摇臂钻床	台式钻床	立式钻床	卧式钻床	铣钻床	中心孔钻床	—
镗床T		—	—	深孔镗床	—	坐标镗床	立式镗床	卧式铣镗床	精镗床	汽车、拖拉机修理用镗床	—
磨床	M	仪表磨床	外圆磨床	内圆磨床	砂轮机	坐标磨床	导轨磨床	刀具刃磨床	平面及端面磨床	曲轴、凸轮轴、花键轴及轧辊磨床	工具磨床
磨床	2M	—	超精机	内圆研磨机	外圆及其他研磨机	抛光机	砂带抛光及磨削机床	刀具刃磨及研磨机床	可转位刀片磨削机床	研磨机	其他磨床
磨床	3M	—	球轴承套圈沟磨床	滚子轴承套圈滚道磨床	轴承套圈超精机床	—	叶片磨削机床	滚子加工机床	钢球加工机床	气门、活塞及活塞环磨削机床	汽车、拖拉机修磨机床
齿轮加工机床Y		仪表齿轮加工机	—	锥齿轮加工机	滚齿及铣齿机	剃齿及研齿机	插齿机	花键轴铣床	齿轮磨齿机	其他齿轮加工机	齿轮倒角及检查机
螺纹加工机床S		—	—	—	套丝机	攻丝机	—	螺纹铣床	螺纹磨床	螺纹车床	—
铣床X		仪表铣床	悬臂及滑枕铣床	龙门铣床	平面铣床	仿形铣床	立式升降台铣床	卧式升降台铣床	床身铣床	工具铣床	其他铣床
刨插床B		—	悬臂刨床	龙门刨床	—	—	插床	牛头刨床		边缘及模具刨床	其他刨床
拉床L		—	—	侧拉床	卧式外拉床	连续拉床	立式内拉床	卧式内拉床	立式外拉床	键槽及螺纹拉床	其他拉床
锯床G		—	—	砂轮片锯床	—	卧式带锯床	立式带锯床	圆锯床	弓锯床	锉锯床	—
其他机床Q		其他仪表机床	管子加工机床	木螺钉加工机	—	刻线机	切断机	—	—	—	—

5. 主参数代号

主参数是机床最主要的一个技术参数，它直接反映机床的加工能力，并影响机床其他参数和基本结构的大小。对于通用机床和专门化机床，主参数通常以机床的最大加工尺寸（最大工件尺寸或最大加工面尺寸），或与此有关的机床部件尺寸来表示。机床型号中主参数用折算值表示，位于系代号之后。当折算值大于1时，则取整数，前面不加“0”；当折算值小于1时，则取小数点后第一位数，并在前面加“0”。各类主要机床的主参数及其折算系数见表3-4。

表3-4 各类主要机床的主参数及其折算系数

机床	主参数名称	主参数折算系数	第二主参数
卧式车床	床身上最大回转直径	1/10	最大工件长度
立式车床	最大车削直径	1/100	最大工件高度
摇臂钻床	最大钻孔直径	1/1	最大跨距
卧式镗铣床	镗轴直径	1/10	—
坐标镗床	工作台面宽度	1/10	工作台面长度
外圆磨床	最大磨削直径	1/10	最大磨削长度
内圆磨床	最大磨削孔径	1/10	最大磨削深度
矩台平面磨床	工作台面宽度	1/10	工作台面长度
齿轮加工机床	最大工件直径	1/10	最大模数
龙门铣床	工作台面宽度	1/100	工作台面长度
升降台铣床	工作台面宽度	1/10	工作台面长度
龙门刨床	最大刨削宽度	1/100	最大刨削长度
插床及牛头刨床	最大插削及刨削长度	1/10	—
拉床	额定拉力	1/1	最大行程

6. 通用机床的设计顺序号

某些通用机床，当无法用一个主参数表示时，则在型号中用设计顺序号表示。设计顺序号由1开始，当设计顺序号少于十位数时，则在设计顺序号前加“0”。

7. 主轴数和第二主参数的表示方法

① 主轴数的表示方法：对于多轴车床、多轴钻床、排式钻床等机床，其主轴数以实际值列入型号，置于主参数之后，用“×”分开，读作“乘”。若为单轴则可省略，不予表示。

② 第二主参数的表示方法：为了更完整地表示出机床的工作能力和加工范围，有些机床还规定了第二主参数。例如，卧式车床的第二主参数是最大工件长度。第二主参数一般不予表示（多轴机床的主轴数除外），如有特殊情况需要在型号中表示时，应按一定手续审批。在型号中的第二主参数也用折算值表示，机床第二主参数见表3-4。

8. 机床的重大改进顺序号

当对机床的结构、性能有更高的要求，并需按新产品重新设计、试制和鉴定时，才按改进的先后顺序选用A、B、C……等汉语拼音字母（“I、O”除外），加在型号基本部分的尾部，以区别原机床型号。凡属于局部的小改进，或增减某些附件、测量装置及改变装夹工件的方法等,对原机床结构、性能没有作重大改变的,不属于重大改进,其型号不变。

9. 其他特性代号和企业代号及其表示方法

① 其他特性代号,置于辅助部分之首。

② 其他特性代号主要用以反映各类机床的特性。

③ 其他特性代号可用汉语拼音字母表示。

其他特性代号和企业代号是机床型号的辅助部分。其他特性代号主要用于反映各类机床的特性。例如,对于数控机床,可用来反映不同的控制系统等;对于加工中心,可用来反映控制系统、自动交换主轴头、自动交换工作台等。企业代号包括机床生产厂及机床研究单位代号。企业代号可见《金属切削机床 型号编制方法》(GB/T 15375—2008)。

通用机床型号编制举例:

MG1432A 型高精度万能外圆磨床:

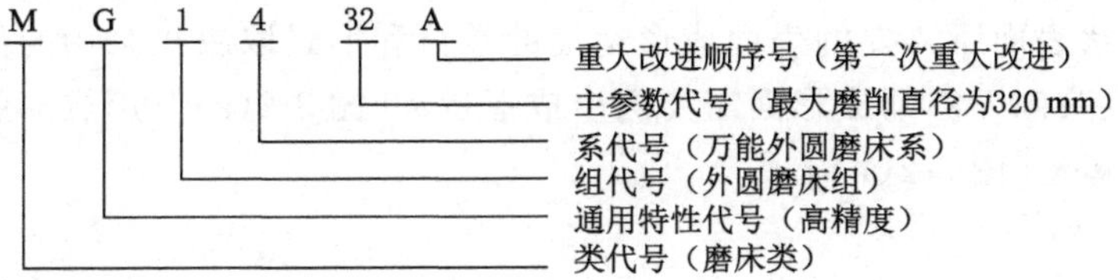

CA6140 型卧式车床:

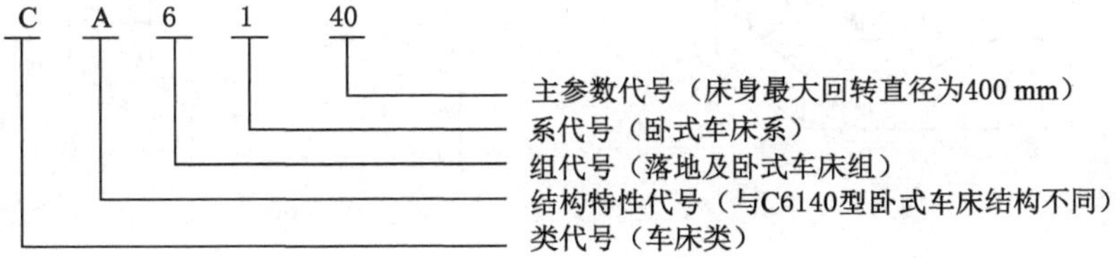

3.1.1.2　专用机床的型号编制

(1) 专用机床型号表示方法

专用机床的型号一般由设计单位代号和设计顺序号组成,其表示方法为:

(△⃝)—△

注:△——设计顺序号(阿拉伯数字);

△⃝——设计单位代号。

(2) 设计单位代号

设计单位代号包括机床生产厂和机床研究单位代号(位于型号之首),见《金属切削机床 型号编制方法》(GB/T 15375—2008)。

(3) 专用机床的设计顺序号

专用机床的设计顺序号按该单位的设计顺序号(从"001"起始)排列,位于设计单位代号之后,并用"-"隔开,读作"至"。例如,北京第一机床厂设计制造的第 100 种专用机床为专用铣床,其型号为 B1-100。

3.1.2　机床运动原理方案设计与分析

机床的运动是由机床上所要加工的工件表面形状及其形成方法所决定的。认识和分析机床，首先根据在该机床上所要求加工的表面形状、使用的刀具类型和加工方法来分析机床的运动，即分析机床必须具备哪些运动以及这些运动的性质。然后在这个基础上，进一步了解机床传动部分的组成，以及为实现机床所需运动的机构及结构，并掌握机床运动的调整。这个认识和分析机床的方法，其简要顺序为“表面—运动—传动—机构(结构)—调整”。

在切削加工时，刀具和工件按一定的规律运动，通过切削刀具的刀刃对工件毛坯的切削作用，把毛坯上多余的金属切掉，从而得到要求的表面形状。机器零件由各种表面组成，这些表面多半采用那些可以在机床上制造时既经济而又能获得所需精度的表面。

各种类型的机床在进行切削加工时，为了获得具有一定几何形状、一定加工精度和表面质量的工件，刀具和工件需做一系列的运动。按其功用不同，常将机床在加工中所完成的各种运动分为表面成形运动和辅助运动两大类。

机床在切削工件时，使工件获得一定表面形状所必需的刀具与工件之间的相对运动称为表面成形运动，简称成形运动。

形成某种形状表面所需要的表面成形运动的数目和形式取决于采用的加工方法和刀具结构。例如，用尖头刨刀刨削成形面需要两个成形运动[图 3-2(a)]，用成形刨刀刨削成形面只需要一个成形运动[图 3-2(b)]。

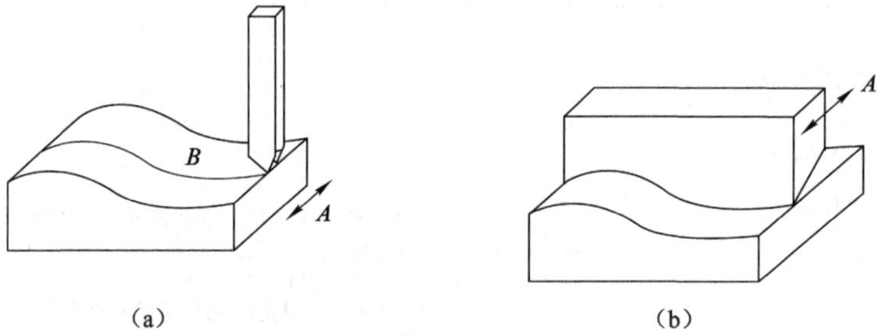

图 3-2　形成所需表面的成形运动

表面成形运动按其组成情况不同，可分为简单的和复合的两种。如果一个独立的成形运动由单独的旋转运动或直线运动构成，则称此成形运动为简单成形运动。例如，用尖头车刀车削圆柱面时(图 3-3)，工件的旋转运动 B 和刀具的直线移动 A 就是两个简单成形运动。在机床上，简单成形运动一般是主轴的旋转运动，以及刀架和工作台的直线移动。

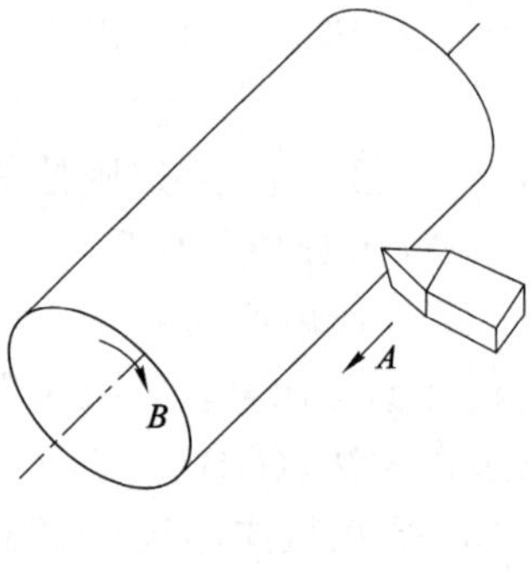

图 3-3　简单成形运动

如果一个独立的表面成形运动由两个或两个以上的旋转运动和(或)直线运动按照某种确定的运动关系组合而成，则称此成形运动为复合成形运动。例如，车削螺纹时[图 3-4(a)]，形成螺旋线所需要的刀具和工件之间的相对螺旋轨迹运动就是复合成形运动。为简化机床结构和易于保证精度，通常将其分解成工件的等速旋转运动 B 和刀具的等速直线运动 A。B 和 A 彼此不能独立，它们之间必须保持严格的相对运动关系，即工件每转 1 转，刀具直线移动的距离应等于被加工螺纹的导程，从而 B 和 A 这两个运动组成一个复合运动。用尖头车刀车削回转体成形面时[图 3-4(b)],车刀的曲线轨迹运动,通常由相互垂直坐标方向上的、有严格速比关系的两个直线运动 A_1 和 A_2 来实现,A_1 和 A_2 也组成一个复合运动。

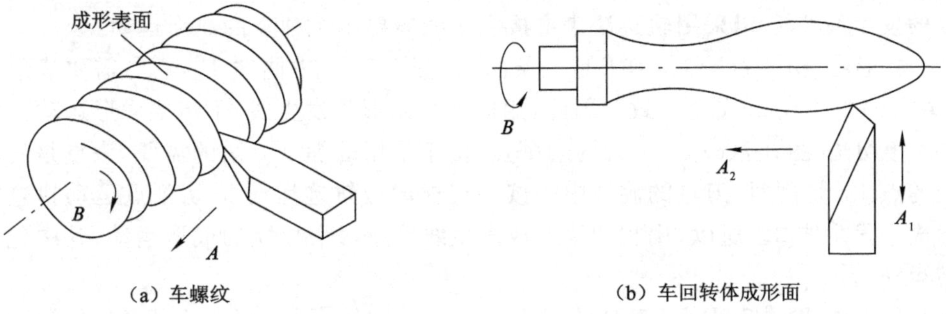

图 3-4　复合成形运动

由复合成形运动分解的各个部分,虽然都是直线运动或旋转运动,与简单运动相似,但二者的本质不同。复合运动的组成运动各部分之间必须保持严格的相对运动关系,是互相依存而不是独立的,而简单运动之间是独立的,没有严格的相对运动关系。

根据表面成形运动在切削过程中的作用不同,其可分为主运动和进给运动。主运动是切除工件上的被切削层,使之转变为切屑的主要运动。进给运动是不断地把切削层投入切削,以逐渐切出整个工件表面的运动。主运动的速度高,消耗的功率大;进给运动的速度低,消耗的功率也较小。任何一个机床,必定有且通常只有一个主运动,但进给运动可能有一个或几个,也可能没有。

3.1.3　表面形成的方法

各类机床为进行切削加工,必须保证刀具和工件之间必要的相对运动。这些运动如果是用来形成被加工工件表面的,称为机床的成形运动。

1. 零件表面的成形

从几何学观点来看,零件上每个表面都可以看成一条线[母线沿着另一条线(导线)运动的轨迹]。母线和导线统称为形成表面的发生线。在切削加工的过程中,这两条发生线是通过刀具的切削刃与毛坯的相对运动而体现的。轴的表面是母线(直线,图 3-5 中的 1)沿着导线(圆,图 3-5 中的 2)运动形成的。外螺纹面是母线(螺纹廓形,图 3-6 中的 1)沿着导线(螺旋线,图 3-6 中的 2)运动而形成的。

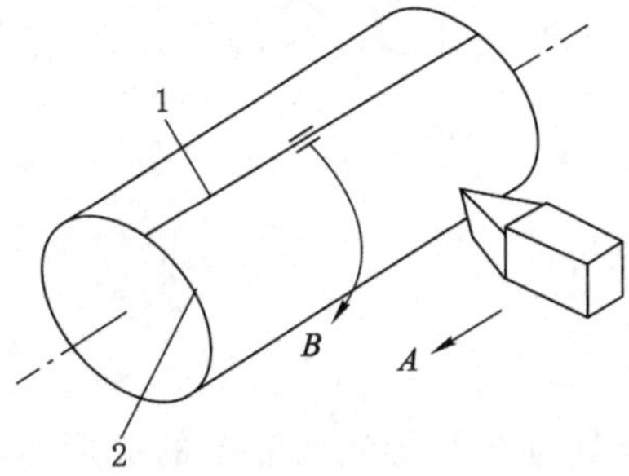

图 3-5　车刀切削外圆柱表面

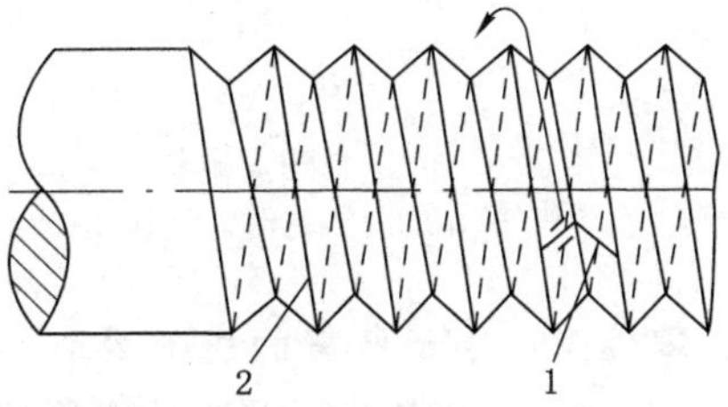

图 3-6　螺纹车刀切削外螺纹

通过发生线把零件的表面切削成要求的形状。通常发生线的形成可以归纳为以下四种方法。

(1) 轨迹法[图 3-7(a)]。刀刃为切削点 1,刀具按照一定的规律做轨迹运动 3,而形成所需要的发生线 2,所以采用轨迹法来形成发生线需要 1 个独立的成形运动。

(2) 成形法[图 3-7(b)]。刀刃是一条曲线[图 3-7(b)中曲线 1],它与需要成形的发生线[图 3-7(b)中曲线 2]完全一致。因此,用成形法来形成发生线,不需要成形运动。

(3) 相切法[图 3-7(c)]。刀刃为切削点,由于采用的加工方法的需要,该点是旋转刀具刀刃上的点 1。切削时,刀具的旋转中心按一定规律做轨迹运动 3,切削点运动轨迹的相切线就形成了发生线 2。所以,用相切法形成发生线需要两个独立的成形运动(其中包括刀具的旋转运动)。

(4) 范成法[图 3-7(d)]。刀具的刀刃为一条切削线[图 3-7(d)中线 1],与最终成形的发生线[图 3-7(d)中的曲线 2]不吻合。发生线 2 是切削线 1 的包络线。因此,要得到发生线 2(图为渐开线)就需要图中的刀具移动运动 A_{11} 和工件旋转运动 B_{21},A_{11} 和 B_{12} 可看成是齿轮毛坯在齿条刀具上滚动分解得到的。因此,用范成法形成发生线时需要一个独立的成形运动。这个运动称为范成运动 3,即图中的 $A_{11}+B_{12}$。

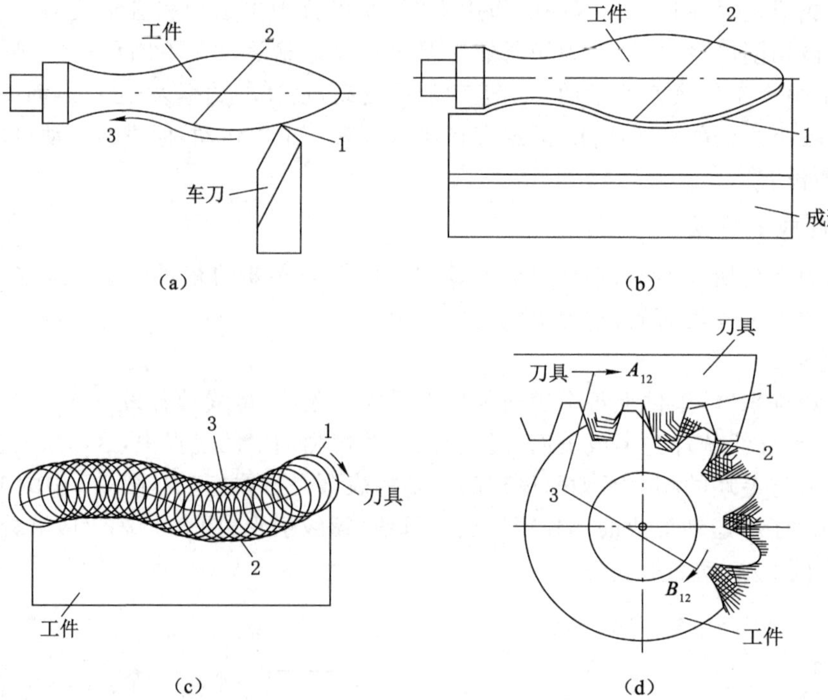

图 3-7 零件表面的成形方法

2. 零件表面成形所需的成形运动

综上所述,形成表面所需要的成形运动,就是形成其母线及导线所需要的成形运动的总和。切削加工时,机床必须具备所需的成形运动。

成形运动有以下三种形式。

(1) 用成形车刀车削成形回转表面[图 3-8(a)]

母线——直线，由成形法形成，不需要成形运动。

导线——圆，由轨迹法形成，需要 1 个成形运动 B。

因此形成表面的成形运动总数为 1 个(B)。

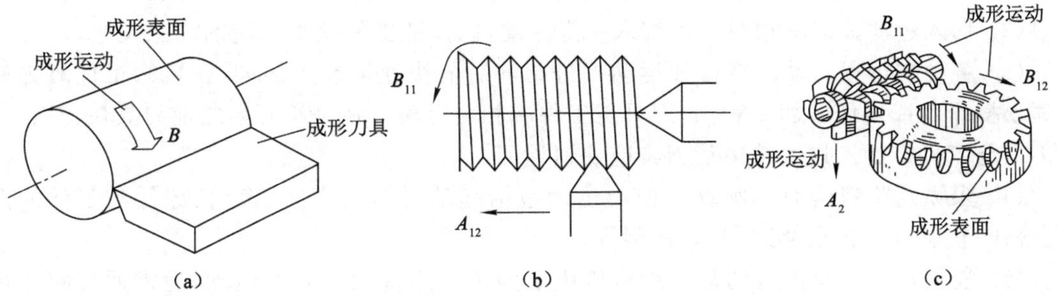

图 3-8　零件表面成形所需的成形运动

(2) 用螺纹车刀车削螺纹[图 3-8(b)]

母线——螺纹轴向剖面轮廓形状。车刀的刀刃形状与它的形状一致，即由成形法形成，因而不需要成形运动。

导线——螺旋线。由轨迹法形成，需要 1 个成形运动，即由螺纹车刀绕着不动的工件做空间螺旋轨迹运动，但是在结构上要实现这个运动是困难的，所以把它分解为工件旋转运动 B_{11} 和刀具直线移动 A_{12}。符号说明：用符号 A 表示直线运动，用符号 B 表示旋转运动。角标数字若为两位数，第一位数字表示不同成形运动的序号，数字相同则表示同属同一个成形运动，具有相同的传动联系；第二位数字表示同一个成形运动分解为不同的部分序号，1 表示该传动联系的主动端执行件，2(或 3)表示该传动联系的被动端执行件。为了得到一定螺距的螺旋线，要求工件旋转运动 B_{11} 和刀具直线移动 A_{12} 之间必须保持严格的传动比关系。

(3) 用齿轮滚刀滚切直齿圆柱齿轮齿面[图 3-8(c)]

母线——渐开线。由范成法形成，需要 1 个复合的成形运动。这个运动可分解为滚刀旋转运动 B_{11} 和工件旋转运动 B_{12}。B_{11} 和 B_{12} 之间必须保持严格的相对运动关系。

导线——直线。由相切法形成，即滚刀旋转运动 B_{11} 和滚刀沿工件轴向移动 A_2。

形成表面所需的成形运动数应是形成它的两根发生线所需的成形运动数之和，但是必须注意到那些既在形成母线中起作用，又在形成导线中起作用的运动实际上是同一个运动。

本例中的滚刀旋转运动 B_{11}，它是范成运动的一部分，但是，只要是滚刀旋转运动它就能满足由相切法形成导线对运动的要求，即在形成导线中的滚刀旋转运动 B 与 B_{11}，是同一个运动，即 B_{11} 就是 B。

因此，用滚刀加工直齿圆柱齿轮齿面时，成形运动数只有 2 个，即范成运动($B_{11}+B_{12}$)和滚刀沿件轴向移动 A_2。

3.1.4　非表面形成的运动

机床在加工过程中除完成成形运动外，还需要完成其他一系列运动，这些与表面成形过程没有直接关系的运动，统称为非表面形成的运动，也称辅助运动。辅助运动的作用是实现机床加工过程中所需要的各种辅助动作，为表面成形创造条件。辅助运动的种类很多，一般包括：

(1) 分度运动。加工若干个完全相同的均匀分布的表面时，为使表面成形运动得以周期性地继续进行的运动称为分度运动。例如，多工位工作台、刀架等的周期性转位或移动，以便依次加工工件上的各有关表面，或依次使用不同刀具对工件进行顺序加工。

(2) 切入运动。刀具相对工件切入一定深度，以保证工件获得一定的加工尺寸。

(3) 各种空行程运动。空行程运动指进给前后的快速运动。例如，在装卸工件时为避免碰伤操作者或划伤已加工表面，刀具与工件应相对退离。在进给开始之前刀具快速引进，使刀具与工件接近。进给结束后刀具应快速退回。

(4) 操纵及控制运动。操纵和控制运动包括起动、停止、变速、换向、部件与工件的夹紧、松开、转位以及自动换刀、自动检测等。

(5) 校正运动。校正运动是在精密机床上为了消除传动误差的运动，通常通过减小传动链中传动元件的数量、提高传动元件的精度、提高传动元件的安装精度以及装配时采用误差补偿办法等来校正运动。

(6) 调位运动。调位运动是在调整机床的过程中，把机床的有关部件移到要求的位置。例如，摇臂钻床，为使钻头对准被加工孔的中心，可转动摇臂和使主轴箱在摇臂上移动。又如，龙门机床，为适应工件的不同高度，可使横梁升降。这些都是调位运动。

辅助运动虽然不参与表面成形过程，但对机床整个加工过程是不可缺少的，同时对机床的生产率和加工精度往往也有重大影响。

3.2 机床主要参数的设计

机床的主要技术参数用来表示机床本身的工作能力。例如，对于加工类的专用机床，它主要表示被加工工件的直径和长度，以及所需电动机的容量等。主要技术参数包括尺寸参数、运动参数和动力参数。

3.2.1 尺寸参数

机床主参数是代表机床规格大小及反映机床最大工作能力的一种参数，为了更完整地表示出机床的工作能力和工作范围，有些机床还规定有第二主参数，参见 GB/T 15375—2008。

对于通用机床的主参数和主参数系列，国家已制定标准，设计时可根据市场的需求在主参数系列标准中选用相近的数值。专用机床的主参数是以加工零件或被加工面的尺寸参数来表示的，一般也参照类似的通用机床主参数系列选取。

机床的尺寸参数指机床的主要结构尺寸参数，通常包括以下方面。

(1) 与被加工零件有关的尺寸。工件回转的机床主要参数都是工件的最大加工尺寸，如车床、外圆磨床、内圆磨床、无心磨床、钻床、齿轮加工机床等。工件移动的机床(镗床例外)，主要参数都是工作台面的最大宽度，如龙门铣床、龙门刨床、升降台式铣床、矩台平面磨床等。主运动参数为直线型的机床(拉床、插齿机除外)，主参数都是主运动的最大位移，如刨床、插床等。卧式镗床的主要参数是主轴直径长。

(2) 标准化工具或夹具的安装面尺寸，如卧式车床主轴锥孔及主轴前端尺寸；龙门机床横梁的最高、最低位置；摇臂转床主轴下端至底面至底座的最大、最小距离，主轴最大伸出量等。

3.2.2　运动参数

运动参数指机床的主运动和辅助运动的执行件的运动速度、位移、轨迹等，如主轴、工作台、刀架等执行件的运动速度。

1. 主运动参数

对于主运动是回转运动的机床，它的主运动参数是主轴转速。对于切削加工的机床而言，主运动参数要根据切削速度决定。

$$n = \frac{1\,000v}{\pi d} \tag{3-1}$$

式中，n 为转速，r/min；v 为切削速度，m/min；d 为加工工件的直径，mm。对于主运动是直线运动的机床，主运动参数是刀具的每分钟往复次数(次/min)。对于通用机床，由于完成的工序比较多，又要适用一定范围的不同尺寸和不同材质零件的加工需求，要求主轴具有不同的转速，故需要确定主轴变速的范围。主运动可以采用无级变速，也可以采用有级变速，如果采用有级变速，还要确定变速级数。对于不同的机床，主运动参数有着不同的要求。例如，一些机床(包括组合机床)是为某一特定工序而设计的，每根主轴一般只有一个根据最有利的切削速度而定的转速，故没有变速要求；有些机床，其加工范围大些，工艺方法也多些，如在机床上要求钻孔、攻螺纹等，则要求主轴有多种转速；确定主轴的转速范围及最低、最高的转速，或根据工艺要求确定主轴转速和级数等。

确定最低转速和最高转速时应根据工艺要求，与同类型机床相比较，同时考虑技术发展，然后经分析研究后确定最低转速 $n_{\min}$ 和最高转速 $n_{\max}$ 的值。$n_{\min}$ 和 $n_{\max}$ 的比值称为机床的转速范围 R_n，即

$$n_{\max} = \frac{1\,000v_{\max}}{\pi d_{\min}}, \quad n_{\min} = \frac{1\,000v_{\min}}{\pi d_{\max}}, \quad R_n = \frac{n_{\max}}{n_{\min}} \tag{3-2}$$

$v_{\max}$ 和 $v_{\min}$ 可通过切削试验、查切削用量手册或进行生产调查后得到。确定切削速度时，应考虑到多种工艺的需要。切削速度与刀具材料、工件材料、进给量和背吃刀量都有关，其中主要与刀具材料和工件材料有关。$v_{\max}$ 和 $v_{\min}$ 公式中的直径是经济加工直径，对于通用机床，$d_{\max}=K_1D$，$d_{\min}=K_2d_{\max}$，其中 D 指的是机床能加工的最大直径；K_1 为系数，对于卧式车床，K_1 为 0.25，摇臂钻床，K_1 为 1.0；K_2 为计算直径范围系数，通常 $K_2=0.20\sim0.25$。对于切削速度，在确定了 $n_{\min}$ 和 $n_{\max}$ 后，如果采用分级变速，则必须将转速分级。

若机床主轴变速共有 z 级，其中 $n_1=n_{\min}$，$n_2=n_{\max}$，则各级转速分别为 $n_1, n_2, n_3, \cdots, n_j, n_{j+1}, \cdots, n_z$。

当主轴转速数列按等比级数排列时，相邻转速的比值称为公比 φ，其关系为

$$n_{j+1} = n_j\varphi \tag{3-3}$$

若数列中只有一个公比值，各级转速应为

$$\begin{cases} n_1 = n_{\min} \\ n_2 = n_1\varphi \\ n_3 = n_2\varphi = n_1\varphi^2 \\ \quad\vdots \\ n_n = n_{n-1}\varphi = n_1\varphi^{z-1} = n_{\max} \end{cases} \tag{3-4}$$

转速范围为

$$R_n = \frac{n_{\max}}{n_{\min}} = \frac{n_1 \varphi^{z-1}}{n_1} = \varphi^{z-1} \tag{3-5}$$

两边取对数可得

$$z = 1 + \frac{\lg R_n}{\lg \varphi} \tag{3-6}$$

当主轴转速数列采用等比级数排列时，在设计时选择齿轮的传动比、齿数就较为简单方便。因此，在主运动系统中主轴转速采用等比级数排列，而其他数列排列（如对数级数、等差级数等）在实际应用中则很少采用。

当主轴转速按级数排列时，由于各级转速难以恰好与最佳转速相配，必然会造成转速的损失，影响生产率等。当主轴转速根据工艺要求选定时，这时转速数列呈无规律变化的排列，即无公比存在，转速无损失为最佳值。等比级数同样适用于直线往复主运动的双行程数列中。

2. 辅助运动参数

辅助运动的运动参数（如直线运动的移动速度、回转运动的转速等），其数列也同样存在等比级数排列、等差级数排列、无规律变化的排列三种。加工螺纹时，进给量就按等差级数排列。一般情况下，不用按等比级数排列。

3.2.3 动力参数及一般计算方法

机器的种类繁多，实际工作情况又很复杂，参数包括机床驱动的各种电动机的功率或转矩。因为机床各传动件的结构参数（轴或齿轮、蜗轮的模数，传动带的类型及根数等）都是根据动力参数设计计算的。如果动力参数取得过大，电动机经常处于低负荷情况，功率因数小，造成电力浪费，同时使传动件尺寸设计得过大，浪费材料，且机床笨重；如果动力参数取得过小，机床达不到使用性能要求。通常动力参数可以通过调查类比（或经验公式）、试验法或计算法来确定。下面以计算方法为例，说明动力参数的计算过程。动力参数的一般计算方法如下。

1. 电动机功率的确定

主运动电动机的功率 $P_{主}$ 为

$$P_{主} = P_{切} + P_{空} + P_{辅} \tag{3-7}$$

式中 $P_{切}$——消耗于切削的功率，又称有效功率，kW；

$P_{空}$——空载功率，kW；

$P_{辅}$——随载荷增加的机械摩擦损耗功率，kW。

（1）$P_{切}$的计算

$P_{切}$计算公式为

$$P_{切} = \frac{F_z v}{60\ 000} \tag{3-8}$$

式中 F_z——切削力，N，一般选择机床加工工艺范围内的重负荷时的切削力；

v——切削速度，m/min，即与所选择的切削力对应的切削速度，可根据刀具材料、工件材料和所选用的切削用量等条件，由切削用量手册查得。

专用机床，工况单一；通用机床工况复杂、切削用量等变化范围大，计算时可根据重切削工况或参考机床验收时负荷试验规定的切削用量来确定计算工况。

(2) $P_{空}$ 的计算

机床主运动空转时由于传动件摩擦、搅油、空气阻力等原因，电动机要消耗一部分功率，其值随传动件转速增大而增大，与传动件预紧程度及装配质量有关。中型机床空转功率损失可由下列试验公式估算为

$$P_{空} = \frac{Kd_{平均}}{9\,550}\left(\sum n_i + Cn_{主}\right),\quad C = C_1\frac{d_{主}}{d_{平均}} \tag{3-9}$$

式中，$d_{平均}$ 为主运动系统中除主轴外所有传动轴轴颈的平均直径，mm，通常可按预计的主电动机功率计算，即 1.5 kW$<P_{主}\leqslant$2.5 kW 时，$d_{平均}=30$ mm；2.5 kW$<P_{主}\leqslant$7.5 kW 时，$d_{平均}=35$ mm；7.5 kW$<P_{主}\leqslant$14 kW 时，$d_{平均}=40$ mm；$n_{主}$ 为主轴转速，m/min，$\sum n_i$ 为当主轴转速为 $n_{主}$ 时，传动系内除主轴外各传动轴的转速之和，r/min；K 为润滑油黏度影响系数，$K=30\sim50$，黏度大时取大值；$d_{主}$ 为主轴前后轴颈的平均值，mm；C_1 为主轴轴承系数，对于两支承主轴，$C_1=2.5$，对于三支承主轴，$C_1=3$。

(3) $P_{铺}$ 的计算

机床切削时，随着切削力的增大，主传动系统内各传动副的摩擦损耗功率也将增大，设 $\eta_{机}=\eta_1\eta_2\cdots$，其中 $\eta_1,\eta_2\cdots$ 为主传动系统中各传动副的机械效率(详见《机械设计手册》)。$P_{铺}$ 可由式(3-10)计算：

$$P_{铺} = \frac{P_{切}}{\eta_{机}} - P_{切} \tag{3-10}$$

代入式(3-7)，主运动电动机的功率为

$$P_{主} = \frac{P_{切}}{\eta_{机}} + P_{空} \tag{3-11}$$

当机床结构尚未确定时，应用式(3-11)计算有一定困难，可用式(3-12)估算主电动机功率：

$$P_{主} = \frac{P_{切}}{P_{床}} \tag{3-12}$$

式中，$P_{床}$ 为机床总机械效率。主运动为回转运动时，通常 $P_{床}=0.7\sim0.85$；主运动为直线运动时，$P_{床}=0.6\sim0.7$。

故按式(3-11)、式(3-12)计算的 $P_{主}$ 指电动机在允许的范围内超载时的功率。对于有些间断工作的机床，允许电动机在短时间内较大地超载工作，电动机的额定功率可按式(3-13)进行修正：

$$P_{额定} = \frac{P_{主}}{K} \tag{3-13}$$

式中，$P_{额定}$ 为选用电动机的额定功率，kW；$P_{主}$ 为计算出的电动机功率，kW；K 为电动机的超载系数，对连续工作的机床，$K=1$；对间断工作的机床，$K=1.1\sim1.25$，间断时间长，取较大值。

2. 进给驱动电动机功率或转矩的确定

机床进给运动驱动源可分成如下几种情况。

(1) 进给运动与主运动合用一个电动机，如普通卧式车床、钻床等。进给运动消耗的功率远小于主传动功率。根据统计结果，卧式车床的进给功率 $P_{进}=(0.03\sim0.04)P_{主}$，钻床

的进给功率 $P_{进}=(0.04\sim0.05)P_{主}$，铣床的进给功率 $P_{进}=(0.15\sim0.20)P_{主}$。

(2) 进给运动系统中工作进给与快速进给合用一个电动机。由于快速进给所需功率远大于工作进给的功率，且两者不同时工作，所以不必单独考虑工作进给所需功率。

(3) 进给运动采用单独电动机驱动，需要确定进给运动所需功率(或转矩)。对于普通交流电动机，进给电动机功率 $P_{进}$ 为

$$P_{进}=\frac{Qv_{进}}{60\ 000\eta_{进}}\quad (\text{kW}) \tag{3-14}$$

式中，Q 为进给牵引力，N；$v_{进}$ 为进给速度，m/min；$\eta_{进}$ 为进给传动系统的机械效率。

进给牵引力等于进给方向上切削分力和摩擦力之和，进给牵引力估算公式如表 3-5 所示。

表 3-5　进给牵引力估算公式

导轨形式	进给形式	
	水平进给	垂直进给
三角形、矩形导轨组合	$KF_Z+\mu'(F_X+G)$	$K(F_Z+G)+\mu' F_X$
矩形导轨组合	$KF_Z+\mu'(F_X+F_Y+G)$	$K(F_Z+G)+\mu'(F_X+2F_Y)$
燕尾形导轨	$KF_Z+\mu'(F_X+2F_Y+G)$	$K(F_Z+G)+\mu'(F_X+2F_Y)$
钻床主轴		$F_X\approx F+G+\mu\dfrac{2M}{d}$

表中变量说明如下：

① G 为移动件的重力(N)；

② F_X、F_Y、F_Z 为局部坐标系内，切削力在进给方向、垂直于导轨面方向、导轨的侧方向的分力(N)；

③ μ' 为当量摩擦因数，在正常润滑条件下，铸铁对铸铁的三角形导轨的 $\mu'=0.18\sim0.78$，对矩形导轨的 $\mu'=0.12\sim0.13$，对燕尾形导轨的 $\mu'=0.2$；铸铁对塑料的 $\mu'=0.03\sim0.05$；滚动导轨的 $\mu'\approx0.01$ 左右。

④ μ 为钻床主轴套筒的摩擦因数；

⑤ K 为考虑颠覆力矩影响的系数，三角形和矩形导轨的 $K=0.1\sim1.15$，燕尾形导轨的 $K=1.4$。

⑥ d 为主轴直径(mm)；

⑦ M 为主轴的转矩(N·mm)，对于数控机床的进给运动，伺服电动机进给扭矩可按下式进行计算：

$$T_{进电}=\frac{9\ 550P_{进}}{n_{进电}} \tag{3-15}$$

式中，$T_{进电}$ 为进给电动机的额定转矩，N·m；$n_{进电}$ 为进给电动机的额定转速，r/min。数控机床一般采用滚动导轨或树脂导轨。

3. 快速运动电动机功率的确定

运动电动机启动时消耗的功率最大，要同时克服移动件的惯性力和摩擦力，可按式(3-16)计算，则

$$P_{快} = P_{惯} + P_{摩} \tag{3-16}$$

式中，$P_{快}$ 为快速电动机的功率，kW；$P_{惯}$ 为克服惯性力所需的功率，kW；$P_{摩}$ 为克服摩擦力所需的功率，kW。

$$P_{惯} = \frac{M_{惯} \cdot n}{9\ 550\eta} \tag{3-17}$$

式中，$M_{惯}$ 为克服惯性力所需电动机轴上的转矩，N·m；n 为电动机的转速，r/min；η 为传动件的机械效率。

$$M_{惯} = J\frac{\omega}{t} \tag{3-18}$$

式中，J 为转化到电动机轴上的当量转动惯量，kg·m²；ω 为电动机转子的角速度，rad/s；t 为电动机的启动时间，s，对于中型机床，t=0.5 s，对于大型机床，t=1.0 s。

各运动部件折算到电动机轴上惯量为：

$$J = \sum_k J_k\left(\frac{\omega_k}{\omega}\right) + \sum_i m_i\left(\frac{v_i}{\omega}\right)^2 \tag{3-19}$$

$$J_k = \frac{1}{2}m_k R_k^2 = \frac{\pi \rho_k l_k D_k^4}{32} \tag{3-20}$$

式中，ω 为电动机转子的角速度，rad/s；ω_k 为第 k 个旋转件的角转速，rad/s；m_i 为第 j 直线移动件的质量，kg；v_i 为第 i 直线移动件的速度，m/s；J_k 为第 k 个旋转件的转动惯量，kg·m²；m_k 为第 k 个旋转件的质量，kg；R_k 为第 k 个旋转件的直径；D_k 为第 k 个旋转件的半径或直径，m；ρ_k 为第 k 个旋转件的材料密度，kg/m³；l_k 为第 k 个旋转件的长度，m。

绕其轴线旋转的圆柱体的转动惯量 J_k，可以用式(3-20)计算，其他情况的旋转物体的转动惯量可由计算机辅助设计(computer aided design，CAD)软件根据图形获得。克服摩擦力所需的功率计算可参考进给运动。

应该指出的是：交流异步电动机的启动转矩为满载时额定转矩的 1.6～1.8 倍；工作时又允许短时间超载，最大转矩可达额定转矩的 1.8～2.2 倍。快速传动仅在启动过程中需要同时克服惯性力和摩擦力，需要的 $P_{惯}$ 较大，当运动部件达到正常速度时即消失，只需克服摩擦力，需要的 $P_{惯}$ 大幅度减小。考虑到快速行程的启动时间又很短，因此，一般不用式(3-16)计算快速运动电动机功率。可以用快进电机的功率 $P_{快}$ 和电动机转速 $n_{电}$ 求出快进电机的转矩。利用求出的转矩作为选择快进电动机的依据。

一般普通机床的快速电动机功率和快速运动速度可参考表 3-6 选择。数控机床的快速运动速度为 10～40 m/min。

表 3-6 机床空行程速度和功率

机床类型	主参数/mm	移动部件	进给速度/(m/min)	功率/kW
卧式车床	最大回转直径			
	400	溜板箱	3～5	0.25～0.50
	630～800	溜板箱	4	1.1
	1 000	溜板箱	3～4	1.5
	2 000	溜板箱	3	4

表 3-6(续)

机床类型	主参数/mm	移动部件	进给速度/(m/min)	功率/kW
单柱立式车床	最大车削直径			
	1 250～1 600	横梁	0.44	2.2
双柱立式车床	最大车削直径			
	2 000～3 150	横梁	0.35	7.5
	5 000～10 000	横梁	0.30～0.37	17
摇臂钻床	最大钻孔直径			
	40～50	摇臂	0.9～1.4	1.1～1.2
	75～100	摇臂	0.6	3
	125	摇臂	1.0	7.5
卧式铣镗床	主轴直径			
	63～75	主轴箱、工作台	2.8～3.2	1.5～2.2
	85～110	主轴箱、工作台	2.5	2.2～2.8
	125	主轴箱、工作台	2	4
升降台铣床	工作台工作面宽度			
	250	工作台、升降台	2.5～2.9	0.6～1.7
	320	工作台、升降台	2～3	1.5～2.2
	400	工作台、升降台	2.3～2.8	2.2～3.0
龙门刨床	最大刨削宽度			
	1 000～1 250	横梁	0.57	3.0
	1 250～1 600	横梁	0.57～0.90	3.0～5.5
	2 000～2 500	横梁	0.42～0.60	7.5～10.0

3.3 主传动系统设计

机床主传动系统因机床的类型、性能、规格尺寸等因素的不同,应满足的要求也不一样。设计机床主传动系统时最基本的原则是以最经济、合理的方式满足既定的要求。在设计主传动系统时应结合具体机床进行具体分析,一般应满足以下要求:

(1) 满足机床使用性能。机床末端执行件(如主轴等)应有足够的转速范围和变速级数。

(2) 满足机床传递动力。机床的动力源和传动机构应能够输出和传递足够的功率和转矩,并有较高的传动效率。

(3) 满足机床工作性能。机床的传动结构,特别是末端执行件必须有足够的精度、刚度、抗振性和较小的热变形。

(4) 满足产品设计经济性能。应该合理地满足机床的自动化程度和生产率的要求。

(5) 调整维修方便,结构简单、合理,便于加工和装配。机床制造要方便,成本要低。

3.3.1 主传动系统分类和传动方式

1. 主传动系统分类

机床主传动系统按照变速方式的不同分为有级变速和无级变速两类。

(1) 有级变速

有级(或分级)变速指在若干固定速度(或转速)级内不连续地变速。这是普通机床应用最广泛的一种变速方式。其传递功率大,变速范围大,传动比准确,工作可靠;但速度不能连续变化,有速度损失,传动不够平稳。通常由下述机构实现变速。

① 滑移齿轮变速机构。该机构应用最普遍,其优点是:变速范围大,实现的转速级数多;变速较方便,可传递较大功率;非工作齿轮不啮合,空载功率损失较小。其缺点是:变速箱结构较复杂;滑移齿轮多采用直齿圆柱齿轮,承载能力不如斜齿圆柱齿轮;传动不够平稳;不能在运转中变速。滑移齿轮多采用双联和三联齿轮,结构简单,轴向尺寸小。个别也采用四联滑移齿轮,但轴向尺寸大,也可将四联齿轮分为两组双联齿轮,但需要连锁。

② 交换齿轮变速机构。交换齿轮(又称为配换齿轮、挂轮)变速的优点是:结构简单,不需要操纵机构;轴向尺寸小,变速箱结构紧凑;主动齿轮与从动齿轮可以对调使用,齿轮数量小。其缺点是:更换齿轮费时费力;装于悬臂轴端,刚性差。该机构适用于不需要经常变速或者换挂轮时间对生产率影响不大,但要求结构简单、紧凑的机床,如成批大量生产的某些自动或半自动机床、专门化机床等。

③ 多速电动机。多速交流异步电动机本身能够变速,多为双速或三速。其优点是:在运动中变速,使用方便;简化了变速箱的机械结构。其缺点是:多速电动机在高、低速时输出功率不同,若按低速小功率选定的电动机,在高速时大功率不能完全发挥能力;多速电动机体积较大,价格较高。多速电动机适用于自动或半自动机床、普通机床。

④ 离合器变速机构。机床主轴上有斜齿轮($\beta>15°$)、人字齿轮,对于重型机床的传动齿轮,不能采用滑移齿轮变速,可采用齿轮式或牙签式离合器变速。其特点是:结构简单、外形尺寸小、传动比准确、工作中不打滑、能传递较大转矩;但不能在运转中变速。

(2) 无级变速

无级变速指在一定速度(或转速)范围内能连续、任意地变速。这种主传动系统的特点是:可选用最合理的切削速度,没有速度损失,生产率高;可在运转中变速,减少辅助时间;操纵方便,传动平稳等。因此,该系统在机床上的应用有所增加。无级变速装置按传动方式可采用机械传动、液体传动和电力传动三种方式。

① 机械无级变速器。其靠摩擦传递转矩,通过摩擦传动副工作半径的变化实现无级变速。但该机构较复杂,维修较困难,效率低;摩擦传动的压紧力较大,影响工作可靠性及寿命;变速范围较窄(变速比不超过10),需要与有级变速箱串联使用,多用于中小型机床。

② 液压无级变速器。其通过改变单位时间内输入液压马达或液压缸的液体量来实现无级变速。特点是变速范围较大,传动平稳,运动换向时冲击小,变速方便等。

③ 电气无级变速。其采用直流和交流调速电动机来实现无级变速,主要用于数控机床、精密和大型机床。由于可以大大简化机械结构,便于实现自动变速、连续变速和负载下变速,电气无级变速的应用越来越广泛。目前,数控机床上大都采用电气无级变速。

2. 传动方式

有变速要求的主传动有集中传动方式和分离传动方式两种布局方式，应根据机床的用途、类型和规格等加以合理选择。

(1) 集中传动方式布局

主传动系统的全部变速结构和主轴组件集中安装在同一个箱体内，称之为集中传动布局。目前，多数机床采用这种布局方式，如图 3-9 所示的铣床主变速箱传动系统。其优点是：结构紧凑，便于实现集中操纵（只用一个箱体，在机床上安装、调整方便）。其缺点是：传动件的振动和发热会直接影响主轴的工作精度，降低加工质量。这种布局方式适用于普通精度的中型和大型机床。

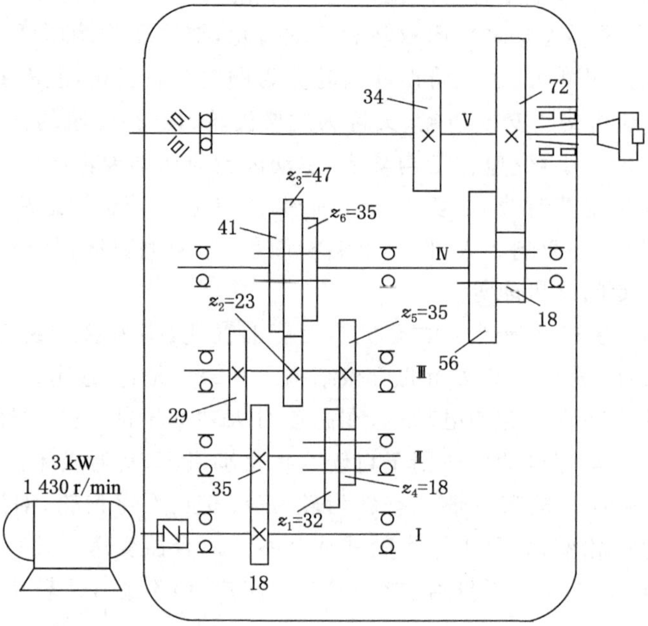

图 3-9　铣床主变速箱传动系统

(2) 分离传动方式布局

传动件和主轴组件分别装在两个箱体内，中间采用带或链传动，称之为分离传动布局，如图 3-10 所示。将这两个部件分别称为主轴箱和变速箱，某些高速或精密机床采用这种传动方式。其优点是：变速箱的振动和热量不易传给主轴箱，减小主轴的振动和热变形，有利于提高机床工作精度。在分离传动方式的主轴箱中，常采用背轮机构（图 3-10 中的齿轮 27/63、17/58），其传动的作用是：当主轴高速运转时，运动由带传动经齿形离合器直接传动，主轴传动链短，使主轴在高速运转时比较平稳，空载损失小；当主轴低速运转时，运动由带传动经背轮机构的两对减速齿轮（27/63、17/58）传给主轴，以达到扩大变速范围的目的。分离传动方式的缺点是：箱体多，加工装配工作量大，成本较高，更换传动带不方便等。

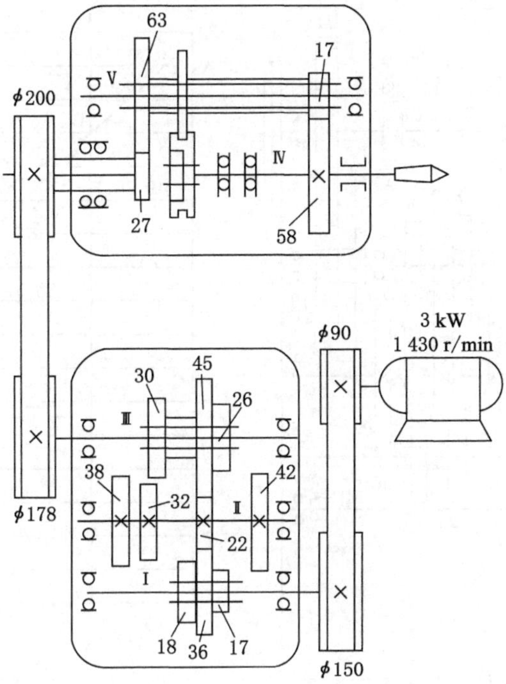

图 3-10　分离传动主变速箱传动系统图

3.3.2　分级变速主传动系统设计

机床主传动设计的内容和步骤如下：按照已确定的运动参数、动力参数和传动方案，设计出经济合理、性能先进的传动系统；拟订结构式、转速图，确定各传动副的传动比；确定带轮直径、齿轮齿数；布置、排列齿轮，绘制主传动系统图。

1. 转速图

转速图是分析和设计机床变速系统的重要工具。转速图由“一点三线”组成，一点是转速点，三线是转速线、传动线及传动轴线。在转速图中可以表示出传动轴的数目，传动轴之间的传动关系，主轴的各级转速及其传动路线，各传动轴的转速分级和转速值，各传动副的传动比等。

图 3-11 所示为 XA6132 铣床的主传动系统图，图 3-11 不能直观地表明主轴每一种转速是通过哪几对齿轮传动而得到的，以及各对齿轮的传动比之间的内在联系、各传动轴的转速等。图 3-11 所示的主轴各级转速为多少，无法从图中找出，而必须经过运算后才能求得，而从转速图(图 3-12)中就可清楚地看出主轴转速应通过哪条传动路线而得到。

图 3-12 所示为 XA6132 铣床的主传动转速图，主轴转速为 30～1 500 r/min，公比 φ 为 1.26，转速级数 Z 为 18，电动机转速 n 为 1 450 r/min。传动系统内共有 5 个轴，其中电动机轴与变速箱Ⅰ轴相重合，通常电动机轴以最左面一条竖直线表示，现用Ⅰ轴表示，Ⅴ轴为主轴。

从转速图上可以看出：

(1) 距离相等的一组竖直线代表传动系统的各轴，从左到右依次标注Ⅰ、Ⅱ、Ⅲ、Ⅳ、Ⅴ，

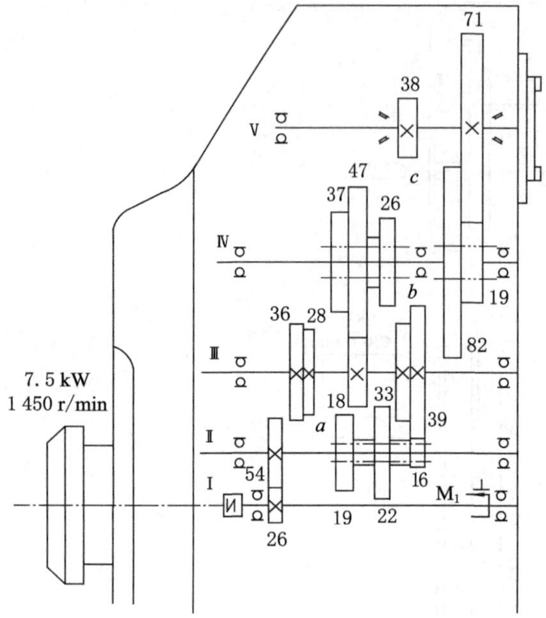

图 3-11　XA6132 铣床的主传动系统图

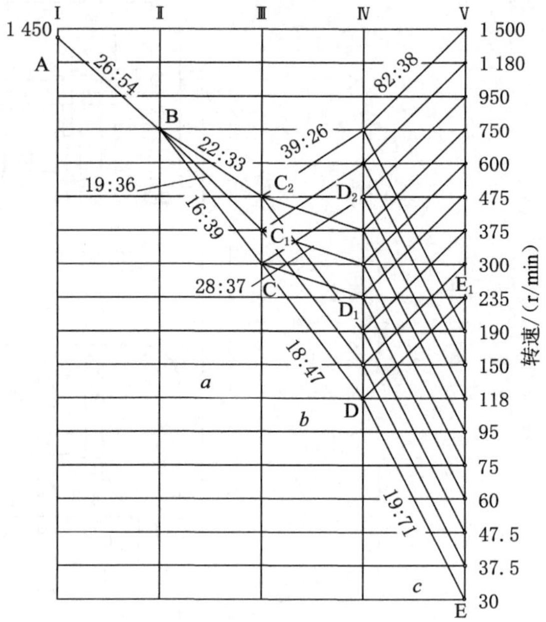

图 3-12　XA6132 铣床的主传动转速图

与传动系统图上各传动轴相对应，竖直线间的距离不代表各轴间的实际中心距。

(2) 距离相等的一组水平线与竖直线（即传动轴）相交，得相应的圆圈（或黑点），代表各轴所具有的转速。本例中，在Ⅴ轴（主轴）上具有 18 个圆圈，即主轴有 18 种转速，分别为：30 r/min，37.5 r/min，…，1 500 r/min，相邻转速的比为 1.26（$\varphi=1.26$）。

当转速数列按等比级数排列时，两相邻转速之间具有下列关系。

$$\frac{n_2}{n_1}=\varphi,\frac{n_3}{n_2}=\varphi,\cdots,\frac{n_Z}{n_{Z-1}}=\varphi \tag{3-21}$$

两边取对数，得出

$$\begin{cases}\lg n_2-\lg n_1=\lg\varphi\\ \lg n_3-\lg n_2=\lg\varphi\\ \qquad\vdots\\ \lg n_Z-\lg n_{Z-1}=\lg\varphi=\text{常数}\end{cases} \tag{3-22}$$

因此，若将转速图上的竖直线坐标取为对数坐标，则代表各级转速的水平线的间距相等，并且等于一个 $\lg\varphi$，即任意相邻的两转速相距为一格，为了便于使用，习惯上在转速图上直接写出转速的数值，还应指出，相邻两转速如 n_2 和 n_1，相差一格，即$\frac{n_2}{n_1}=\varphi$，表示它们之间相差一个 φ 倍。

(3) 相邻两轴之间对应转速的连线称为传动线。传动线表示一对传动副（如齿轮副等）的传动比。传动线向右下方表示为降速（$u<1$）；传动线向右上方表示为升速（$u>1$）；传动线为水平则表示 $u=1$。传动线倾斜程度表示传动比的大小。

由图 3-12 所示的转速图可得出以下结论。

① Ⅰ轴与Ⅱ轴间有1对齿轮传动，为降速定比传动，传动线向右下方倾斜3格，即

$$u=\frac{26}{54}\approx\frac{1}{\varphi^3}=\frac{1}{2}$$

② Ⅱ轴与Ⅲ轴间有3对齿轮传动，在转速图上是用3条向右下方倾斜的传动线来表示的，其传动比为

$$u_{a1}=\frac{16}{39}=\frac{1}{\varphi^4}=\frac{1}{2.5}$$

$$u_{a2}=\frac{19}{36}=\frac{1}{\varphi^3}=\frac{1}{2}$$

$$u_{a3}=\frac{22}{33}=\frac{1}{\varphi^2}=\frac{1}{1.5}$$

因此，Ⅱ轴与Ⅲ轴间三条传动线，画传动线时需要分别向右下降两格、三格和四格。

③ Ⅲ轴与Ⅳ轴间有3对齿轮传动，同理可得

$$u_{b1}=\frac{18}{47}\approx\frac{1}{\varphi^4}=\frac{1}{2.5},\quad u_{b2}=\frac{28}{37}\approx\frac{1}{\varphi}=\frac{1}{1.26},\quad u_{b3}=\frac{39}{26}\approx\varphi^2=1.5$$

Ⅲ轴与Ⅳ轴间三条传动线，画传动线时需要分别向右下降一格和四格，向左上升两格。

④ Ⅳ轴与Ⅴ轴间有2对齿轮传动，同理可得

$$u_{c1}=\frac{19}{71}\approx\frac{1}{4}=\frac{1}{\varphi^6},\quad u_{c2}=\frac{82}{38}\approx 2=\varphi^3$$

Ⅳ轴与Ⅴ轴间两条传动线，画传动线时分别向右下降六格、向左上升三格。

在转速图上，Ⅱ轴上的每一级转速都有3条传动线与Ⅲ轴相连，Ⅲ轴上的每一级转速都有3条传动线与Ⅳ轴相连，Ⅳ轴上的每一级转速都有2条传动线与Ⅴ轴相连，故Ⅴ轴的转速共有3×3×2=18级。

综上所述，转速图可以很清楚地表示：主轴的各级转速的传动路线，得到这些转速所需要的变速组数目及每个变速组中的传动副数目；各个传动比的数值，传动轴的数目，传动顺序及各轴的转速级数与大小。

2. 结构式

设计有级变速主传动系统时，为了便于分析和比较不同的传动设计方案，常使用结构式形式。

例如，在 $18=3_1\times3_3\times2_9$ 中，18表示主轴的转速级数为18级，3、3、2分别表示按传动顺序排列各变速组的传动副数，即该变速传动系统由 a、b、c 三个变速组成，其中，a 变速组的传动副数为3，b 变速组的传动副数为3，c 变速组的传动副数为2。结构式中的下标1、3、9分别表示各变速组的级比指数。变速组的级比是指在同一个变速组内，相邻两个传动副传动比的比值，用 φ^{X_i} 表示。级比 φ^{X_i} 中的指数 X_i 值称为级比指数，它相当于由上述相邻两条传动线与从动轴交点之间相距的格数。

设计时要使主轴转速为连续的等比数列，必须有一个变速组的级比指数为1，此变速组称为基本组。基本组的级比指数用 X_0 表示，即 $X_0=1$，本例中变速组 $a(3_1)$ 为基本组。由于后面的变速组起变速扩大作用，所以统称为扩大组。第一扩大组的级比指数 X_1 一般等于基本组的传动副数 P_0，即 $X_1=P_0$。本例中基本组的传动副数 $P_0=3$，变速组 b 为第一扩大组，其级比指数为 $X_1=P_0=3$。经扩大后，Ⅳ轴得到9(3×3=9)级转速。

第二扩大组的作用是将第一扩大组扩大的变速范围第二次扩大，其级比指数 X_2 等于基本组传动副数和第一扩大组传动副数的乘积，即 $X_2=P_0P_1$。本例中的变速组 c 为第二扩大组，级比指数 $X_2=P_0P_1=3\times3=9$，经扩大后使Ⅴ轴得到 18(3×3×2=18)级转速。若有更多的变速组，则可根据上述方法类推。

综上所述，结构式简单、直观，能清楚地显示出变速传动系统中主轴转速级数 Z、各变速组的传动顺序、传动副数 P_i 和各变速组的级比指数 X_i，其一般表达式为

$$Z=(P_a)_{X_a}(P_b)_{X_b}(P_c)_{X_c}\cdots(P_i)_{X_i} \tag{3-23}$$

3. 主变速传动系统设计的一般原则

(1) 传动副“前多后少”原则

主变速传动系统从电动机到主轴，通常为降速传动，接近电动机的传动件转速较高，传递的转矩较小，尺寸小一些；反之，靠近主轴的传动件转速较低，传递的转矩较大，尺寸就较大。因此，在拟订主变速传动系统时，应尽可能将传动副较多的变速组安排在前面，传动副较少的变速组放在后面，即 $P_0>P_1>P_2>\cdots>P_j$，使主变速传动系统中更多的传动件在高速范围内工作，尺寸小一些，以便降低变速箱的造价，减小变速箱的外形尺寸。在 18=3×3×2、18=3×2×3、18=2×3×3 三种不同传动方案中，按照传动副“前多后少”原则，第一种方案最好。

(2) 变速组的传动线(级比指数)遵循“前密后疏”原则

该原则也称为传动顺序与扩大顺序相一致原则。当变速传动系统中各变速组顺序确定之后，会有多种不同的扩大顺序方案。例如，18=3×3×2 方案，有下列六种扩大顺序方案：

$$18=3_1\times3_3\times2_9,\quad 18=3_1\times3_6\times2_3,\quad 18=3_3\times3_1\times2_9$$
$$18=3_6\times3_1\times2_3,\quad 18=3_2\times3_6\times2_1,\quad 18=3_6\times3_2\times2_1$$

从上述六种方案中，比较 $18=3_1\times3_3\times2_9$[图 3-13(a)]和 $18=3_3\times3_1\times2_9$[图 3-13(b)]两种扩大顺序方案。

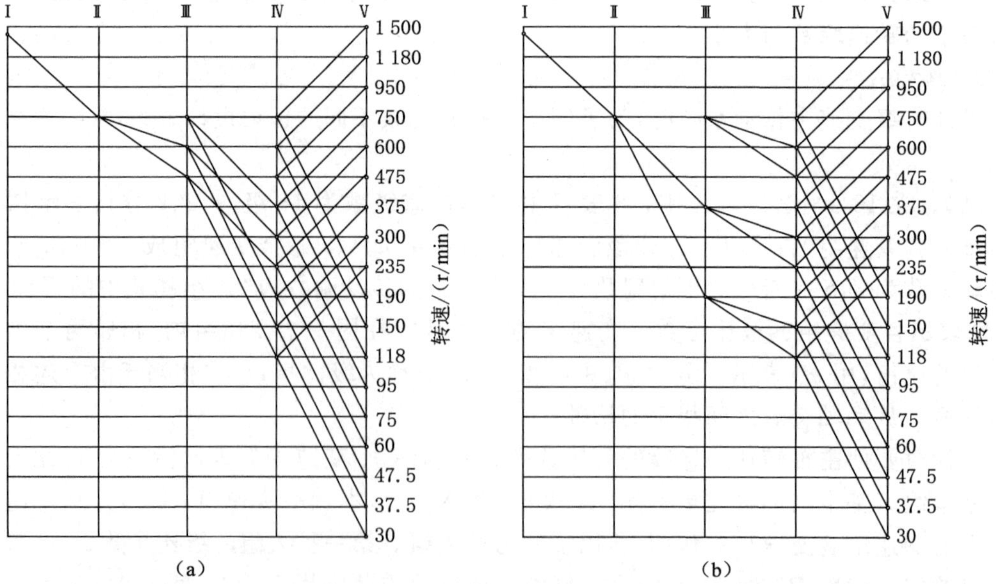

图 3-13　两种 18 级转速方案的比较

在图3-13(a)所示的方案中,变速组的扩大顺序与传动顺序一致,即基本组在最前面,依次为第一扩大组、第二扩大组(即最后扩大组),各变速组变速范围逐渐扩大。图3-13(b)所示方案则不同,第一扩大组在最前面,然后依次为基本组、第二扩大组。

将图3-13(a)、(b)所示两种方案相比较,图3-13(b)所示方案因第一扩大组在最前面,Ⅲ轴的转速范围比图3-13(a)所示方案大。

两种方案的Ⅲ轴最高转速 $n_{Ⅲ\max}$(750 r/min)相同,图3-13(a)所示方案中Ⅲ轴的最低转速较低($n_{Ⅲ\min}=475$ r/min),图3-13(b)所示方案中Ⅲ轴的最低转速较低($n_{Ⅲ\min}=190$ r/min),在传递相等功率的情况下,受的扭矩较大,传动件的尺寸也就比图3-13(a)所示方案大。将图3-13(a)所示方案与其他多种扩大顺序方案相比,可以得出同样的结论。

因此,在设计主变速传动系统时,尽可能做到变速组的传动顺序与扩大顺序相一致。由转速图可发现,当变速组的扩大顺序与传动顺序相一致时,前面变速组的传动线分布紧密,而后面变速组传动线分布较疏松,所以称为"前密后疏"原则。

(3) 确定最小传动比遵循"前缓后急"原则

如前所述,从电动机到主轴之间的总趋势是降速传动,在分配各变速组传动比时,为了使中间传动轴具有较高的转速,以减小传动件的尺寸,前面的变速组降速要慢些,后面的变速组降速要快些,即

$$i_{\mathrm{amin}} \geqslant i_{\mathrm{bmin}} \geqslant i_{\mathrm{cmin}} \geqslant \cdots \geqslant \frac{1}{4} \tag{3-24}$$

同时可导出:

$$R_n = n_{\max}/n_{\min} = \varphi^{Z-1} \tag{3-25}$$

此为降速"前缓后急"原则。但是,中间轴的转速不应过高,以免产生振动、发热和噪声。通常,中间轴的最高转速不超过电动机的转速。转速图中传动比的分配:依据上述主变速传动系统设计原则设计出的转速图,可有多种方案,根据实际需要进行传动比的分配后,就可以确定出所需要的一种转速图。

例3-1 设计一个12级转速的车床主传动系统,公比 $\varphi=1.41$,主轴最高转速 $n_{\max}=$ 1 440 r/min,电动机转速为1 440 r/min,电动机与主轴箱之间采用带传动,试设计其转速图。

其结构式为 $12=3_1\times2_3\times2_6$,由 $R_n=n_{\max}/n_{\min}=\varphi^{Z-1}$ 计算得,最低转速 $n_{\min}=31.5$ r/min。其降速比可按下式分配。

$$i_{总降}=\frac{n_{\min}}{n_{电}}=\frac{31.5}{1\ 440}\approx\frac{1}{1.41^2}\times\frac{1}{1.41^2}\times\frac{1}{1.41^3}\times\frac{1}{1.41^4}$$

取带降速比为 $\frac{1}{1.41^2}$,一级齿轮降速比为 $\frac{1}{1.41^2}$,二级齿轮降速比为 $\frac{1}{1.41^3}$,三级齿轮降速比为 $\frac{1}{1.41^4}$。

前面论述了主变速传动系统的常规设计方法。在实际应用中,还常常采用多速电动机传动、交换齿轮传动和公用齿轮传动等特殊设计。

4. 具有多速电动机的主变速传动系统设计

多速异步电动机和其他方式联合使用,可以简化机床的机械结构,方便使用,并可在运转中变速,适用于半自动机床、自动机床及普通机床。机床上常用双速或三速电动机,其同

步转速为(750/1 500) r/min、(1 500/3 000) r/min、(750/1 500/3 000) r/min,电动机的变速为2～4,级比为2,也有采用同步转速为(1 000/1 500) r/min、(750/1 000/1 500) r/min的双速和三速电动机。双速电动机的变速为1.5,三速电动机的变速为2,级比为1.33～1.50的多速电动机总是在变速传动系统的最前面,作为电变速组。当电动机变速为2时,变速传动系统的公比φ应是2的整数次方根。例如,公比$\varphi=1.26$,公比1.26是2的3次方根,基本组的传动副数应为3,把多速电动机当作第一扩大组;又如,公比$\varphi=1.41$,公比1.41是2的2次方根,基本组的传动副数应为2,多速电动机同样当作第一扩大组。不过采用多速电动机的缺点之一就是当电动机在高速时,没有完全发挥其能力。

5. 具有交换齿轮的变速传动系统

对于成批生产用的机床,如自动或半自动机床、专用机床、齿轮加工机床等,加工中一般不需要变速或仅在较小范围内变速;但换一批工件加工,有可能需要变换成别的转速或在一定的转速范围内进行加工。为简化结构,常采用交换齿轮变速方式或将交换齿轮与其他变速方式(如滑移齿轮、多速电动机等)组合应用。交换齿轮用于每批工件加工前的变速调整,其他变速方式则用于加工中变速。为了减少交换齿轮的数量,相啮合的两齿轮可互换位置安装,即互为主、从动齿轮。交换齿轮变速可以用少量齿轮得到多级转速,不需要操纵机构,变速箱结构大大简化。缺点是:更换交换齿轮较费时费力;如果装在变速箱外,润滑密封较困难,若装在变速箱内,则更麻烦。

(1) 采用公比齿轮的变速传动系统

在变速传动系统中,既是前一变速组的从动齿轮,又是后一变速组的主动齿轮,这种齿轮称为公用齿轮。采用公用齿轮可以减少齿轮的数目,简化结构,缩短轴向尺寸。按相邻变速组内公用齿轮的数目,常用的有单公用和双公用齿轮。采用公用齿轮时,两个变速组的模数必须相同。因为公用齿轮轮齿受到的弯曲应力属于对称循环,其弯曲疲劳许用力比非公用齿轮要低,因此应尽可能选择变速组内较大的齿轮作为公用齿轮。在图3-9所示的铣床主变速箱传动系统中采用了双公用齿轮传动,图中第Ⅲ轴上的齿轮$z=23$和$z=35$为公用齿轮。

(2) 扩大传动系统变速范围的方法

主变速传动系统最后一个扩大组的变速范围为

$$R_j = \varphi^{P_0 P_1 P_2 \cdots P_{j-1}(P_j - 1)} \tag{3-26}$$

设主变速传动总变速级数为Z,则

$$Z = P_0 P_1 P_2 \cdots P_{j-1} P_j \tag{3-27}$$

通常最后扩大组的变速级数$P_j=2$,则最后扩大组的变速范围$R_f=\varphi^{Z/2}$,由于极限传动比限制,$R_f \leqslant 8 = 1.26^9$,即当$\varphi=1.41$时,主变速传动系统的总变速级数$\leqslant 12$;最大可能达到的变速范围$R_n=1.41^{11}\approx 45$;当$\varphi=1.26$时,总变速级数$\leqslant 18$,最大可能达到的变速范围$R_n=1.26^{17}\approx 50$。

上述的变速范围常不能满足通用机床的要求,一些通用性较高的车床和镗床以及复合加工机床的变速范围一般为140～200,甚至超过200,具体可用下述方法来扩大变速范围。

① 增加变速组。在原有变速传动系统内再增加一个变速组,是扩大变速范围最简便的方法。但由于受变速组极限传动比的限制,增加的变速组的级比指数往往不得小于理论值,导致部分转速的重复。如$\varphi=1.41$,结构式为$12=3_1\times 2_3\times 2_6$,其最后的扩大组的级比指数

为6,变速范围已经达到极限值8。如在此系统上增加一个变速组,则变成 $24=3_1\times2_3\times2_6\times2_{12}$,最后扩大组的变速范围为 $1.41^{12}\approx64$,变速范围已经大幅超过极限值,因此,无法实现,需要将最后扩大组的变速范围控制在极限值范围内,即其级比指数为6,变速范围为 $1.41^6\approx8$。变化后的传动系统最后两个变速组 $2_6\times2_6$ 中重复了一个转速,只能得到3个转速。因此,传动系统的传动级数变为 $3\times2\times(2\times2-1)=18$ 级,重复了6级转速,其结构式为 $18=3_1\times2_3\times(2_6\times2_6-1)$。

② 采用背轮机构,背轮机构又称回曲机构。

③ 采用双公比传动,主轴的转速数列有两个公比,转速范围中经常使用的中段采用小公比,不经常使用的高、低段采用大公比。

④ 分支传动,在串联形式变速传动系统的基础上,增加并联分支以扩大变速范围。

(3) 齿轮齿数的确定

① 确定齿轮齿数的方法。当各变速组的传动比确定之后可确定齿轮齿数带轮直径。确定齿轮齿数时选取合理的齿数和 S_Z 很关键。齿轮的中心距取决于传递的转矩。一般来说,主变速传动系统在降速传动系统后面的变速组,传递的转矩越大,中心距也越大。齿数和不应过大,一般推荐 $S_Z\leqslant100\sim120$,齿数和也不应过小,但需从下列条件中选取较大值。

a. 最小齿轮的齿数要尽可能小。要注意使最小齿轮不产生根切现象,以及主传动具有较好的运动平稳性。机床变速箱中,对于标准直齿圆柱齿轮一般取最小齿数。主轴上小齿轮 $Z_{\min}=20$,高速齿轮取 $Z_{\min}=25$。

b. 受齿轮结构限制的 $Z_{\min}\geqslant18\sim20$,最小齿数的各齿轮,尤其是最小齿轮,应能可靠地安装在轴上或进行套装。齿轮的齿槽到孔壁的距离或键槽的壁厚 $a\geqslant2$ mm,以保证有足够的强度,避免出现变形、断裂。$Z_{\min}\geqslant6.5+D/m$,其中,D 为齿轮花键孔的大径;m 为齿轮模数。

c. 两轴间最小中心距应取值适当。若齿数和 S_Z 过小,将导致两轴的轴承及其他结构之间的距离过小。

传动比要求:确定齿轮齿数时,应符合转速图上传动比的要求。机床的主传动属于外联系传动链,实际传动比(齿轮齿数之比)与理论传动比(转速图上要求的传动比)之间允许有误差,但需限制在一定范围内,一般不应超过 $10(\varphi-1)\%$。

② 查表法确定变速组齿轮齿数。齿轮副传动比是标准公比的整数次方,变速组内的齿轮模数相等。按照表3-7查出齿轮齿数。第一变速组Ⅰ～Ⅱ轴间有三个传动副,其传动比分别是 $u_{a1}=1$、$u_{a2}=1/1.41$、$u_{a3}=1/2$,后两个传动比小于1,取其倒数即按1.41和2进行查表,在合适的齿数和 S_Z 范围内查出存在上述三个传动比的 S_Z,分别有

$$u_{a1}=1,\quad S_Z=\cdots\ 60\ \ 62\ \ 64\ \ 66\ \ 68\ \ 70\ \ 72\ \ 74\ \cdots$$

$$u_{a2}=1/1.41,\quad S_Z=\cdots\ 60\ \ 63\ \ 65\ \ 67\ \ 68\ \ 70\ \ 72\ \ 73\ \ 75\ \cdots$$

$$u_{a3}=1/2,\quad S_Z=\cdots\ 60\ \ 63\ \ 66\ \ 69\ \ 72\ \ 75\ \cdots$$

三对传动副的齿数和 S_Z 应该是相同的,符合条件的有 $S_Z=60$ 或72。如选取 $S_Z=72$,从表3-7中可以查出三个传动副的主动齿轮齿数分别为36、30、24,则能算出三个传动副的齿轮齿数分别为 $u_{a1}=36/36$、$u_{a2}=30/42$、$u_{a3}=24/48$。同理,第二变速组Ⅱ～Ⅲ有两个传动副,传动比 $u_{b1}=1.41^0=1$,$u_{b2}=1.41^{-3}=1/2.8$。

通过计算和查表筛选,最后得出两个传动副的齿数分别是 $u_{b1}=42/42$,$u_{b2}=22/62$。第

三变速组Ⅲ～Ⅳ轴间 $u_{c1}=\varphi^{-4}=1.41^{-4}\approx0.25$，$u_{c2}=\varphi^{2}=1.41^{2}\approx2$。通过计算和查表 3-7 筛选，最后得出两个传动副的齿轮齿数分别为 $u_{c1}=18/72$，$u_{c2}=60/30$。

表 3-7 常用传动比适用齿数

S_Z	u																			
	40	50	56	60	61	62	63	64	65	66	67	68	69	70	71	72	73	74	75	76
1.00	20	25	28	30		31		32		33		34		35		36		37		38
1.06			27	29		30		31		32		33		34		35		36		37
1.12	19					29		30		31		32		33		34		35		36
1.19		23			28		29	29		30		31		32		33		34		35
1.25		22	25		27		28		29	29		30		31		32		33	33	
1.33	17		24		26		27		28			29		30		31			32	
1.41				25			26		27		28	28		29		30	30		31	
1.50	16	20		24					26		27	27		28		29	29		30	
1.60				23		24			25		26			27		28	28		29	
1.68	15		21			23		24			25		26	26		27	27		28	
1.78		18	20		22			23			24		25	25		26			27	
1.88	14			21	21		22	22		23	23		24			25			26	
2.00				20			21			22			23			24			25	

6. 计算转速

设计机床主传动系统时，为了使传动件工作可靠、结构紧凑，必须对传动件进行动力设计，主轴和其他传动件（如传动轴、齿轮及离合器等）的结构尺寸主要由它所传递的转矩大小决定，而这都与传递的功率和转速有关。

对于专用机床，在特定的工艺条件下各传动件所传递的功率和转速是固定不变的，可计算出传递的转矩大小，从而进行强度设计。对于工艺范围较广的通用机床和某些专门化机床，由于使用条件复杂、转速范围较大，传动件所传递的功率和转速是经常变化的。将传动件的传递转矩和功率确定得偏小或过大，都是不经济、不合理的。因此，确定这类机床传动件传递的转矩大小，必须根据机床实际使用情况的调查分析，确定一个经济合理的计算转速，将其作为强度计算和校核的依据。

综上所述，将主轴传递全部功率的最低转速定义为主轴的计算转速。各传动件的计算转速根据主轴计算转速确定。对于做旋转运动的传动件，其额定转矩为

$$M_{\mathrm{n}}=9\ 550\,\frac{P}{n_j}=\frac{\eta P_{\mathrm{E}}}{n_j} \tag{3-28}$$

式中，M_{n} 为传动件额定转矩，即实际需要传递的最大转矩，N・m；n_j 为传动件的计算转速，r/min；P 为传动件所传递的功率，kW；P_{E} 为主电动机的额定功率，kW；η 为从主电动机到该传动件之间的传动效率。

由式(3-28)可知，当传动件的传递功率一定时，若转速取值偏低，则传递的转矩就偏大，

传动件尺寸增大。因此，应根据机床的实际工作情况，经济合理地确定计算转速，并计算传动件的尺寸，这是机床设计工作的重要问题。

图 3-14(a)所示为机床主轴的功率、转矩特性，图中主轴从计算转速 n_j 到最高转速 n_{max} 之间的每级转速应传递全部功率，即功率恒定，而其输出转矩随转速升高而减小，称之为恒功率变速范围；从计算转速 n_j 到最低转速 n_{min} 之间的每级转速都能传递计算转速时的转矩，输出的功率则随转速下降而线性下降，称之为恒转矩变速范围。传动系统转速图如图 3-14(b)所示。

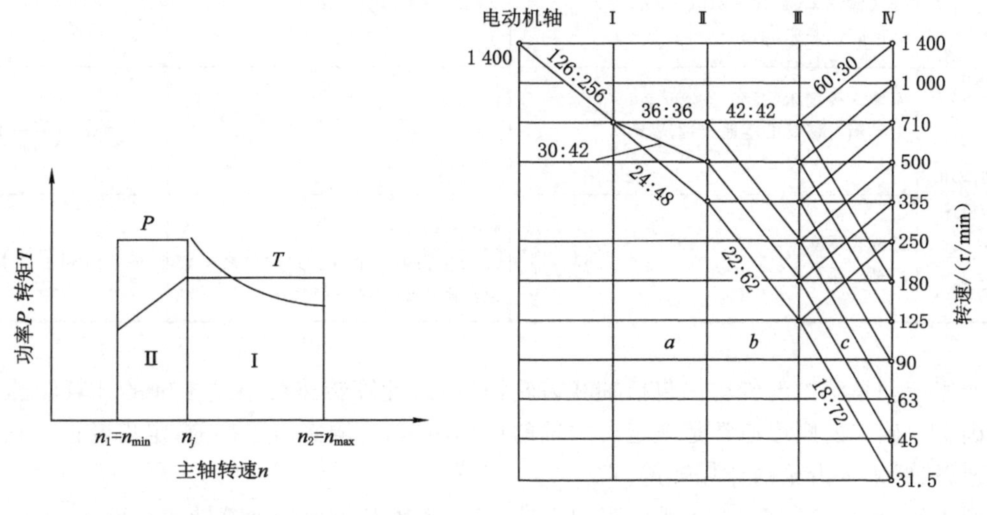

(a) 功率、转矩特性　　(b) 转速图

图 3-14　主轴的功率、转矩特性及转速

不同类型机床主轴计算转速的选取是不同的。对于大型机床，由于其应用范围很广、调速范围很宽，计算转速可取值高一些。对于精密机床、滚齿机，由于其应用范围较窄、调速范围小，计算转速可取值低一些。各类机床主轴计算转速的统计公式见表 3-8。

对于数控机床，调速范围比普通机床要宽，计算转速可比表 3-8 推荐的高一些。

表 3-8　各类机床主轴计算转速的统计公式

机床类型		计算转速 n_j	
		等比传动	混合公比或无级调速
中型通用机床和使用较广的半自动机床	车床、升降台铣床、转塔车床、液压仿形半自动车床、多刀半自动车床、单轴自动车床、多轴自动车床、立式多轴半自动车床、卧式镗铣床(ϕ63～ϕ90mm)	$n_j=n_{min}\varphi^{(\frac{Z}{3}-1)}$ n_j 为主轴第一个(低的)三分之一转速范围内的最高一级转速	$n_j=n_{min}(\frac{n_{max}}{n_{min}})^{0.3}$
	立式钻床、摇臂钻床、滚齿机	$n_j=n_{min}\varphi^{(\frac{Z}{4}-1)}$ n_j 为主轴第一个(低的)四分之一转速范围内的最高一级转速	$n_j=n_{min}\left(\frac{n_{max}}{n_{min}}\right)^{0.25}$

表 3-8(续)

机床类型		计算转速 n_j	
		等比传动	混合公比或无级调速
大型机床	卧式车床(ϕ1 250～ϕ4 000 mm) 单轴立式车床(ϕ1 400～ϕ3 200 mm) 单轴可移动立式车床(ϕ1 400～ϕ1 600 mm) 双轴立式车床(ϕ3 000～ϕ12 000 mm) 卧式镗铣床(ϕ110～ϕ160 mm) 落地式镗铣床(ϕ125～ϕ160 mm)	$n_j=n_{\min}\varphi^{\frac{Z}{3}}$ n_j 为主轴第二个(低的)三分之一转速范围内的最低一级转速	$n_j=n_{\min}\left(\frac{n_{\max}}{n_{\min}}\right)^{0.35}$
高精度和精密机床	落地式镗铣床(ϕ160～ϕ260 mm) 主轴箱可移动的落地式镗铣床(ϕ125～ϕ300 mm)	$n_j=n_{\min}\varphi^{\frac{Z}{2.5}}$	$n_j=n_{\min}\left(\frac{n_{\max}}{n_{\min}}\right)^{0.4}$
	坐标镗床 高精度车床	$n_j=n_{\min}\varphi^{(\frac{Z}{4}-1)}$ n_j 为主轴第一个(低的)四分之一转速范围内的最高一级转速	$n_j=n_{\min}\left(\frac{n_{\max}}{n_{\min}}\right)^{0.25}$

变速传动系统中的传动件包括轴和齿轮，它们的计算转速可根据主轴的计算转速和转速图确定。确定的顺序通常是先定出主轴的计算转速，再顺次由后往前，定出各传动轴的计算转速，然后确定齿轮的计算转速。

例 3-2 试确定图 3-14 所示机床的主轴、各传动轴和齿轮的计算转速。已知 $\varphi=1.41$。

解：(1) 主轴的计算转速

计算方法有以下两种。

① 据公式计算(表 3-8)为

$$n_j=n_{\min}\varphi^{(\frac{Z}{3}-1)}=31.5\times1.41^{(\frac{12}{3}-1)}\ \text{r/min}=88.3\ \text{r/min}\approx90\ \text{r/min}$$

② 根据转速图确定。由图 3-14(b)可知，主轴的计算转速为低速第一个三分之一变速范围的最高一级转速，即 $n_j=90$ r/min。

(2) 各传动轴的计算转速

主轴的计算转速是轴Ⅲ经 18/72 的传动副获得的，此时轴Ⅲ相应转速为 355 r/min，但变速组 c 有两个传动副，当轴Ⅲ转速为最低转速 125 r/min 时，通过 60/30 的传动副可使主轴获得 250 r/min，250 r/min＞90 r/min，应能传递全部功率，所以轴Ⅲ的计算转速为 125 r/min；轴Ⅲ的计算转速是通过轴Ⅱ的最低转速 355 r/min 获得的，所以轴Ⅱ的计算转速为 355 r/min；同样，轴Ⅰ的计算转速为 710 r/min。

(3) 各齿轮的计算转速

各齿轮的计算转速要在所安装轴上确定。

① 齿轮 Z_{60} 的计算转速。Z_{60} 装在轴Ⅲ上，转速为 125～710 r/min，共六级；经 Z_{60}/Z_{30} 传动，主轴Ⅳ所得到的六级转速 250～1 400 r/min 都能传递全部功率，故 Z_{60} 的六级转速都能传递全部功率，其中最低转速 125 r/min 即 Z_{60} 的计算转速。

② 齿轮 Z_{30} 的计算转速。轴Ⅳ上 Z_{30}，转速为 250～1 400 r/min，共六级，都能传递全部

功率，其中最低转速 250 r/min 即 Z_{30} 的计算转速。

③ 齿轮 Z_{18} 的计算转速。轴Ⅲ上 Z_{18}，转速为 125～710 r/min，共六级，其中只有在 355～710 r/min 的三级转速下工作时，经 Z_{18}/Z_{72} 传动，主轴所得到的 90～180 r/min 共三级转速才能传递全部功率；而 Z_{18} 转速为 125～250 r/min，共三级，经 Z_{18}/Z_{72} 传动，主轴所得到的 31.5～63 r/min 共三级转速都低于主轴的计算转速（$n_j=90$ r/min），故不能传递全部功率。

因此，Z_{18} 只有在 355～710 r/min 的三级转速下工作才能传递全部功率，最低转速 355 r/min即 Z_{18} 的计算转速。

④ 齿轮 Z_{72} 的计算转速。轴Ⅳ上 Z_{72}，转速为 31.5～180 r/min，共六级，其中只有在 90～180 r/min 的三级转速下工作时才能传递全部功率，因此最低转速 90 r/min 即 Z_{72} 的计算转速。

应该指出的是，确定齿轮的计算转速，必须注意它所在的传动轴。齿轮计算转速与所在轴的计算转速的数值可能不一样，要根据转速图的具体情况确定。

3.3.3　无级变速主传动系统的设计

采用无级变速传动，不仅可以获得最有利的切削速度，而且能在运转中变速，便于实现变速自动化，这对提高机床生产率和零件质量都具有重要意义。因此，无级变速传动的应用日益广泛，它是数控机床的主要变速形式。

选择无级变速传动方案时，必须注意无级变速机构的功率特性、转矩特性要同传动的工作要求相适应。例如，机床的主运动要求恒功率传动，而机床进给运动要求恒转矩传动。因此，对于主传动，应选择恒功率无级变速机构。

1. 无级变速装置的分类

机床主传动中常采用的无级变速装置有三大类：变速电动机（图 3-15）、机械无级变速装置（图 3-16）和液压无级变速装置（图 3-17）。

图 3-15　变速电动机

图 3-16　机械无级变速装置

图 3-17　液压无级变速装置

（1）变速电动机。机床上常用的变速电动机有直流调速电动机和交流变频电动机，在额定转速以上为恒功率变速，通常变速范围仅为 2～3，较小；额定转速以下为恒转矩变速，变速范围很大，可达 30 甚至更大。上述功率和转矩特性一般不能满足机床的使用要求。为了扩大恒功率变速范围，可在变速电动机和主轴之间串联一个分级变速箱，这种方法广泛用于数控机床、大型机床中。

（2）机械无级变速装置。机械无级变速装置是利用摩擦力来传递转矩，通过连续改变摩擦传动副工作半径来实现无级变速的，它的变速范围小，多数是恒转矩传动。机械无级变速器应用于要求功率和变速范围较小的中小型车床、铣床等机床的主传动中，并且更多地用于进给变速传动中。

(3) 液压无级变速装置。液压无级变速装置通过改变单位时间内输入执行件中的流量来实现无级变速，变速范围较大，变速方便，传动平稳，运动换向时冲击小，易于实现直线运动和自动化，常用在主运动为直线运动的机床中，如刨床、拉床、磨床等。

2. 无级变速主传动系统设计原则

(1) 尽量选择功率和转矩特性符合传动系统要求的无级变速装置。若为执行件做直线主运动的主传动系统，则对变速装置的要求是恒转矩传动，龙门刨床的工作台就应该选择以恒转矩传动为主的无级变速装置，如直流电动机；若主传动系统要求恒功率传动，如车床或铣床的主轴，就应选择恒功率无级变速装置，如机械无级变速装置、变速电动机串联机械分级变速箱等。

(2) 无级变速装置单独使用时，其调速范围较小，满足不了要求，尤其是恒功率调速范围往往远小于机床实际需要的恒功率变速范围。为此，常把无级变速装置与机械分级变速箱串联在一起使用，以扩大恒功率变速范围和整个变速范围。如果机床主轴要求的变速范围为R_n，选取的无级变速装置的变速范围为R_d，串联的机械分级变速箱的变速范围 R_f 应为

$$R_f = \frac{R_n}{R_d} = \varphi_f^{Z-1} \tag{3-29}$$

式中，Z 为机械分级变速箱的变速级数；φ_f 为机械分级变速箱的公比。

通常，无级变速装置作为传动系统中的基本组，而分级变速作为扩大组，其公比 φ_f，理论上应等于无级变速装置的变速范围 R_d。实际上，由于机械无级变速装置属于摩擦传动，有相对滑动现象，可能得不到理论上的转速。为了得到连续的无级变速，设计时应该使分级变速箱的公比φ_f，略小于无级变速装置的变速范围，即取$\varphi_f=(0.90\sim0.97)R_d$，使转速之间有一小段重叠，保证转速连续。将$\varphi_f$值代入式(3-29)，可算出机械分级变速箱的变速级数 Z。

3.4 进给传动系统设计

3.4.1 进给传动系统的特点、转速和组成

进给传动系统是用来实现机床的进给运动和相关辅助运动的。机床进给传动特别要求具有良好的快速响应性，在低速进给或微量进给时不产生爬行现象，运动平稳，灵敏度高；进给传动系统的传动精度和定位精度要求高。与主传动不同，进给传动不是恒功率传动，而是恒转矩传动。

1. 进给传动系统的特点

(1) 进给运动的速度比较低，进给力也比较小，所需功率也小。

(2) 进给运动数目较大，如卧式镗床，进给运动有 4～6 个。

(3) 进给运动为恒转矩传动，进给传动系统的负荷与主传动不一样。

2. 进给传动系统的计算转速

进给传动系统的计算转速可按下列三种情况来确定。

(1) 具有快速运动的进给系统:传动件的计算转速取最大快速运动时的转速。

(2) 大型机床:对于移动部件质量大、摩擦力比切削力大的大型机床和高精度精密机床的进给传动系统,传动件的计算转速取最大进给速度时的转速。

(3) 中型机床:对于切削力远大于移动部件摩擦力的中型机床,进给运动系统传动件的计算转速取最大切削抗力下工作时所有的最大进给速度,一般为机床最大进给速度的1/2或1/3。

3. 进给传动系统的组成

进给传动系统包括运动源、变速系统、换向机构、运动分配机构、安全机构、直线运动机构和手动操作机构等。

进给运动中的变速系统用以改变进给量的大小,当有几条进给传动链带动几个执行件时,为使变速系统为各传动链所共用,变速系统应设置在运动分配机构之前,以简化机构。通用机床的工艺范围广,要求进给量范围大,有级变速的级数要大。一般采用等比数列,也有采用等差数列的。变速系统传递功率小,采用机械无级变速的可能性大。进给运动可以采用机械、液压与电气等方式。目前在机床上应用较多的机械传动方式是滑移齿轮,该方式变速方便,可传递较大的转矩和采用较大的进给量范围,但结构复杂。交换齿轮传动结构简单,适用于成批大量生产。棘轮机构用于刨床、磨床等需要间歇进给运动和切入运动。在专用机床中还采用凸轮机构来实现进给和快速运动或采用液压传动实现无级变速。

3.4.2 机械进给传动系统的设计特点

1. 进给系统设计中必须要注意的基本要求

(1) 具有足够大的调速范围和进给量。

(2) 能传递要求的扭矩。

(3) 有足够的静刚度和动刚度。

(4) 抗振性好。

(5) 传动精度和定位精度要高。

(6) 具有良好的快速响应性,低速、微量进给系统要保证运动的平稳性和灵敏度。

(7) 结构紧凑、简单,操纵灵活轻便,易于调整维修,加工及装配工艺性好。

2. 进给运动传动变速机构的类型

进给运动的传动方式有机械、液压与电气等方式。

(1) 机械传动机构

机械传动机构包括直线运动机构和变速机构。变速机构可分为滑移齿轮、交换齿轮和棘轮机构等。滑移齿轮和交换齿轮的变速机构与主传动的相似,可传递较大的扭矩和实现较大的进给范围,变速方便,传动效率也较高,广泛地运用于机床之中。棘轮机构用于间歇性的进给运动之中。由于棘轮上的齿是在圆周上等分的,进给量的大小由每次转过的齿数决定,所以这种变速机构的变速数列是按等差级数排列的。棘轮机构的棘爪可以在较短的时间内使棘轮得到周期性的回转,因而这种机构适用于往复运动中超越行程或空程时进行间歇进给运动的传动系统。此外,由于进给传动传递功率不大,速度较低,因此还可采用拉键机构、背轮机构、机械无级变速器等。在自动或半自动机床以及专用机床上,还可采用凸轮机构来实现执行件的工作进给和快速运动。

(2) 液压传动装置

由于液压传动装置工作平稳，在工作过程中能无级变速，因此便于实现自动化，能很方便地实现频繁往复运动。在相同功率情况下，液压传动装置的体积小、重量轻、结构紧凑、惯性小、动作灵敏，因此在进给运动中得到了广泛的应用。

(3) 步进传动装置

在数控机床上，数控装置的进给信号一般经伺服系统和传动件驱动机床工作台或刀架等执行件实现进给运动和快速运动等。伺服系统的驱动可采用功率步进电机、电液步进电机等。

3. 进给运动传动系统的设计原则

进给运动传动系统由动力源、变速机构、换向机构、运动分配机构、过载保险机构、运动转换机构、执行件等部分组成。

进给传动可与主传动共用一台电动机或采用单独电动机作为动力源。当进给量以主轴回转若干毫米表示时，进给传动一般应与主传动共用一台电动机。对于内联系传动，组成复合运动各个运动的传动也应共用一台电动机。当进给量与主轴转速无关时，一般采用取整电动机驱动，有利于简化机床结构，便于实现机床自动化。如果机床的进给采用液压驱动，则由单独动力源驱动。

对于等差数列进给传动，设计时以满足工艺需求为目的。

随机数列进给传动，如齿轮加工机床的分齿运动链等，采用交换齿轮机构。等比数列进给传动的设计原则为根据运动的特点与基本要求，结合主传动系统设计的方法，按转速图的拟订进行。

3.4.3 电气伺服进给系统

3.4.3.1 电气伺服进给系统的分类

电气伺服进给系统是数控装置和机床之间的联系环节，是以机械位置或角度作为控制对象的自动控制系统，其作用是接收来自数控装置发出的进给信号，经变换和放大驱动工作台按规定的速度和距离移动。电气伺服进给系统按有无检测和反馈装置分为开环系统、闭环系统和半闭环系统。

3.4.3.2 电气伺服进给系统驱动部件

电气伺服进给系统由伺服驱动部件和机械传动部件组成。

(1) 伺服驱动部件

伺服驱动部件有步进电动机（图 3-18）、直流伺服电动机（图 3-19）、交流伺服电动机（图 3-20）、直线伺服电动机等（图 3-21）。

图 3-18 步进电动机

图 3-19 直流伺服电动机

图 3-20　交流伺服电动机

图 3-21　直线伺服电动机

① 步进电动机:转速可以在很宽的范围内调节,改变绕组通电顺序,可控制正反转。优点是无累积误差,结构简单、维修方便,成本低,适于小、中型机床和精度不高的地方。缺点是效率低、发热量大,有时会失步。

② 直流伺服电动机:小惯量直流伺服电动机优点是转子直径小,轴向尺寸大,故转动惯量小,响应速度快,缺点是额定扭矩较小,常用于高速轻载场合和小型数控机床。大惯量直流伺服电动机分为电励磁和永久磁铁励磁两种。电动机频率高、定位精度高、调整简单、工作平稳。缺点是转子温度高、转动惯量大、时间响应慢。

③ 交流伺服电动机:优点是质量小、可靠性好、结构简单、动态响应性好、调速范围广、响应频率高。缺点是本身虽有较大的转矩惯量比,但是带动惯性负载能力差。多用于中型数控机床。

④ 直线伺服电动机:分同步式和感应式两类。优点是省去中间环节,简化了机床结构,避免了各种传动误差,可靠性高、响应快,可得到瞬时高加速度。缺点是存在隔磁防磁、发热问题,成本高。多用于超高速机床。

(2) 机械传动部件

机械传动部件有齿轮、滚珠丝杠螺母等,其功能是控制机床各坐标轴的进给运动。

(3) 对进给驱动部件的基本要求

① 调速范围要宽,以满足使用不同类型刀具对不同零件加工的需要。低速运行平稳,无爬行。

② 快速响应性好,无滞后。

③ 电动机具有较小的转动惯量;抗负载振动能力强,切削中受负载冲击时,系统的速度基本保持不变。在低速下有足够的负载能力。

④ 可承受频繁启动、制动和反转。

⑤ 振动和噪声小,可靠性高,寿命长。

⑥ 调整、维修方便。

3.4.3.3　电气伺服进给传动系统中的机械传动部件

1. 机械传动部件应满足的要求

机械传动部件要采用低摩擦传动。例如,导轨可以采用静压导轨、滚动导轨;丝杠传动可采用滚珠丝杠螺母传动等。伺服系统和机械传动系统要匹配。选择最佳降速比来减小惯量,最好采用直接传动方式。采用预紧办法来提高整个系统的刚度。采用消除传动间隙的方法,减小反向死区误差,提高运动平稳性和定位精度。总之,为保证伺服系统的工作稳定性和定位精度，要求机械传动部件无间隙、低摩擦、小惯量、高刚度、高谐振和适宜阻尼比。

2. 机械传动部件设计

机械传动部件主要为齿轮或同步齿形带和丝杠螺母传动副。电气伺服进给系统中，运动部件的移动靠脉冲信号来控制，要求运动部件动作灵敏、小惯量、定位精度高、阻尼比适宜及传动机构不能有反向间隙。

（1）最佳降速比确定

传动副的最佳降速比应按最大加速能力和最小惯量的要求确定降速比。对于开环系统，传动副的降速比主要由机床所要求的脉冲当量与所选用的步进电动机的步距角决定：

$$u=\frac{\alpha L}{360^\circ Q}$$

式中，α 为步进电动机的步距角，(°)/脉冲；L 为滚珠丝杠导程，mm；Q 为脉冲当量，mm/脉冲。

对于闭环系统，传动副的降速比主要由驱动电动机的最高转速或转矩与机床要求的最大进给速度或负载转矩决定：

$$u=\frac{n_{\text{dmax}}L}{u_{\max}}$$

式中，n_{dmax}为驱动电动机的最大转速，r/min；L 为滚珠丝杠导程，mm；$u_{\max}$为工作台最大移动距离，mm/min。

（2）齿轮传动间隙的消除

传动副为齿轮传动时，要消除其传动间隙。齿轮传动间隙的消除有刚性调整法和柔性调整法两种。

刚性调整法指调整后的齿侧间隙不能自动进行补偿的方法，如偏心轴套调整法、变齿厚调整法、斜齿轮轴向垫片调整法等。其优点是结构简单、传动刚度较高，但要求严格控制齿轮的齿厚及齿距公差，否则影响运动的灵活性。

柔性调整法指调整后的齿侧间隙可以自动进行补偿的方法，主要有双片直齿轮错齿调整法、薄片斜齿轮轴向压簧调整法及双齿轮弹簧调整法等。其缺点是结构比较复杂，传动刚度低，会影响传动的平稳性。

（3）滚珠丝杠及其支承

滚珠丝杠是将旋转运动转换成执行件的直线运动的运动转换机构。滚珠丝杠的摩擦系数小，传动效率高。常采用角接触球轴承或双向推力圆柱滚子轴承与滚针轴承的组合方式。滚珠丝杠的支承方式有三种：一端固定，另一端自由方式，常用于短丝杠和竖直丝杠；一端固定，另一端简支承方式，常用于较长的卧式安装丝杠方式；两端固定，用于长丝杠或高速转速，要求高拉压刚度的场合。

（4）丝杠副系统的刚度计算

参考ISO标准，滚珠丝杠副系统刚度计算公式可简明表示为

$$\frac{1}{R_t}=\frac{1}{R_s}+\frac{1}{R_u}$$

式中，R_t为滚珠丝杠副系统刚度，N/μm；R_s为滚珠丝杠轴刚度，N/μm；R_u 为滚珠丝杠副螺纹滚道与钢珠在轴向的接触刚度，N/μm。

$$R_x=\frac{\pi(d_0-1.2D_w)^2E}{4L}\times10^{-3}$$

式中，d_0、D_w为滚珠丝杠副样本；L 为支承距离，mm，当丝杠安装方式为一端固定，另一端自由时，L 指螺母至固定端处的最大距离；当滚珠丝杠副安装方式为两端固定时，L 为两端固定支承间距离；E 为弹性模量，$E=2.1\times10^5$ N/mm^2。

(5) 滚珠丝杠螺母副间隙的消除和预紧

为了保证滚珠丝杠的反向传动精度和轴向刚度，必须消除轴向间隙。滚珠丝杠螺母副通常采用双螺母结构。调整两个螺母之间的轴向位置，使两螺母的滚珠在承受工作载荷前，分别与丝杠的两个不同侧面接触，产生一定的预紧力，以达到提高轴向刚度的目的。滚珠丝杠螺母常用双螺母预紧消隙。其原理是：利用两个螺母的相对轴向位移，使两个滚珠螺母中的滚珠分别贴紧在螺旋轨道的两个相反侧面上，用这种方法消除间隙时，应注意预紧力不能过大，预紧力过大会使空载力矩增大，从而降低传动效率，缩短使用寿命。因此，一般需要经过多次调整，以保证既能消除间隙又能灵活运转。双螺母丝杠消除间隙的方法有以下几种。

① 垫片式：改变垫片的厚度，使螺母产生轴向相对位移以消除间隙。双螺母垫片调隙式结构特点：结构简单，刚度高，工作可靠，但调整时需修磨垫片，在工作中不能随时调整。这种消除间隙的方法，适用于一般精度的机构。

② 弹簧式：用弹簧使两螺母间产生轴向位移。其特点是能在使用过程中自动补偿因磨损或弹性变形产生的间隙，但其结构复杂、轴向刚度低，适用于轻载场合。

③ 齿差式：通过调整螺母端头上的外齿相对内齿的啮合角度来消除间隙。齿差调隙式结构的特点是调整精确可靠，定位精度高，效率高，但结构比较复杂，用于获得准确预紧力的精密定位系统，目前在数控机床上应用较广。

④ 螺纹式：转动调整螺母，使螺母产生轴向位移以消除间隙。螺纹调隙式结构特点是结构简单紧凑，调整方便，应用广泛。滚道磨损时可随时进行调整，但预紧量不是很准确。

(6) 滚珠丝杠的预拉伸

滚珠丝杠常采用预拉伸方式来提高其拉压刚度和补偿丝杠的热变形。

确定丝杠与拉伸力时应综合考虑以下因素：

① 使丝杠在最大轴向载荷作用下，在受力方向上仍能保持受拉状态，为此，预拉伸力应大于最大工作载荷的35%。

② 丝杠的预拉伸量应能补偿丝杠的热变形。丝杠在工作时要发热，引起丝杠的轴向热变形，使导程加大，影响定位精度。丝杠热变形时拉伸量 ΔL_1 为

$$\Delta L_1=\alpha L\Delta t$$

式中，α 为丝杠的热膨胀系数，钢的 $\alpha=11\times10^{-6}/$℃；L 为丝杠长度，m；Δt 为滚珠丝杠与床身的温度差，℃，一般 Δt 为 2～3 ℃(恒温车间)。

则丝杠的预拉伸力F_0(N)为：

$$F_0=\frac{AE\Delta L}{L}=\frac{1}{4L}\pi d^2E\Delta L$$

式中，L 为丝杠长度，m；A 为丝杠截面积，m^2；E 为弹性模量，N/m^2；F_0 为丝杠的预拉伸力，N；d 为滚珠丝杠螺纹小径，m；ΔL 为滚珠丝杠螺纹段预拉伸量。

例 3-3 一滚珠丝杠，其螺纹小径 d 为 30 mm，导程为 10 mm，全长上共有 110 圈螺纹，跨距 L 为 1 200 mm。工作时，滚珠丝杠与床身的温度差 Δt 为 2 ℃，求该丝杠的预拉伸量。

解：螺纹长度为

$$L_1 = 10\ \text{mm} \times 110 = 1\ 100\ \text{mm}$$

螺纹段丝杠热拉伸量

$$\Delta L_1 = \alpha L_1 \Delta t = 11 \times 10^{-6}(℃^{-1}) \times 1\ 100\ \text{mm} \times 2\ ℃ = 0.024\ 2\ \text{mm}$$

预拉伸量应大于 ΔL_1，取预拉伸量 ΔL 为 0.04 mm，当升温 2 ℃时，还有一定剩余拉伸量，$\Delta L - \Delta L_1 = 0.015\ 8$ mm，预拉伸力有所减小，但还未完全消失，补偿了热膨胀引起的热变形。

滚珠丝杠全长上的预拉伸量为

$$\frac{\Delta L \times L}{L_1} = \frac{0.04 \times 1\ 200}{1\ 100} = 0.043\ 6\ \text{mm}$$

第 4 章　机床典型部件设计

4.1　主轴组件设计

主轴组件是机床的执行件，由主轴、主轴支承、安装在主轴上的传动件和密封件等组成。主轴组件需保证工件或刀具（包括砂轮）以准确的运动轨迹来参与表面成形运动，需传递运动、动力及承受切削力等。因此，主轴组件是机床的一个重要组件，其工作性能是机床加工质量及生产效率的直接影响因素。图 4-1 所示为某一加工中心电主轴结构。

图 4-1　加工中心电主轴结构

4.1.1　主轴组件基本要求

为适应不同类型机床对主轴组件的使用要求和工作性能要求（或同一类机床不同的使用要求和工作性能要求），主轴组件的结构形式多样化，但是它们都必须保证在一定的载荷与转速条件下，能够长期稳定地保持工件或刀具的运动精度。因此，主轴组件设计时必须满足下述基本要求。

1. 旋转精度

旋转精度用来表征在空载低速运动时，主轴在工作过程中的稳定性和精度，即主轴前端安装刀具或工件部位的径向圆跳动、端面圆跳动和轴向窜动量，体现了主轴的振动或晃动、旋转角度误差。因此，主轴旋转精度直接影响工件的几何精度和表面质量，是衡量机床加工精度的一项重要指标。主轴旋转精度受多种因素影响，包括主轴自身、轴承、调整螺母、支承座孔等的制造质量及装配(包括调整)精度。对于通用机床(包括数控机床),主轴组件的旋转精度国家已有规定,专用机床主轴组件的旋转精度则视具体工件加工精度要求而定。

2. 刚度

主轴组件刚度 K 是指其在外载荷作用下抵抗变形的能力,$K=F/y(\mathrm{N}/\mu\mathrm{m})$,即主轴前端产生的一个单位变形 y 与需在变形方向上施加的作用力 F 的比值。若主轴组件刚度不足,主轴产生较大的弹性变形,直接影响机床的加工精度、传动质量和工作平稳性。刚度是主轴、轴承和支承座刚度及其接触刚度的综合反映,它与主轴的结构尺寸、轴承的类型及配置、支承跨距、传动件布置方式、主轴组件的制造及装配质量等有关。

3. 抗振性

主轴组件的抗振性是指其抵抗振动(包括受迫振动和自激振动)而保持平稳运动的能力。振动对工件表面质量和刀具耐用度、机床的生产率等产生负面影响。随着机床向高精度、高效率方向发展,对主轴组件抗振性要求越来越高。影响抗振性的因素主要有主轴组件的刚度,固有频率和阻尼特性,轴承类型及配置,主轴传动方式,主轴组件质量分布情况,齿轮和轴承等主要零件的制造质量、装配精度等。

4. 热稳定性

主轴组件工作中由于摩擦和搅油产生热量而出现温度升高的情况。温升过高,主轴组件、箱体等会产生热变形,引起轴承间隙变化、轴心位置在径向和轴向偏移,严重影响机床加工精度。主轴组件的热稳定性就是指其抵抗热位移而保持准确、稳定运转的能力。轴承类型及配置、轴承间隙量、润滑和密封方式、散热条件等都是影响主轴组件热稳定性的重要因素。各类机床对温升的限制不同,在室温下(20 ℃),高精度机床允许温升为 8～10 ℃,精密机床为 10～20 ℃,普通机床为 30～40 ℃。

5. 耐磨性

主轴组件的耐磨性是指抵抗磨损能长期保持其原始精度的能力,即精度的保持性。主轴组件主要磨损有主轴轴承的疲劳磨损,主轴轴径表面、装卡刀具或工件的定位基面的磨损等。磨损的速度与摩擦性质、摩擦副结构特点、摩擦副硬度、摩擦表面精度及润滑条件等诸多因素有关。主轴组件的耐磨性与主轴、轴承的材料及热处理,所配置的轴承类型,润滑及密封条件等密切相关。配置滚动轴承还是滑动轴承,对应主轴组件的耐磨性不同,若配置滚动轴承则主轴支承处的耐磨性由轴承决定,若配置滑动轴承,主轴轴径的耐磨性需加以重视。

4.1.2 主轴的传动方式

由于主轴的使用情况不同,因此主轴对转速、传递转矩、运动平稳性的要求不同。主轴可采用的传动方式主要有齿轮传动、带传动、电动机直接驱动等。

1. 齿轮传动

齿轮传动方式应用最为广泛。它结构简单、紧凑,能适应大转矩、变转速、变载荷工作,但使用中不如带传动平稳。通常要求线速度小于 12～15 m/s。

2. 带传动

新材料及新型结构传动带的出现提高了带传动的适应性。常用的传动带有平带、三角带、多楔带和同步齿形带等。除同步齿形带外,带传动依靠带与带轮间的摩擦作用来实现运动和动力的传递。带传动具有结构简单、制造容易、成本低、噪声小的特点,且由于带的弹性可以减少传动过程中精度的损失,故传动平稳,特别适用于长距、高速传动场合。此外,在过载情形下带传动会出现打滑,从而起到过载保护的作用,但因带的滑动,也使其不能满足速比准确的传动要求。

同步齿形带通过带上的齿形体与带轮上的轮齿相啮合传递运动和动力,如图 4-2(a)所示。它综合了不同传动方式(齿轮、链条和胶带)之长,体现了高效、轻质、平稳、噪音小、无需润滑等诸多优点,适用于高速传动,可达 50 m/s。在传动过程中,带体与带轮之间不存在相对滑移,从而可以达到高度同步传动。其缺点是制造工艺复杂,安装条件要求高。同步齿形带的齿形有两种:梯形齿和圆弧齿。相比梯形齿,圆弧齿形受力合理,能够传递更大的转矩。同步齿形带结构中包含有包布层 1、带齿 2、带背 3、承载绳 4,如图 4-2(b)所示。其中承载绳通常采用伸缩率小、抗拉及抗弯强度高的材料,如钢丝、聚酯纤维等,可传递超过 100 kW 以上的动力。

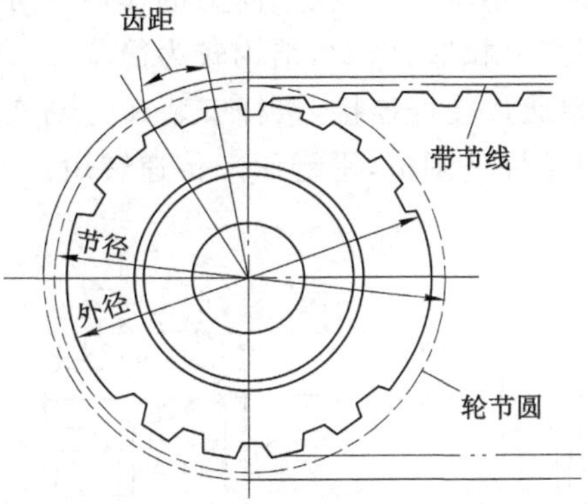

(a) 同步带传动

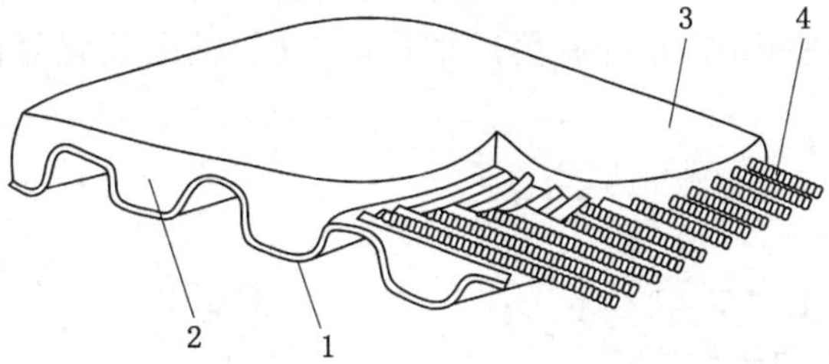

(b) 同步带结构

1—包布层;2—带齿;3—带背;4—承载绳。

图 4-2　同步齿形带传动

3. 电动机直接驱动

在主轴转速不高的情形下,可使用普通异步电动机直接驱动主轴来实现运动和动力的传递,如平面磨床的砂轮主轴;若转速较高,也可将电动机与主轴一体化,制成主轴单元,即将电动机转子轴作为主轴,将电动机座作为机床主轴单元的壳体。主轴单元可极大地简化结构、提高主轴部件的刚度、降低噪声和振动,且调速范围大,能够提供较高的驱动功率和转矩,便于组织专业化生产,因此广泛地用于精密机床、高速加工中心和数控车床中。

4.1.3　主轴部件结构设计

1. 主轴端部的结构形状

使用中,刀具或夹持工件的夹具安装在主轴端部,主轴端部结构的设计应能保证定位准确、安装可靠、连接牢固、装卸方便,并能传递足够的转矩。图 4-3 所示为几种已标准化的普通机床和数控机床主轴端部结构形式。

图 4-3(a)所示为车床(如 CA6140 卧式车床)用短锥法兰式结构主轴端部,采用短锥定心、法兰螺栓紧固的方式来保证夹具的正常安装,轴端传动键(端面键)用以传递转矩,通过前端莫氏锥度孔安装顶尖或心轴,主轴前端悬伸量较短,广泛应用于现代机床(如卧式车床、

转塔车床、多刀车床、自动车床、磨床头架及其他机床)，具有定心准确、装卸方便的特点，但制造工艺较为复杂。

图 4-3(b)所示为铣床和加工中心主轴端部。铣刀或铣刀心轴的尾锥通过前端锥孔进行安装，并用拉杆从主轴孔的尾端拉紧。转矩的传递依靠主轴前端面上安装的两个条形端面键(拨块)，而非锥面的摩擦力，因此，为方便取换刀具，锥孔锥度(7∶24)较大，不具备自锁功能。端铣刀安装时，主轴端部的外圆柱面用以定心，并利用主轴端面的 4 个螺钉进行紧固。

图 4-3(c)、(d)所示分别为外圆磨床砂轮主轴的端部和内圆磨床主轴端部。外圆磨床砂轮主轴靠轴端锥面(锥度 1∶5)定心、螺母紧固；内圆磨床砂轮主轴端部，砂轮接杆依靠莫氏锥度孔定心，并通过锥孔底部的螺孔拉紧。

图 4-3(e)所示为钻镗床主轴端部，前端开有莫氏锥度孔，用以刀具定心并传递转矩，锥孔后开有扁尾孔，用以拆卸刀具。由于工件上孔加工时产生轴向力，在轴向力的作用下可使锥面紧靠，加之莫氏锥度具备的自锁性，刀具不需要用拉杆拉紧，因此，结构较为简单。

图 4-3(f)所示为组合机床主轴端部，刀具与主轴间通过接杆连接，接杆安装在主轴前端圆柱孔内，并开有莫氏锥孔，刀具的轴向位置靠前端圆螺母来调整，平键用来传递转矩。

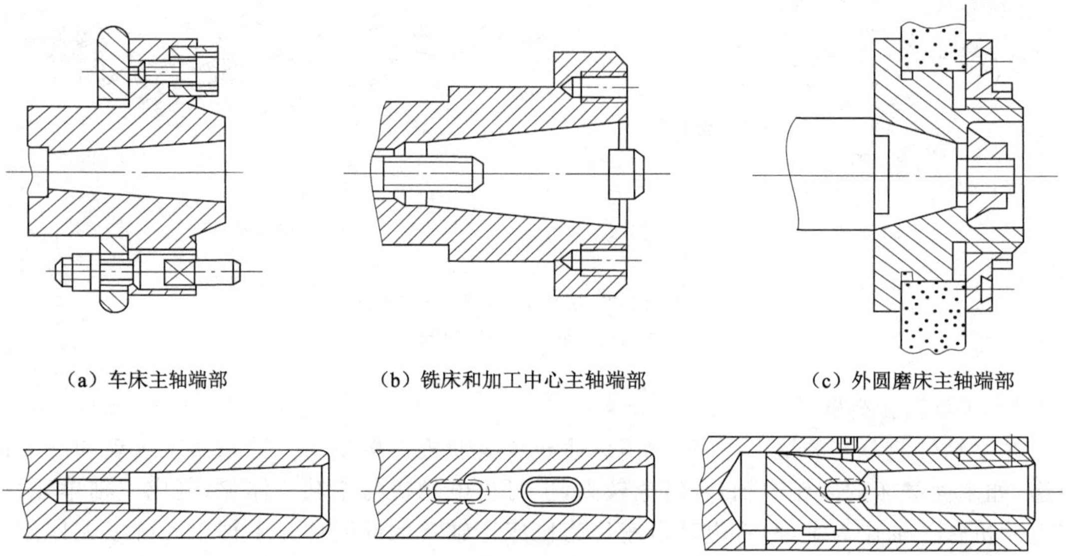

(a) 车床主轴端部　(b) 铣床和加工中心主轴端部　(c) 外圆磨床主轴端部

(d) 内圆磨床主轴端部　(e) 钻镗床主轴端部　(f) 组合机床主轴端部

图 4-3　主轴端部的几种结构形式

2. 主轴组件的支承数目

(1) 前、后两支承。这种方式结构简单，制造装配方便，容易保证精度。可通过消除前、后支承间隙或预紧来提高主轴部件的刚度。多数机床的主轴采用此种支承方式。

(2) 三支承。对于一些大型、重型机床，刚度和抗振性的要求较高，因此多采用三支承方式。这种方式对支承孔的同轴度要求较高，制造装配较为复杂。三支承分为两种：一种是前、后支承为主要支承，中间支承为辅助支承，另一种是前、中支承为主要支承，后支承为辅助支承。其中,“主”支承为保证其刚度和旋转精度,应消除间隙或预紧,“辅”支承应保留一定的径向间隙或选用较大游隙的轴承,避免干涉造成空载功率过大、轴承温升过高,保证主轴的良好工作性能。

注意:① 三支承主轴的主支承可采用圆柱滚子轴承或圆锥滚子轴承,辅助支承则常用向心球轴承或向心圆柱滚子轴承;② 三个支承中必须有一个轴承保持一定的游隙,不能进行预紧;③ 保证三支承的良好效果需满足主轴、轴承座孔的制造和装配精度要求,否则三支承效果往往不如两支承。

3. 主轴径向轴承和推力轴承位置配置形式

主轴组件的性能受轴承的配置方式影响,实际使用中,应根据主轴工作条件(载荷大小及方向、转速等)、机床用途及工作性能合理安排。

(1) 径向轴承配置

与支承数目无关,主轴组件各支承处均需配置径向轴承。主轴前端性能主要取决于前支承径向轴承,故应优先选定,其他支承轴承的径向性能,一般载荷较小且对于主轴组件性能的影响也较小,因此可参考前支承,选用刚度、抗振性及精度略低的轴承。两支承结构在轴承配置时通常选用同类型轴承,如圆锥滚子轴承、双列圆柱滚子轴承。若需要同时承受轴向、径向载荷时,也可选用不同类型的轴承。需要注意的是,匹配使用的轴承,都必须适应主轴转速的要求。三支承主轴组件结构中两个紧支承的径向轴承配置如前所述,松支承应配置间隙较大的轴承。

(2) 轴向轴承配置

主轴组件的轴向定位方式是由推力轴承的布置方式决定的。一般情况下,主轴承受两个方向的轴向载荷,因此,为达到在两个方向上进行轴向定位的目的,须至少配置两个相应的推力轴承,并特别注意轴向力的传递,避免主轴组件在轴向力作用下发生窜动,从而破坏主轴精度和正常工作性能。主轴轴向刚度和主轴热变形受推力轴承在主轴前、后支承的配置形式的影响。为使主轴具有足够的轴向刚度和轴向位置精度,并使结构简单,应恰当地配置推力轴承的位置。推力轴承的配置分为四种,如图 4-4 所示。

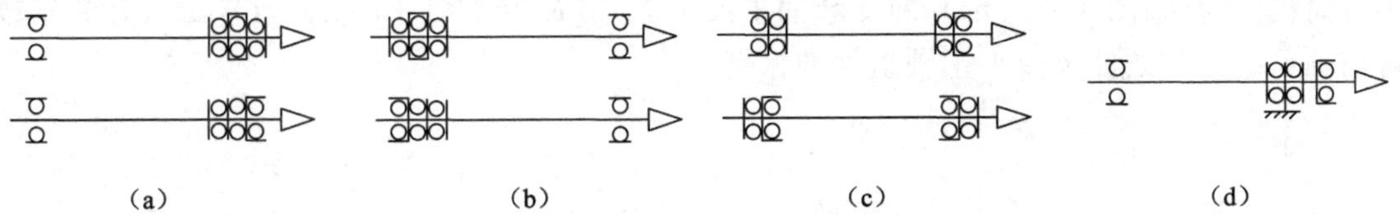

图 4-4 推力轴承配置形式

① 前端配置。两个方向的推力轴承都布置在前支承处,如图 4-4(a)所示。主轴前支承处的轴承数目较多,发热大,温升高,主轴受热后向后伸长,不影响轴向精度。前支承角刚度高,角阻尼大,对提高主轴部件刚度及抗振性有利。对轴向精度和刚度要求较高的机床采用此种配置方式,如高精度机床或数控机床。

② 后端配置。两个方向的推力轴承都布置在后支承处,如图 4-4(b)所示。虽然这种配置可以减少前支承处轴承数目,降低发热量和温升,但主轴受热后向前伸长,影响轴向精度,刚度及抗振性较差,对于立式铣床、卧式车床等对主轴轴向精度要求不高、中速、普通精度的

机床可采用此种配置方式。

③ 两端配置。两个方向的推力轴承分别布置在前、后两个支承处，分别承受两个方向的轴向力，如图 4-4(c)所示。其优点是支承结构简单，可在后端调整轴承轴向间隙，调整方便。缺点是主轴受热伸长后轴承轴向间隙发生变化，影响其旋转精度及寿命，且刚度及抗振性较差。为避免松动，可用弹簧消除间隙和补偿热膨胀。该配置适用于轴向间隙变化不影响主轴组件正常工作的机床主轴，如钻床或支距较短的主轴，如电主轴组合机床，或有自动补偿轴向间隙装置的机床。

④ 中间配置。两个方向的推力轴承配置在前支承的后侧，如图 4-4(d)所示。采取这种方式的主轴可减少前端悬伸量，且在主轴受热膨胀后向后伸长，但造成前支承结构较复杂，温升也可能较高。

4.1.4 主轴传动件位置的合理布置

1. 传动件在主轴上轴向位置的合理布置

主轴的受力情况与传动件在其上的轴向布置有关，合理安排传动件的布置可以有效地减小主轴变形，提高主轴的抗振能力。传动件的布置应遵循原则：避免传动力 Q 引起较大的主轴弯曲变形，保证在影响加工精度敏感方向上的主轴前轴端位移要小。因此，主轴上传动件应尽量靠近前支承，若传动件为多个时，其中最大传动件应靠近前支承。传动件轴向布置有以下几种情况。

(1) 主轴不承受传动力(卸荷主轴)

如图 4-5 所示，传动件 3(齿轮或带轮)装在固定于箱体上的独立支承 2 上，与主轴 1 间通过键连接或离合器传递动力。这种方式由于传动力通过独立支承传给箱体，而主轴只传递转矩，并不承受传动力，主轴弯曲变形较小，广泛应用于高精度及精密机床、数控机床上。

(2) 主轴尾端承受传动力

该布置方式典型的应用是外圆磨床、内圆磨床砂轮主轴，如图 4-6 所示，带轮装在主轴的外伸尾端上，受传动力 Q 的作用，主轴本身和前支承产生方向相反的位移量，因此由传动力 Q 引起的主轴前端位移量较小，主轴前端位移量则主要取决于切削力 F。当 Q 与 F 的作用方向相同时(如图 4-6 所示)，前支承的支反力较小$[R_A=F(1+a/L)-Qb/L]$，有利于改善前轴承的工作条件及减小主轴组件的振动。

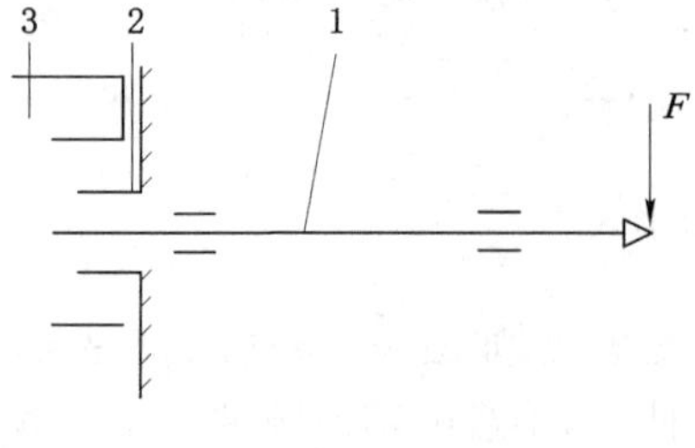

图 4-5　主轴不承受传动力

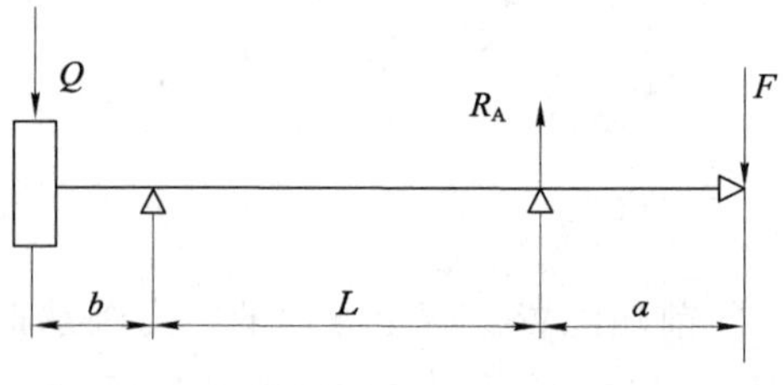

图 4-6　主轴尾端承受传动力

(3) 主轴前端承受传动力

如图 4-7 所示，传动件布置在主轴悬伸端，主轴前端悬伸量增加，此时主轴所受切削力 F 与传动力 Q 方向相反，主轴端存在相反方向变形趋势，减少主轴前端位移量，同时减小前支承支反力，主轴的受扭段变短，提高了主轴刚度，改善了轴承工作条件。由于主轴前端悬伸量增大，降低了主轴组件的刚度和抗振性，该布置方式只适于大型、重型机床。

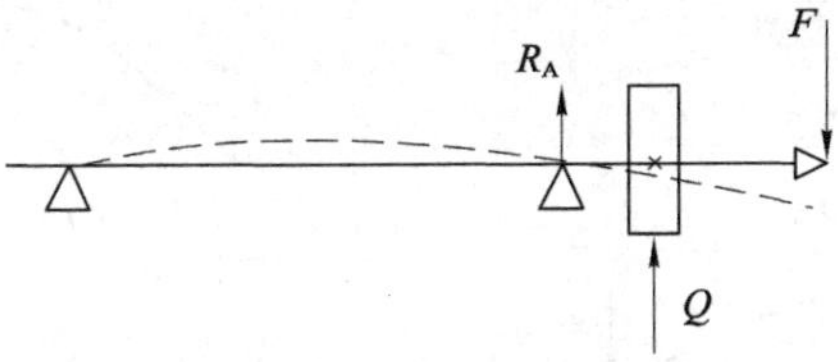

图 4-7　主轴前端承受传动力

(4) 主轴两支承间承受传动力

这种布置方式最为常见。传动齿轮靠近前支承处布置，有利于减小主轴的弯曲变形和扭转变形；主轴上有两个传动齿轮时，应将大齿轮靠近前支承处布置。因为大齿轮用于低速传动，会产生较大传动力。

如图 4-8(a)所示，在影响加工精度敏感方向上的传动力 Q 与切削力 F 方向相反时，主轴前端的位移量增大，但前支承支反力减小，普通精度机床对加工精度要求不高，采用此种布置方式可有效降低前支承支反力，减少轴承温升、提高寿命，并可提高主轴组件的抗振能力。

如图 4-8(b)所示，精密机床可采用此种方式，对于精密机床加工精度是主要考虑因素，当 Q 与 F 同向，主轴前端的位移量小，有利于保证加工精度，由于精加工时主轴受力较小，因此支反力 R 并不大。

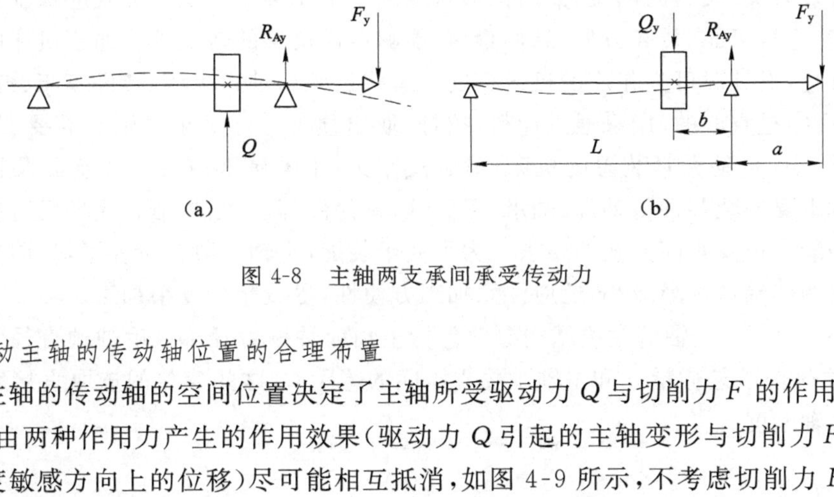

图 4-8　主轴两支承间承受传动力

2. 驱动主轴的传动轴位置的合理布置

驱动主轴的传动轴的空间位置决定了主轴所受驱动力 Q 与切削力 F 的作用方向，在布置时，应使由两种作用力产生的作用效果(驱动力 Q 引起的主轴变形与切削力 F 引起的主轴轴端精度敏感方向上的位移)尽可能相互抵消，如图 4-9 所示，不考虑切削力 F 是以旋转变化或以轴向载荷为主的主轴。

如图 4-9(a)所示，传动力 Q 与切削力 F 在 y 方向上作用方向相同，在两个力的作用下主轴产生相反方向的弯曲变形，主轴总变形较小。但前轴承 a 承受较大支反力 R，产生较大变形。此种布置方式对轴承刚度和承载能力要求较高。图 4-9(b)所示正好相反，主轴总变形较大，适用于主轴刚度较高的场合。图 4-9(c)所示前轴承受力和轴端挠度都较小，但由于构造上较难实现，一般该方式只能在某些大型卧式车床和立式车床上采用。这时主轴的

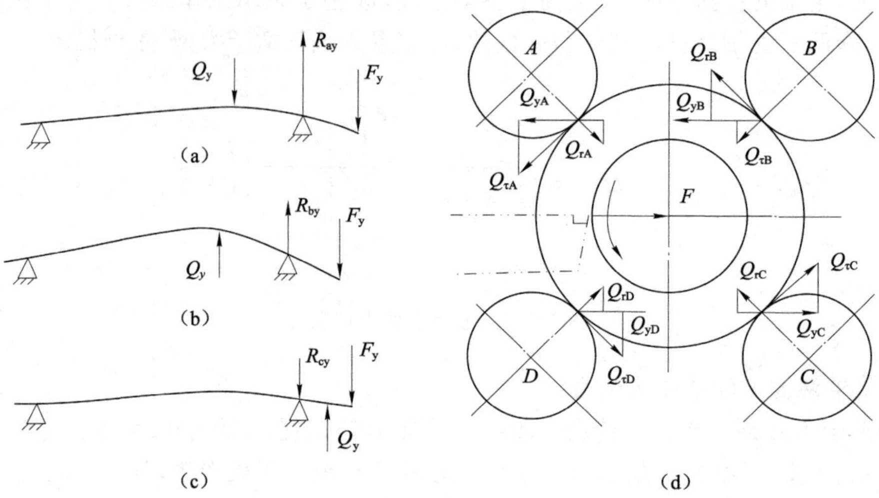

图 4-9　驱动主轴的传动轴位置的合理布置

从动大齿轮常装在花盘的背面。图 4-9(d)所示为面向主轴前端面的视图，可以看出，传动轴在位置 C、D 处就是图 4-9(a)的所示情况。其中位置 C 的 Q 比位置 D 的 Q 要更小一些。

4.1.5　主轴

1. 主轴结构形状

主轴的结构形状比较复杂，应满足使用要求、结构要求及加工、装配工艺性要求等。主轴端部是安装刀具、夹具的部位，其结构形状取决于机床类型。安装方式应保证刀具或夹具的定心准确、连接可靠、装卸方便、悬伸量短，能够传递足够的转矩等。通用机床的主轴端部结构已标准化，设计时可查相应的机床标准。有些机床如卧式车床、转塔车床、自动车床、铣床等，主轴必须是空心的，用来通过棒料、拉杆，取出顶尖等。对于主轴上需要安装气动、电动或液压式工件自动夹紧装置的机床，如卧式车床，主轴尾部应有安装基面及相应连接部位。若主轴上要安装各种传动件、轴承、紧固件、密封件等，其结构形状应考虑这些零件的类型、数量、安装定位及紧固方式的要求。为了便于装配，主轴一般为阶梯形，从前轴颈向后端或从中间向两端轴径逐渐减小，还应注意加工方便性，尽量减少复杂加工。

如图 4-10 所示，主轴的主要结构参数包括主轴前轴颈直径 D_1、后轴颈直径 D_2、主轴内孔直径 d、主轴前端悬伸量 a 和主轴主要支承间的跨距 L，这些参数的选取直接影响主轴旋转精度和主轴刚度。

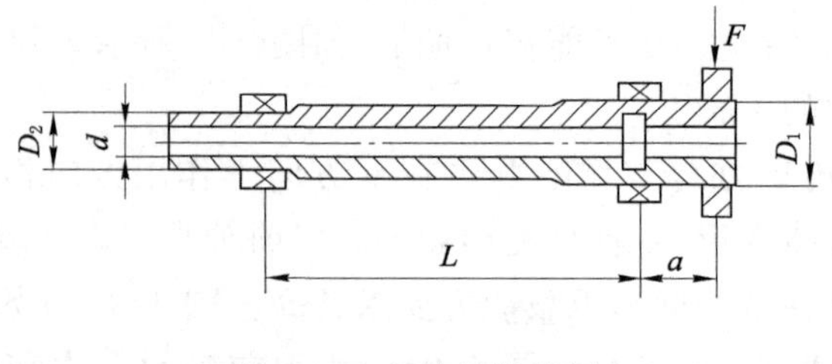

图 4-10　主轴结构简图

(1) 主轴前轴颈直径 D_1 的选取。D_1 可考虑机床类型、主轴传递的功率或最大加工直径,参考表 4-1 进行选取,其中,车床和铣床后轴颈的直径 $D_2=(0.7\sim0.85)D_1$。

表 4-1　主轴前轴颈的直径 D_1

机床功率/kW	2.6～3.6	3.7～5.5	5.6～7.2	7.4～11	11～14.7	14.8～18.4
车床	70～90	70～105	95～130	110～145	140～165	150～190
升降台铣床	60～90	60～95	75～100	90～105	100～115	—
外圆磨床	50～60	55～70	70～80	75～90	75～100	90～100

(2) 主轴内孔直径 d 的确定。为保证主轴刚度,主轴内外径间应满足 $d/D<0.7$。卧式车床的主轴孔径 d 通常不小于主轴平均直径的 55%～60%;铣床主轴孔径 d 可比刀具拉杆直径大 5～10 mm。

(3) 主轴前端悬伸量 a 的确定。主轴前端悬伸量 a 是指主轴前端面到前轴承径向反力作用中点(或前径向支承中点)的距离。主轴端部结构、前支承轴承配置、密封装置的形式和尺寸共同决定了主轴前端悬伸量,因此在结构设计中,由于前端悬伸量对主轴部件的刚度、抗振性的影响很大,因此在满足结构要求的前提下,应使悬伸量 a 尽量减小。

(4) 主轴主要支承间跨距 L 的确定。L 是使主轴部件获得最大静刚度的关键。跨距 L 过小或过大,均会引起主轴前轴端较大位移。若 L 过小,因支承变形引起主轴前轴端的位移量增大;若 L 过大,因主轴弯曲变形引起主轴前轴端较大位移。因此,存在一个最佳跨距 L,使因主轴弯曲变形和支承变形引起主轴前轴端的总位移量为最小。一般取 $L=(2\sim3.5)a$。

实际结构设计中,受结构及支承刚度变化等因素的影响,主轴主要支承间的实际跨距 L 往往大于上述最佳跨距 L_0。

2. 主轴的材料和热处理

主轴的材料应根据使用条件如载荷特点、耐磨性要求、热处理方法和热处理后变形情况选择。对于普通机床,可选用碳钢(如 45 钢)进行调质处理,并在主轴端部、锥孔、定心轴颈、定心锥面等薄弱部位进行局部高频感应加热淬火。当需承受高冲击强载荷,或精密机床需要减小热处理后的变形,或有其他特殊要求时,可选用合金钢作为主轴材料。当配置轴承为滑动轴承时,为了提高主轴局部耐磨性,轴颈需淬硬处理。机床主轴常用材料及热处理要求见表 4-2。

表 4-2　机床主轴常用材料及热处理要求

钢材	热处理	用　途
45	调质 22～28HRC,局部高频感应加热淬火 50～55HRC	一般机床主轴、传动轴
40Cr	淬火 40～50HRC	载荷较大或表面要求较硬的主轴
20Cr	渗碳、淬火 56～62HRC	中等载荷、转速很高、冲击较大的主轴
38CrMoAlA	氮化处理 850～1 000HV	精密和高精密机床主轴
65Mn	淬火 52～58HRC	高精密机床主轴

对于高速、高效、高精度机床的主轴部件，热变形及振动等一直被国内外学者重点关注，特别是高精度、超精密加工机床，主轴的热变形、振动对其加工精度影响敏感性极高，因此要求主轴具有优秀的材料属性，以满足使用要求。据资料介绍，玻璃陶瓷（又称微晶玻璃）是一种线膨胀系数几乎为零的新兴材料，是用来制作高精度机床主轴的理想材料。

制定主轴的技术要求时应根据机床精度标准有关项目，首先制定出满足主轴旋转精度所必需的技术要求，如主轴前、后轴承轴颈的同轴度，锥孔相对于前、后轴颈中心连线的径向圆跳动，定心轴颈及其定位轴肩相对于前后轴颈中心连线的径向圆跳动和端面圆跳动等；再考虑其他性能所需的要求，如表面粗糙度、表面硬度等。此外，主轴的技术要求要满足设计要求、工艺要求、检测方法的要求，应尽量做到设计、工艺、检测的基准相统一。

图 4-11 所示为简化后的车床主轴简图，A 和 B 是主支承轴颈，A 和 B 的圆心连线即为主轴轴线，是主轴的设计基准，同时也是其检测基准，用以检验主轴上各内、外圆表面和端面的径向圆跳动和端面圆跳动。此外，主轴轴线既是主轴前、后锥孔的工艺基准，也是锥孔检测时的测量基准。

机床的类型、规格、精度等级及主轴轴承的类型均是主轴各部位的尺寸公差、几何公差、表面粗糙度、表面硬度等具体数值的确定依据。

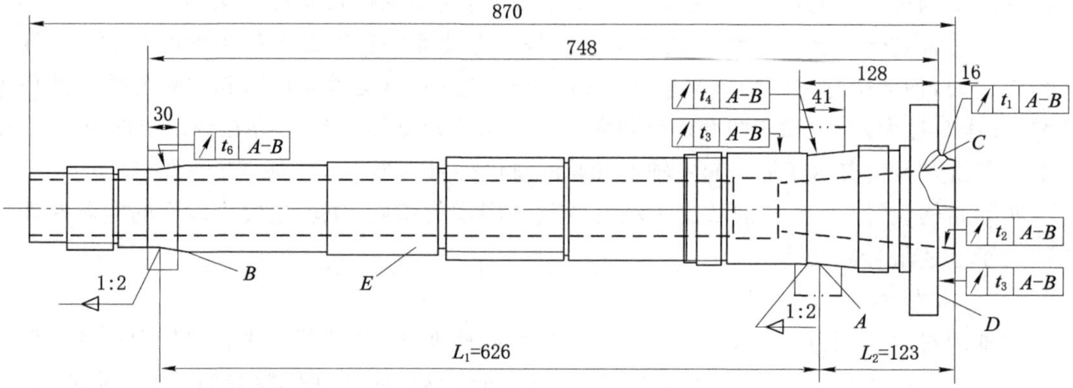

图 4-11　车床主轴简图

4.1.6　主轴轴承的选择与配置

轴承是主轴组件的重要组成部分，主轴部件的工作性能受轴承的类型、精度、结构、配置方式、安装调整、润滑、冷却等情况的影响。轴承类型有多种，因其自身特点，各类轴承的使用场景有所不同，用作主轴轴承应满足以下要求：旋转精度高、刚度高、承载能力强、极限转速高、适应变速范围大、摩擦小、噪声低、抗振性好、使用寿命长、制造简单、使用维护方便等。其中，滚动轴承、液体动压轴承、液体静压轴承、空气静压轴承等常用于机床主轴轴承，而自调磁浮轴承等新型轴承，因其能够适应高速加工要求，常被用于高速加工机床主轴轴承。因此，在对主轴轴承进行选择与配置时，应充分考虑到主轴部件的主要性能要求、制造条件、经济效果等内容。

1. 主轴轴承类型及选择

主轴轴承是主轴组件的重要组成部分，对主轴组件的工作性能影响极大。机床主轴所用的轴承，有滚动轴承和滑动轴承两大类。

滚动轴承与滑动轴承相比，其优点如下：

① 滚动轴承能够在主轴转速、载荷变化幅度大的条件下稳定地工作，而动压滑动轴承在低速时难以形成具有足够压强的油楔。

② 滚动轴承适应性更好，可以在无间隙，甚至在预加载荷(有一定的过盈量)条件下工作，有利于提高旋转精度和刚度。而滑动轴承则必须有一定的间隙才能正常工作。

③ 滚动轴承摩擦性能更好，摩擦系数小，使用中发热量小。

④ 滚动轴承的润滑性能更好，可以用润滑脂或润滑油进行润滑。采用润滑脂润滑时，一次装填后可连续使用，只需在修理时更换润滑脂即可。采用润滑油润滑时，单位时间所需的油量也远小于滑动轴承。

⑤ 滚动轴承由专门工厂生产，采购方便，易于配套使用。

滚动轴承的缺点有以下几个：

① 滚动轴承滚动体的数目有限，刚度是变化的，易引起振动和噪声。

② 滚动轴承的内外圈与滚动体是刚性接触，滑动轴承的油膜形成黏性的阻尼层，故滚动轴承的阻尼比滑动轴承低。

③ 滚动轴承的径向尺寸较大。

选择滚动轴承抑或是滑动轴承，应根据工作要求、制造条件、经济效果等综合考虑，一般情况下，应优先选用滚动轴承。尤其是大多数立式主轴和主轴装在套筒内能够轴向移动的主轴，选用滚动轴承，并采用润滑脂进行润滑，可以避免使用过程中出现漏油现象。但在对加工表面质量要求高，对表面粗糙度要求数值较小，主轴又是水平方向放置的机床中，如平面磨床等，主轴轴承往往选用滑动轴承。这主要是由于滑动轴承的阻尼性能好，支撑刚度高，具有良好的抗振性能和运动平稳性。由于主轴的抗振性主要取决于前轴承，因此，主轴前支承可选用滑动轴承，后支承和推力轴承仍用滚动轴承。

2. 主轴滚动轴承的类型选择

轴承类型不同，对应刚度也存在差异，例如与点接触的球轴承相比，线接触的滚子轴承的刚度要更高一些，双列轴承的刚度要高于单列轴承的刚度，且刚度与载荷间存在映射关系，适当的预紧可以在提高旋转精度的同时，也能提高刚度。同等尺寸的轴承，轴承滚动体的形状不同时，轴承的极限转速也存在差异，如球轴承的极限转速高于滚子轴承，圆柱滚子轴承的极限转速高于圆锥滚子轴承；而对于同一类型的轴承，其极限转速与滚动体的分布情况有关，滚动体的分布圆越小，即滚动体越小，对应轴承的极限转速越高。推力球轴承、推力角接触球轴承、圆锥滚子轴承、角接触球轴承的轴向承载能力和刚度依次减弱，角接触球轴承、推力角接触球轴承、圆锥滚子轴承、推力球轴承的极限转速依次降低。

由于结构上的原因，主轴轴颈较大，因此所选用的滚动轴承尺寸也较大，而轴承所承受的载荷将会远远地小于其轴承额定载荷(约为1/10)。因此，一般情况下，承载能力和疲劳寿命不是选择主轴轴承的主要依据。主轴轴承应根据刚度、旋转精度和极限转速来选择。

现重点介绍几种主轴常用的滚动轴承。

(1) 深沟球轴承

如图4-12(a)所示，在机床主轴中，这类轴承通常只用来承受径向载荷，游隙不能调整，所以常用于精度要求不太高、不需预紧的场合，如钻床主轴等。为提高主轴组件的刚度，主轴轴承常采用轻系列、特轻系列和超轻系列，以特轻系列为主，即轴承编号的倒数第 3 位数字分别以 2、0、9(旧标准为 2、1、9)代表。因为采用较"轻"的轴承，对主轴组件的性能影响不大，却可以使同样内径的轴承外径减小。当轴承外径一定时，主轴直径可粗一些，对提高主轴刚度有利。但轴承越"轻"，座圈也越薄，对箱体孔和轴颈的精度要求也越高。

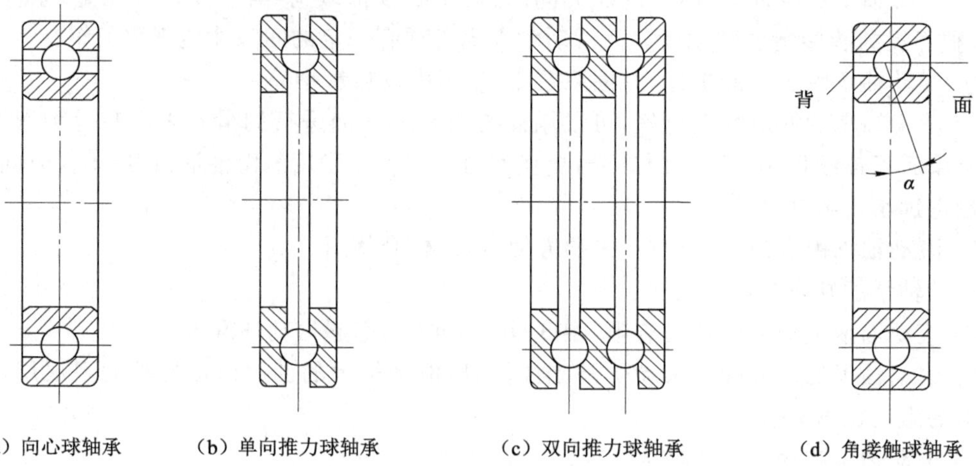

图 4 12　角接触轴承示意

(2) 推力球轴承

推力球轴承有较高的轴向载荷能力和刚度，不能承受径向载荷，载荷容量大，在转动时滚动体产生较大的离心力，挤压在滚道的外侧。由于滚道深度较小，为防止滚道的激烈磨损，推力球轴承允许的极限转速较低，旋转精度较差。由于推力球轴承不能作径向定位，一般用角接触球轴承代替使用。但在要求轴向载荷大的情况下，推力球轴承则有其独特的作用。推力球轴承分为单向推力球轴承和双向推力球轴承两种，如图 4-12(b)、(c)所示，单向推力球轴承只可承受一个方向的轴向载荷，可限制轴在一个方向的轴向位移。双向推力球轴承可承受两个方向的轴向载荷，可限制轴在两个方向的轴向位移。

(3) 角接触球轴承

角接触球轴承又称向心推力球轴承，如图 4-12(d)所示，这类轴承可以同时承受径向载荷和轴向载荷，也可以承受纯轴向载荷，极限转速较高。此类轴承承受轴向载荷的能力与接触角 α 的大小呈正相关，即所能承受轴向载荷随接触角 α 增大而增大。接触角 α 有 15°、25°、40°、60°几种。其中 15°和 25°两种接触角的角接触球轴承多用于主轴轴承，15°接触角的角接触球轴承多用于轴向载荷较小且转速较高的领域，如磨床主轴等部件，25°接触角的角接触球轴承多用于轴向载荷较大的领域，如车床和加工中心主轴。60°的推力角接触球轴承主要用来承受轴向载荷。单列向心推力球轴承只能承受一个方向的轴向载荷，在承受径向载荷时，将引起附加轴向力，因此一般都采用成对组合安装。组合安装方式有 3 种，图 4-13(a)所示为"背对背"组合(配置代号 DB)，图 4-13(b)所示为"面对面"组合(配置代号 DF)，图 4-13(c)所示为"同向"组合(配置代号 DT)。主轴要承受弯矩，因此在轴承配置中希望能够产生一个尽量大的支反力矩以抵消一部分外载荷产生的弯矩，提升主轴组件的刚度。这个力矩与倾角之比，称为角刚度(N·m/rad)。支反力矩的力臂就是接触线与轴线交点间的距离 AB。

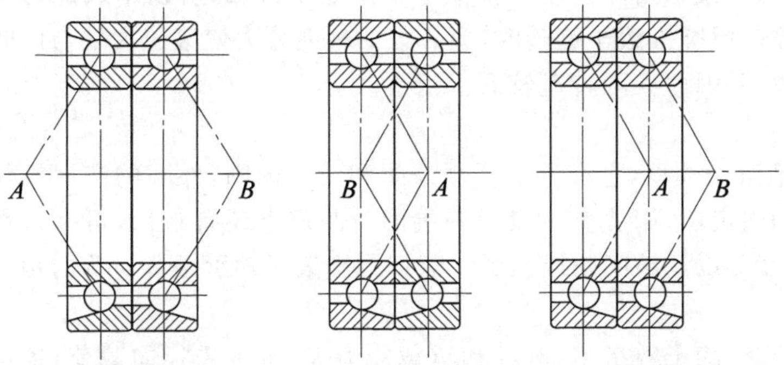

（a）背对背安装　（b）面对面安装　（c）背对面安装　（d）面对背安装

图 4-13　角接触轴承的组合

从图 4-13 中可见，背对背组合方式的力臂 AB 比面对面的长，有利于提升主轴组件的刚度，面对面组合方式虽对主轴组件刚度提升作用有限，但其装卸方便。轴承工作时，滚动体与内外圈摩擦产生热量，使轴承温度升高。轴承外圈安装在箱体上，散热条件比内圈好。所以内圈温度高，径向热膨胀使轴承过盈量增加；轴向热变形伸长，背对背组合使轴承过盈量减少，可部分补偿径向变形导致的过盈增加。面对面组合方式则因轴伸长而使轴承过盈量增加，使轴承过盈进一步增加。因此，机床主轴使用的轴承组合应为背对背组合或采用同向安装形成轴承组，两同向安装的轴承组形成背对面配置。而滚珠丝杠轴承则采用面对面配置。

另外，还可以派生出三联、四联或多联组配方案，如三联组配相当于一对同向与第三个背对背（标记为 TBT）安装，如图 4-13(d)所示。前两轴承同向组合，接触线朝前，后轴承与之背对背。数控机床主轴的角接触球轴承采用三联组合安装。

(4) 单列圆锥滚子轴承

如图 4-14(a)所示，单列圆锥滚子轴承与锥齿轮相似，内圈滚道锥面、外圈滚道锥面及圆锥滚子轴线形成的锥面相交于一点，以保证圆锥滚子的纯滚动。圆锥滚子轴线形成的锥面

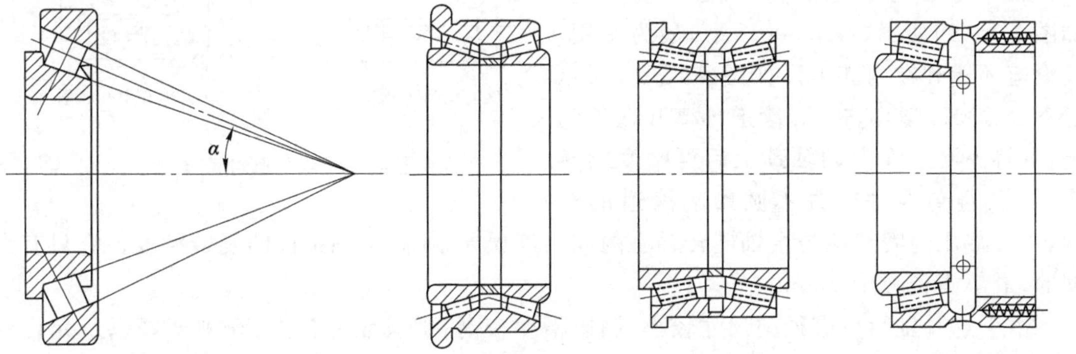

（a）单列圆锥滚子轴承　（b）双列圆锥滚子轴承　（c）加梅轴承H系列　（d）加梅轴承P系列

图 4-14　圆锥滚子轴承（35200 型）

与轴承轴线的夹角(即半锥角)等于接触角。由于圆锥滚子轴承是线接触,所以承载能力和刚度较高,可用于主轴的前支撑。但圆锥滚子旋转时,离心力的轴向分力使滚子大端与内圈挡边之间产生滑动摩擦,发热较多,因而极限转速较低。

(5) 双列圆锥滚子轴承

图 4-14(b)所示为双列圆锥滚子轴承,它有一个公用外圈和两个内圈,外圈的凸肩靠住箱体或主轴套筒的端面,实现轴向定位,用法兰压紧另一端面。凸肩上还有缺口,可插入螺钉防止外圈转动。修磨中间隔套可以调整间隙或预紧。双列圆锥滚子轴承是背对背的角接触轴承。

这类轴承支点距离大,线接触,滚子数量多,刚度和承载能力大,可承受径向载荷,也可承受以径向载荷为主的径向与双向轴向载荷,并且结构简单,适用于中低速、中等以上载荷的机床主轴组件前支承。

(6) 加梅(Gamet)轴承

这类轴承是由法国加梅公司开发生产的,如图 4-14(c)、(d)所示。图 4-14(c)所示为 H 系列,用于前支承;图 4-14(d)所示为 P 系列,用于后支承,配套使用。这类轴承与一般圆锥滚子轴承的不同点是它的滚子被制成中空的,转动时在离心力的作用下形成良好的循环润滑;H 系列的两列滚子数目差一个,改善了动态特性;P 系列的外环上有弹簧(16~20 个),用作预紧。

(7) 双列圆柱滚子轴承

图 4-15 所示为双列圆柱滚子轴承,它的特点是内孔为 1∶12 的锥孔,与主轴的锥形轴颈相配合,滚动体为两列交错排列的短柱滚子,可随内圈沿外圈滚道轴向滑移,使锥面配合趋紧,因轴承内圈较薄产生径向弹性变形而胀大,因此,可以消除滚子与内、外滚道间的径向间隙。这类轴承只能承受径向载荷,若主轴需要承受轴向载荷,则应增加推力轴承与之配合使用。这种轴承有两类,如图 4-15(a)所示(NN3000K 型)最为常用,其滚道环槽开在内圈上。如图 4-15(b)所示(NNU4900K 型)的轴承,滚道环槽开在外圈上,可将内圈装在主轴轴颈上后再精磨内圈滚道,以避免主轴轴颈不圆影响滚道的精度,并可减小内圈滚道与主轴旋转轴心的同轴度误差,提高主轴组件的旋转精度。它只有大型的,最小内径为 100 mm。

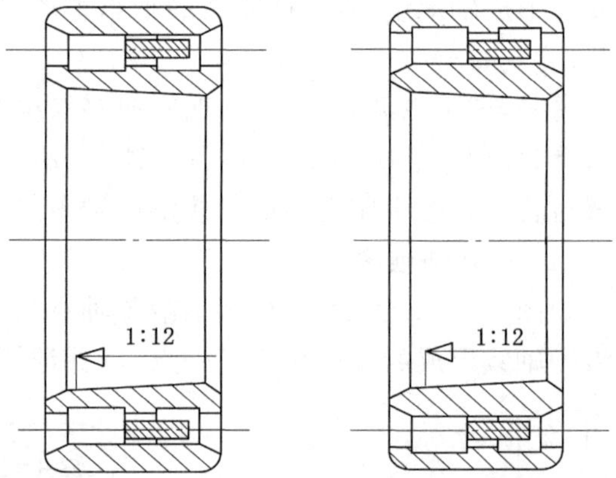

(a) NN3000K型　　(b) NNU4900K型

图 4-15　双列圆柱滚子轴承

由于这种轴承具有径向尺寸较小、制造精度较高、承载能力较大、静刚度好以及允许的转速高等优点,且能够调整轴承径向间隙,在机床主轴组件中受到广泛应用。

(8) 双向推力角接触球轴承

图 4-16 所示为双向推力角接触球轴承。型号为 234400,接触角为 60°,它由外圈 3、左右内圈 1 和 6、左右两列滚珠 2 和 5 及保持架、隔套 4 所组成。修磨隔套 4 的厚度就能消除

间隙和预紧。滚动体直径小，它的内孔和外圆的名义直径与相应的双列向心短圆柱滚子轴承相同，但外径为负公差(外圆和箱体孔为间隙配合)。在轴承外圈还开设有润滑用的油槽和油孔，轴承需在预紧下工作，其预加载荷的大小是靠两个内圈中间隔套的厚度尺寸来控制的。常与双列圆柱滚子轴承配套使用，主要用于承受轴向载荷。该类轴承允许转速高，温升低，抗振性高于推力球轴承，装配方便，精度稳定可靠。

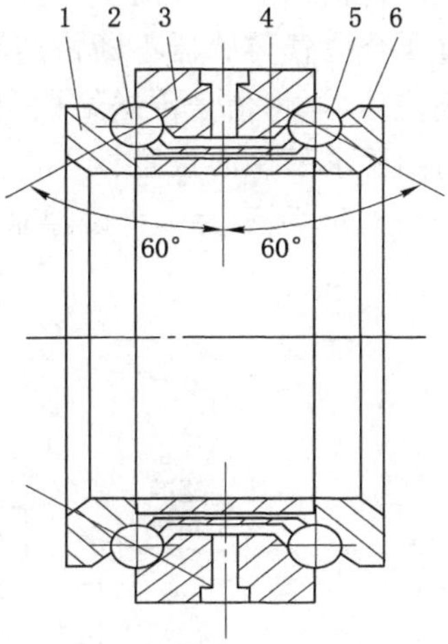

图 4-16　双向推力角接触球轴承

(9) 陶瓷滚动轴承

陶瓷滚动轴承的材料为氮化硅(Si_3N_4)，密度较钢要小，为 3.2×10^3 kg/m^3，约为钢(7.8×10^3 kg/m^3)的 41%，线胀系数为 3×10^{-6}/℃，比轴承钢(12.5×10^{-6}/℃)小得多，弹性模量为 315 GPa，比轴承钢大。在高速下，与钢制滚动轴承相比，陶瓷滚动轴承展现出良好的性能，具体表现为：质量小，作用在滚动体上的离心力及陀螺力矩较小，从而减小了压力和滑动摩擦；滚动体线胀系数小，温升较低，轴承在运转中预紧力变化缓慢，运动平稳；弹性模量大，轴承的刚度增大。

常用的陶瓷滚动轴承有三种类型：

① 内、外圈用轴承钢制造，滚动体材料为陶瓷材料。

② 外圈用轴承钢制造，滚动体和内圈材料为陶瓷材料。

③ 全陶瓷轴承，即滚动体和内、外圈全采用陶瓷材料。

前两种类型的陶瓷滚动轴承中，滚动体和套圈的制造材料不同，使用时滚动体与套圈材料的分子亲和力较小，摩擦系数小，并带有一定的自润滑性能，因此，若出现供油中断无润滑的情况，轴承并不会发生故障，依然可以正常运转，保障主轴组件的工作性能，适用于高速、超高速、精密机床的主轴部件。第 3 类陶瓷滚动轴承的滚动体和套圈均采用陶瓷材料制造，适用于耐高温、耐腐蚀、非磁性、电绝缘或要求减小质量和超高速场合。

陶瓷滚动轴承常有角接触式和双列短圆柱式两种形式。轴承轮廓尺寸一般与钢制轴承完全相同，可以互换。根据预紧力的不同，陶瓷滚动轴承预紧时有轻预紧和中预紧两种，常采用润滑脂或油气润滑。例如，KIF 公司的代号为 CE 氧化锆陶瓷轴承，具有超强的耐碱性弱酸性腐蚀，相对磁导率在 1.001 以下，无磁不吸粉尘，自润滑性好，运行噪声小，耐高温，可在 150 ℃的工况中稳定运行，极限转速可达 20 000 r/min。

(10) 磁浮轴承

磁浮轴承也称磁力轴承。它是一种高性能机电一体化轴承，通过控制感应磁场使得轴保持悬浮状态，使轴在不接触的情况下转动。

磁浮轴承的工作原理如图 4-17 所示，轴承由转子、定子两部分组成。转子由铁磁材料(如硅钢片)制成，可被

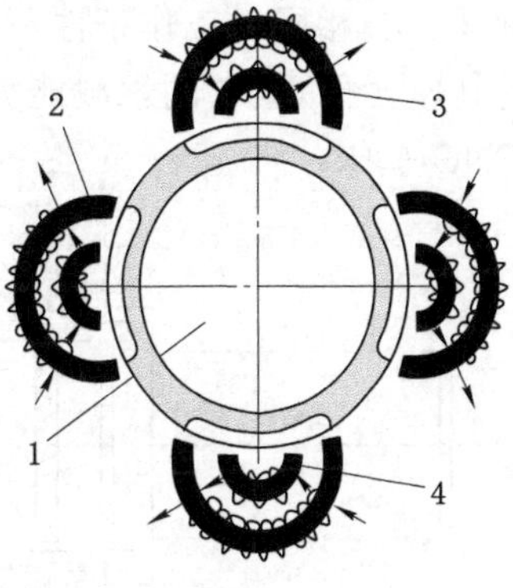

1—转子；2—定子；
3—电磁铁；4—位置传感器。
图 4-17　磁浮轴承的工作原理

压入回转轴承的回转筒中,定子也由相同材料制成。定子绕组产生磁场,将转子悬浮起来,通过 4 个位置传感器不断检测转子的位置。如转子位置不在中心位置,位置传感器测得其偏差信号,并将信号传送给控制装置,控制装置调整 4 个定子绕组的励磁功率,使转子精确地回到要求的中心位置。

图 4-18 所示为一种磁浮轴承的控制框图。

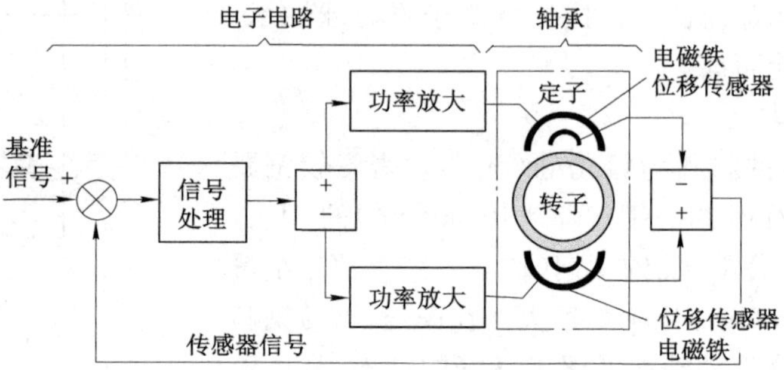

图 4-18　磁浮轴承的控制框图

磁浮轴承的特点是:无机械磨损,无需润滑,理论上无速度限制,传给轴承座的振动极少;运转时无噪声,温升低,能耗小,不污染环境,可在极端环境下运行,如极高和极低的温度、极高的真空度或在淹没等情况,内置状态监测装置,可以监测转子的振动和力的动态,具有精密的控制,可消除不平衡造成的轴跳动,以提高加工质量。因此,磁浮轴承特别适用于高速、超高速加工。国外已有高速铣削磁力轴承主轴头和超高速磨削主轴头,并已标准化。

3. 几种典型的主轴轴承配置形式

主轴轴承的配置形式应根据刚度、转速、承载能力、抗振性、噪声等要求来选择。常见有以下几种典型的配置形式:速度型、刚度型和刚度速度型。

(1) 速度型(图 4-19)。主轴前、后轴承都采用角接触球轴承(两联或三联)。当轴向切削分力较大时,可选用接触角为 25°的球轴承;轴向切削分力较小时,可选用接触角为 15°的球轴承。在相同的工作条件下,前者的轴向刚度比后者大一倍。虽然角接触球轴承具有良好的高速性能,但它的承载能力较小,因而适用于高速轻载或精密机床,如高速镗削单元、高速 CNC 车床。

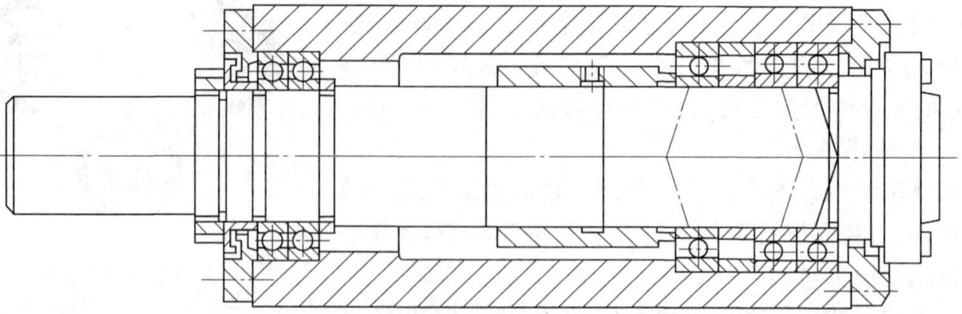

图 4-19　速度型主轴

(2) 刚度型(图 4-20)。前轴承采用双列圆柱滚子轴承来承受径向载荷,60°角接触双列推力球轴承来承受轴向载荷,后轴承采用双列圆柱滚子轴承。采用此种轴承配置形式的主轴部件,适用于中等转速和切削负载较大、要求刚度高的机床,如数控车床主轴、镗削主轴单元等。

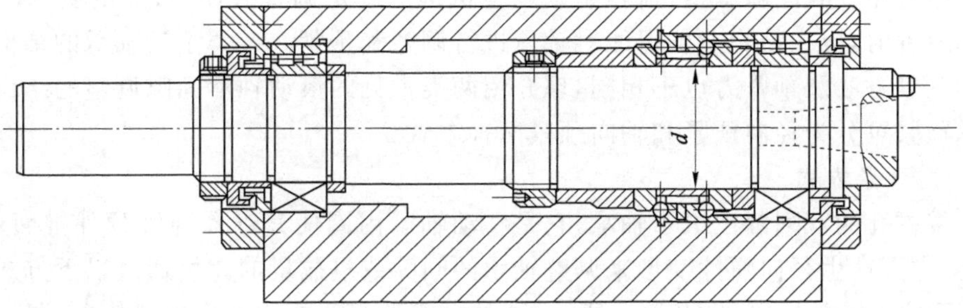

图 4-20　刚度型主轴

(3) 刚度速度型。前轴承采用三联角接触球轴承,后轴承采用双列圆柱滚子轴承。这是由于工作中,主轴的动力将从后端传入,位于主轴后端的轴承则需要承受较大的传动力,所以采用双列圆柱滚子轴承。前轴承的三联角接触球轴承的配置特点是:大口朝向主轴工作端,布置两个角接触球轴承,用来承受主要方向的轴向力;为获得更高刚度,提升主轴承受颠覆力矩的能力,利用轴套将第三个角接触球轴承与外侧的两个轴承形成背对背配置,使三联角接触球轴承具有一个较大的支承跨距。

4.1.7　滚动轴承间隙的调整与预紧

主轴轴承通常采用预加载荷的方法消除其间隙,并产生一定的过盈量(负间隙),使滚动体与滚道之间产生一定的预压力和弹性变形来达到预紧状态。图 4-21 所示为滚动轴承预紧前后的受力情况。

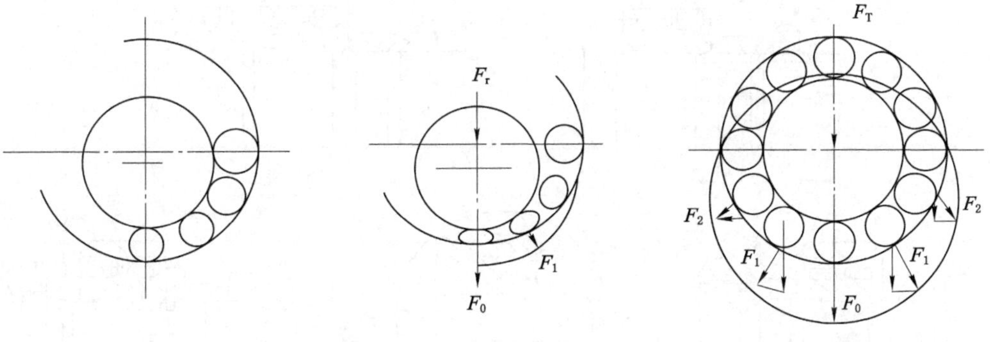

(a) 预紧前　　(b) 预紧后

图 4-21　滚动轴承预紧前后的受力情况

轴承预紧后,滚动体与滚道都有一定的变形,接触面增大,图 4-21 所示为滚动轴承预紧后的受力情况,承载区扩大到整圈,各滚动体受力更为均匀。显然,轴承预紧可以提高轴承的支承刚度和寿命,提高主轴的旋转精度和抗振性,降低噪声。当预紧的载荷过大,超过合理的预紧量，轴承的刚度提高不明显，发热增大，磨损加快，其寿命、承载能力和极限转速下降。因此，轴承预紧要适量，预紧力可按轴承厂的样本规定选取。

除在装配时要对主轴轴承进行预紧调整间隙，使用过程中主轴轴承会出现间隙或过盈量的变化，还应该进行重新调整。因此，为了保证主轴轴承保持合理的间隙或过盈量，有必要在主轴组件中设有间隙调整机构，且该调整机构应满足调整方便、可靠的要求。所以，在设计主轴组件时，应在结构上确保能对轴承进行调隙和预紧。各类滚动轴承的结构不同，间隙调整和预紧方法及预紧力也不相同，现介绍两类常见的滚动轴承间隙调整的结构。

轴承预紧可分为径向预紧和轴向预紧两种方式。

1. 径向预紧方式

对于带锥孔的双列圆柱滚子轴承，它是移动轴承内圈使其锥孔与轴颈外锥面做相对移动，从而使内圈产生径向弹性变形来调整轴承的间隙或过盈量的。可通过以下方式实现：

(1) 无控制装置。如图 4-22(a)所示，这种方式没有额外的位移控制装置，调整时，操作人员根据工作经验进行调控，结构最简单，但位移调整量难以准确控制，且调整时需要拆卸轴承，操作也不方便。

(2) 控制螺母。如图 4-22(b)所示，这种方式需在主轴上切削螺纹，通过在轴承右侧放置一个控制螺母，调整时通过旋紧或松卸螺母来控制调整量，调整操作方便，但由于要在主轴前端处加工螺纹，因此工艺性差。

(3) 控制螺钉。如图 4-22(c)所示，这种方式通过在轴端凸缘上均匀布置的数个螺孔中安装螺钉，用螺钉的伸出长度来控制调整量，调整操作方便，但难以保证各个螺钉的伸出长度的一致性，容易造成轴承端面产生对主轴中心线的垂直度误差，影响旋转精度。

(4) 控制环。如图 4-22(d)所示，这种方式通过在轴承右侧放置两个对开的半环，可方便拆装，且半环被用螺钉固定了轴向位置的套抱住，工作时不致松脱。调整中，可将其拆下进行修磨，通过改变修磨量的方法来控制预紧量，故调整较准确、方便，并可保证较高的定位精度。

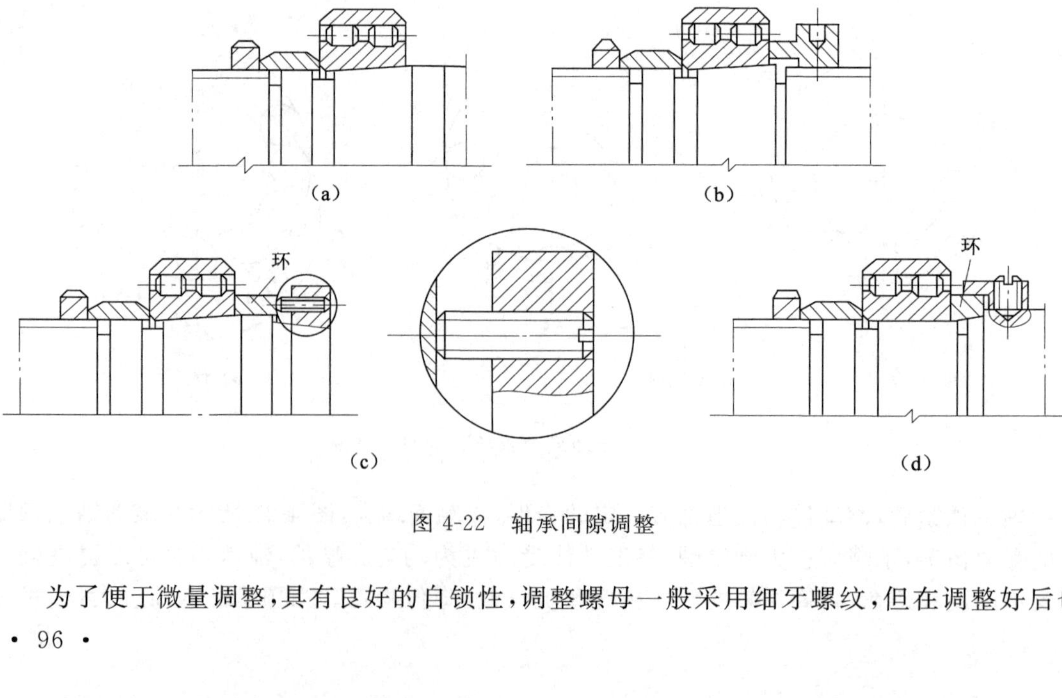

图 4-22　轴承间隙调整

为了便于微量调整，具有良好的自锁性，调整螺母一般采用细牙螺纹，但在调整好后也要保证能锁紧防松。常用的防松方法如图 4-23 所示。图 4-23(a)所示为用两个螺母拧紧来防松;图 4-23(b)所示为采用压块锁紧螺母,由其上紧定螺钉压在铜衬上,以保护主轴上的螺纹。这两种防松装置的优点是不会影响螺母端面的位置精度,适于对调整螺母端面跳动要求严格的场合。如果调整螺母的端面跳动对轴承内圈的精度影响不大,则可采用较简单的方法,如图 4-23(c)、(d)所示。

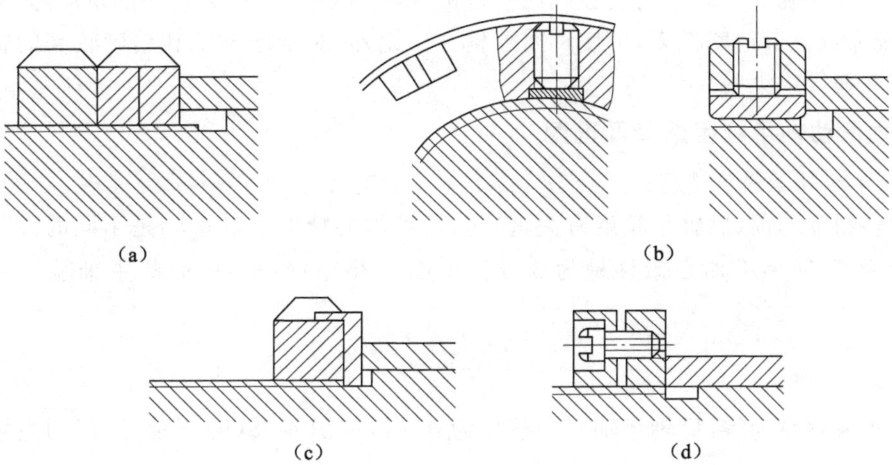

图 4-23 调整螺母防松方法

2. 轴向预紧方式

对于角接触球轴承,它的间隙调整是通过使其内、外圈产生相对位移来实现的。图 4-24所示为角接触球轴承的几种预紧控制方式。

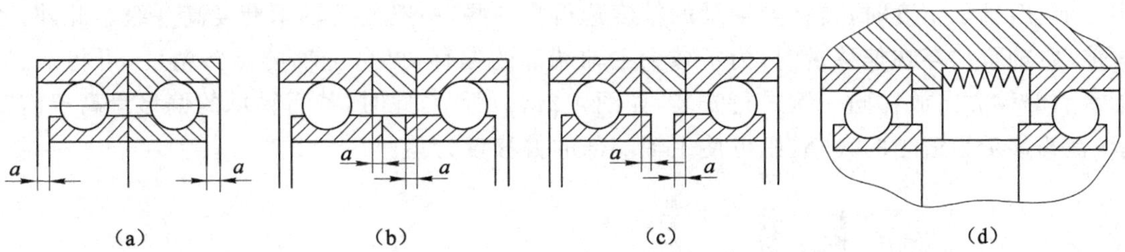

图 4-24 角接触球轴承的预紧方式

(1) 修磨轴承内圈。如图 4-24(a)所示,采用背对背方式组配的角接触球轴承,可通过将内圈相靠的端面进行修磨(修磨量为 a),安装时把它们轴向相对压紧以实现预紧。由于需要修磨轴承,这种工艺较为复杂,且在使用中不能调整间隙,因此应用较少。

(2) 内外隔套。如图 4-24(b)所示,这种方式通过在两个轴承的内、外圈之间分别安装两个厚度差为 $2a$ 的内、外隔套达到预紧的目的。优点是隔套加工精度容易保证,使用效果较好,缺点是使用中不能调整间隙。

(3) 无控制装置。如图 4-24(c)所示,这种方式主要依靠操作者根据经验来控制两个轴承内圈的位移量来实现预紧,缺点是位移量难于准确掌握,优点是使用中可以调整间隙。

(4) 弹簧预紧。如图 4-24(d)所示,通过在两个轴承间均布一定数量的弹簧,控制预加载荷基本不变来补偿间隙,当轴承出现磨损后能够实现自动补偿间隙,且不受热膨胀的影响,预紧效果较好,但对弹簧的制造要求较高。

轴承预紧需加以注意的是,若预加载荷过大,导致过盈量超出合理的预紧量,此时不仅不能显著提升刚度,而且还会大幅加剧轴承的磨损和发热量,导致轴承使用寿命严重缩短。因此,在确定主轴滚动轴承的最佳间隙量时,不仅要考虑机床的工作条件,而且要根据轴承的类型通过试验来确定。对于高速轻载或精密机床,可采用零间隙或较小的负间隙;对于中低速、载荷较大或一般精度机床,可使负间隙稍大。此外,对于球轴承和精度较高的轴承所允许的预加载荷可以大些。

4.1.8 主轴滚动轴承精度选择及选配

1. 主轴滚动轴承精度选择

主轴旋转精度与前、后轴承精度有关,但前、后轴承的精度对其影响是不同的。对于后轴承偏移量为零,前轴承轴心偏移量为 δ_A 时,如图 4-25(a)所示,引起的主轴端轴心偏移量为:

$$\delta_{A1} = \frac{L+a}{L}\delta_A \tag{4-1}$$

而前轴承偏移量为零,后轴承轴心偏移量为 δ_B 时,如图 4-25(b)所示,引起的主轴端部偏移量为:

$$\delta_{B1} = \frac{a}{L}\delta_B \tag{4-2}$$

对比式(4-1)和式(4-2)不难发现,前轴承的偏移对主轴端部偏移量的影响更敏感。当轴承轴心偏移量一定(即 $\delta_A = \delta_B$)时,则 $\delta_{A1} > \delta_{B1}$,也就是由前轴承偏移引起的主轴端部偏移量更大,说明前轴承的精度对主轴部件的旋转精度的影响更显著,可放大误差,因此在选取主轴前、后轴承精度时,要将前轴承的精度选得高一些,一般比后轴承精度高一级。此外,考虑前、后轴承均存在偏移量时,为了减少主轴端部的偏移,提高主轴的旋转精度,可将前、后轴承的偏移方向放在同一侧进行安装,如图 4-25(c)所示,此时,若后轴承的偏移量高于前轴承,且偏移量为适当的大小,则可使主轴端部的偏移量为零。

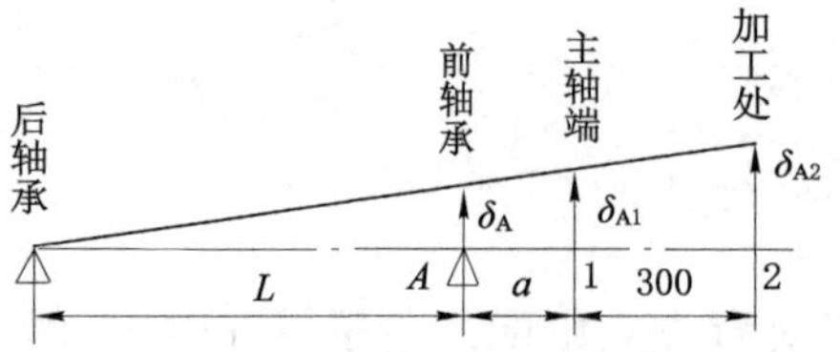

(a) 前轴承偏移量的影响

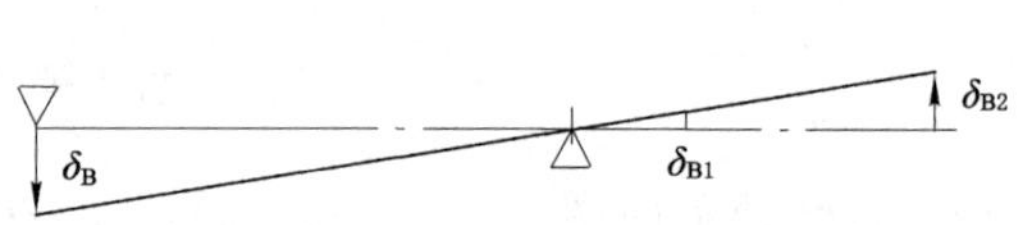

(b) 后轴承偏移量的影响

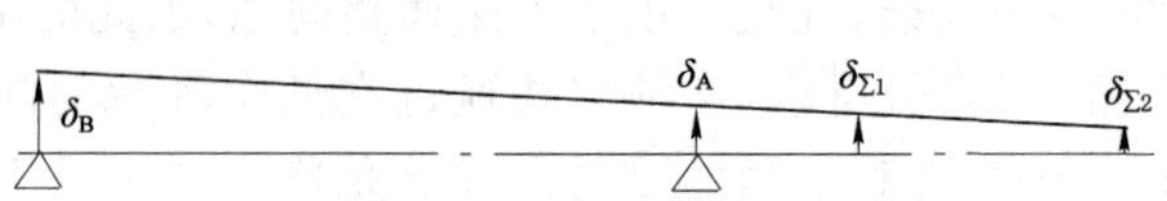

(c) 前、后轴承的综合影响

图 4-25 主轴轴承对主轴旋转精度的影响

所以，主轴滚动轴承精度选择应注意以下几个问题。

(1) 首先，选择前支承的径向轴承(简称前轴承)的精度，使之与机床精度相匹配，可参考表 4-3 进行选择。对于镗床类机床，前轴承精度应提高一级，数控机床可按精密级或高精度级选用。

(2) 后轴承精度按比前轴承精度低一级选取。

(3) 推力轴承精度可与后轴承相同。

机床主轴轴承的精度除 P2、P4、P5、P6(相当于旧标准的 B、C、D、E)四级外，在新标准中又补充了 SP 和 UP 级。SP 和 UP 级的旋转精度分别相当于 P4 和 P2 级，而内、外圈尺寸精度则分别相当于 P5 级和 P4 级。

轴承的精度对主轴组件的旋转精度、刚度和抗振性都有影响。高速、高精度是现代机床发展的主流趋势，目前普通机床主轴轴承都趋向于取 P4(SP)级，现代机床主轴组件设计中，已很少采用 P6(旧 E 级)级轴承。

表 4-3　主轴轴承精度

机床精度等级	前轴承	后轴承
普通精度级	P5 或 P4(SP)	P5 或 P4(SP)
精密级	P4(SP)或 P2(UP)	P4(SP)
高精密级	P2(UP)	P2(UP)

2. 主轴滚动轴承选配

选用较高精度的轴承、提高主轴轴颈和支承座孔的制造精度、合理选择轴承配合都是提高主轴组件旋转精度的途径，除此之外，还可采用轴承选配方法来提高主轴组件的旋转精度。

无论是主轴还是轴承，在制造过程中都存在误差。制造误差对主轴组件的旋转精度有着重要影响。设计主轴组件时，为进一步提高主轴组件的旋转精度，在主轴、轴承的装配过程中应尽量使二者的误差影响相互抵消一部分。滚动轴承内圈、外圈及滚动体的误差都会影响其旋转精度，使用中，滚动轴承的内圈随主轴旋转，它的径向圆跳动对主轴组件的旋转精度影响最大，以下仅研究轴承内圈和主轴轴颈的径向圆跳动对主轴组件旋转精度的影响及选配方法。

(1) 前轴承选配

如图 4-26 所示，主轴上安装刀具或工件的部位(图示为轴端锥孔)轴心为 O，主轴前轴颈的轴心为 O_1，由于存在制造误差，造成两者间产生偏移，偏心量记为 δ_{A1}(即径向圆跳动量之半)，记轴承内圆滚道(轴心为 O_2)相对于内圈孔(轴心为 O_1)的偏心量为 δ_{A2}，则主轴旋转时在前支承处的实际回转轴心为 O_2。若前轴承按图 4-26(a)方式装配，主轴轴颈和轴承内圈的最大跳动点(即高点)都在轴心的同一个方向上，即两者高点同向，主轴轴心 O 与其旋转轴心 O_2 的偏心量 δ_A 则为两者之和，即 $\delta_A=\delta_{A1}+\delta_{A2}$。若前轴承按图 4-26(b)方式装配，主轴轴颈和轴承内圈的高点异向，则偏心量 δ_A 为两者之差，即 $\delta_A=\delta_{A2}-\delta_{A1}$，若使 $\delta_{A2}\approx\delta_{A1}$，偏心量 δ_A 可接近于零。因此，主轴前轴承采用图 4-26(b)方式装配时，可以显著提高主轴组件的旋转精度。

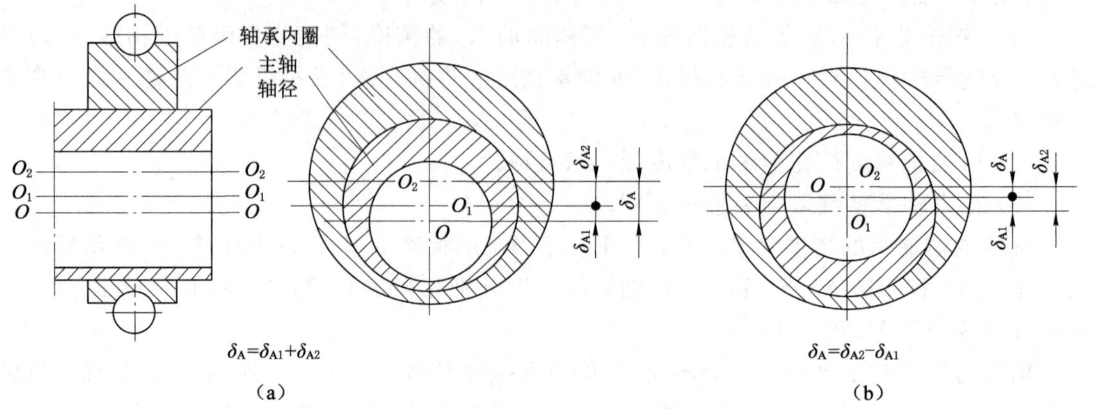

图 4-26 主轴轴颈和轴承内圈的高点位置

(2) 后轴承选配

对后轴承的选配安排在主轴组件前轴承选配之后进行，通过合理选择还可进一步提高主轴组件的旋转精度。如图 4-27(a)所示，采用此种轴承组配时，主轴前、后支承处的偏心量分别为 δ_A、δ_B，最大跳动点在轴线的两侧且位于同一轴向平面内，引起轴端的偏心量 δ 为：

$$\delta=(1+\frac{a}{L})\delta_A+\frac{a}{L}\delta_B \tag{4-3}$$

可见，$\delta>\delta_A$，说明主轴前端径向圆跳动增大。

若主轴前、后支承处的最大跳动点在轴线的同侧，如图 4-27(b)所示，引起轴端的偏心量 δ 为：

$$\delta=(1+\frac{a}{L})\delta_A-\frac{a}{L}\delta_B \tag{4-4}$$

可见，当 $\delta_B>\delta_A$ 时，轴端径向圆跳动 δ 减小，甚至可接近于零。这也说明，主轴滚动轴承精度选择时采取后轴承精度按比前轴承精度低一级选取，不单单是因为后轴承精度对主轴组件旋转精度的影响程度较小，而是通过这样的选配主轴组件的旋转精度可得到提升。由于主轴各个轴颈的精磨基准是相同的，前、后轴颈对主轴轴心径跳点往往在同一方向，因此，后轴承的选配只需如同前轴承那样保证高点异向，这样就可以得到如图 4-27(b)所示的组配情况。

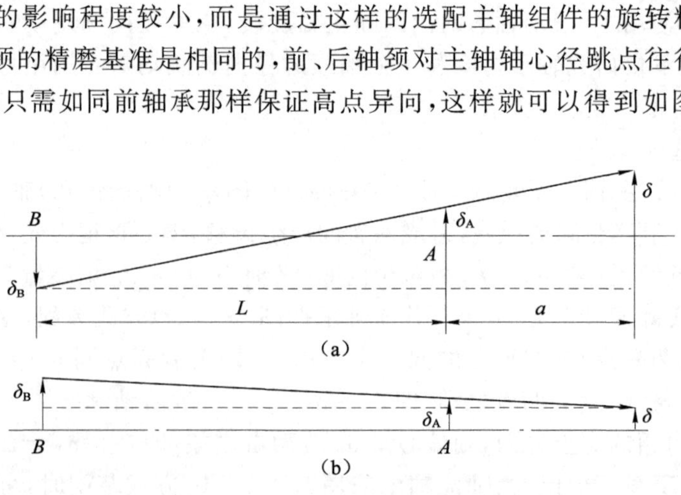

图 4-27 主轴前、后支承处最大跳动点不同位置的影响

4.1.9 主轴滚动轴承的润滑

滚动轴承的润滑可在摩擦面间形成润滑油膜，润滑油膜可起到隔离作用，从而起到减小摩擦、冷却降温、降低噪声、防止锈蚀、增加阻尼、提高抗振性等效果。所以，良好的润滑是提高主轴组件工作性能、提高精度的重要措施。主轴滚动轴承的润滑通常采用脂润滑和油润滑两种方式。

1. 脂润滑

润滑脂是在高温条件下，由基油、稠化剂或添加剂经混合而成的脂状润滑剂，如锂基脂、钙基脂等。润滑脂的黏附力强，不需经常添加和更换，密封简单，维护方便；与润滑油相比，普通润滑脂的摩擦阻力略大，高级润滑脂（如锂基润滑脂）的摩擦阻力略小。对于轴承的速度、温度较低且不需要冷却的场合通常采用润滑脂润滑，对于立式主轴及装于套筒内的主轴轴承（如钻床、坐标镗床、立铣、龙门铣床、内圆磨床等）宜用脂润滑，高级润滑脂常用作数控加工中心主轴轴承的润滑剂。润滑脂因搅拌发热而融化，或变质失去润滑作用，为避免润滑脂失效，通常油脂充填量约占轴承空间的1/3。

2. 油润滑

油润滑适用于速度、温度较高的轴承，由于润滑油的黏度低、摩擦系数小，因此润滑及冷却效果均佳。适量的润滑油可使润滑充分，同时搅油发热小，使得轴承的温升及功率损耗都较低。据瑞典SKF公司测定，主轴前支承采用NN3015K型和234415E型轴承匹配使用时，供油量每分钟1～5滴为宜。

主轴滚动轴承的润滑方式较多，轴承的转速、载荷、容许温升及轴承类型都是轴承确定轴承润滑方式需要考虑的内容，通常，可依据轴承的 $d \cdot n$ 值来选择。

(1) 滴油润滑。一般通过针阀式轴承注油杯向轴承间断滴油。润滑简单方便，搅油发热较小。适用于需定量供油、高速运转的小型主轴。

(2) 飞溅润滑。利用浸入油池内的齿轮或甩油环的旋转使油飞溅进行润滑。结构简单，缺点是机床启动后才能供油，油不能过滤；搅油发热及噪声较大。适用于要求不高的主轴轴承。溅油元件的速度一般为0.8～6 m/s，浸油高度可为1～3h，h 为齿高。油面高度一般不能高于箱体外露最低位置的孔。

(3) 循环润滑。由油泵供油对轴承进行润滑。回油经冷却、过滤后可循环使用，能够保证对轴承充分润滑，并带走部分热量，但搅油发热较大，得调节供油量。适用于高速、重载机床的主轴轴承。

(4) 油雾润滑。压缩空气通过专门的雾化器，再经喷嘴将油雾喷射到轴承中，有较好的润滑和冷却效果，但需要一套专门的油雾润滑系统，造价高，故适用于高速主轴轴承。

(5) 喷射润滑。在轴承周围均布几个喷油嘴，向轴承圈与保持架的间隙周期性地喷射油液，能够冲破轴承高速旋转时所形成的气流隔层，把油送到工作表面上。它可准确地控制供油量，润滑效果好，但需一套专门润滑设备，成本高。适用于高速主轴轴承。

(6) 油汽润滑。其是针对高速主轴而开发的一种新型润滑方式。用极微量的油（8～16 min约0.3 cm^3）与压缩空气混合，经喷嘴送入轴承中。与油雾润滑的区别在于润滑油未被雾化，而是成滴状进入轴承，在轴承中容易沉积，不污染环境。由于使用大量空气冷却轴承，轴承温升更低。对于角接触滚动轴承，由于转动离心力的甩油作用，润滑油必须从小端进油，如图4-28所示，否则润滑油很难进入轴承中的工作表面。

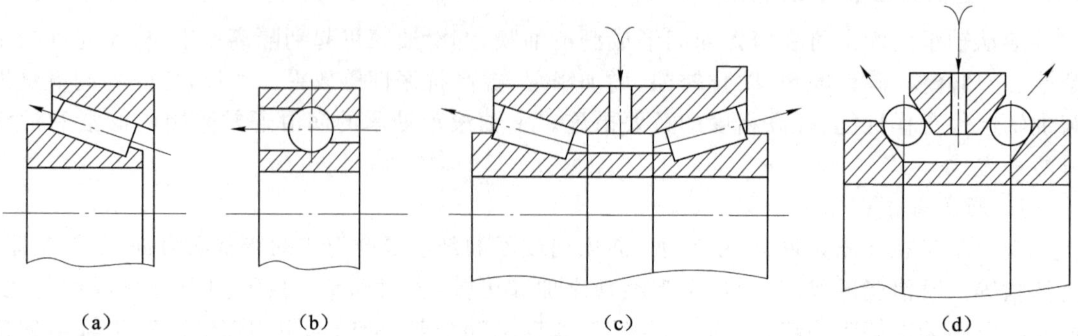

图 4-28　角接触滚动轴承进油位置

4.1.10　主轴滚动轴承密封

轴承的密封主要起到两点作用，一是防止润滑油外流，以免增加耗油量，影响外观和污染工作环境；二是防止外界灰尘、金属屑末、冷却液等杂质浸入而损坏轴承及恶化工作条件。对于采用脂润滑的轴承，其密封的作用主要是防止外界杂质侵入而引起磨损破坏，同时也要防止润滑油混入润滑脂，使之稀释后甩离轴承，失去润滑效果。

主轴滚动轴承密封主要分接触式和非接触式密封两类，应根据轴的转速、轴承润滑方式、轴承的工作温度、外界环境、轴端结构特点等因素，综合考虑进行选择。

1. 接触式密封

常用的接触式密封有毛毡圈密封和密封圈密封两种。图 4-29 所示为毛毡圈密封，密封时，将毛毡圈装入轴承端盖上的梯形断面槽内，使其与轴颈在接触处径向压紧而达到密封，密封处轴颈的线速度 $v \leqslant 4 \sim 5$ m/s；图 4-30 所示为密封圈密封，密封圈由耐油橡胶或皮革制成，以一定压力紧套在轴上起密封作用，安装密封圈时应根据使用目的合理安排密封圈唇口方向。密封圈唇口朝内，目的是防漏油；唇口朝外，目的是防灰尘、杂质侵入，密封处轴颈的线速度 $v \leqslant 7$ m/s，与毛毡圈密封方式相比，密封圈的密封效果更好。

接触式密封对轴颈接触部分表面粗糙度有较高要求，通常为 $Ra < 1.6 \sim 0.8$ μm。因密封件与旋转件间相互接触，使用中存在摩擦作用，且发热量较大，所以高速主轴组件的密封不宜采用接触式密封方式。

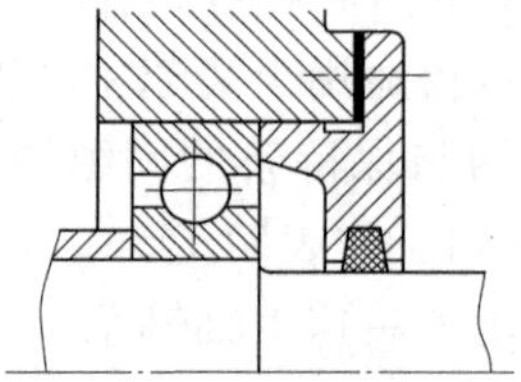

图 4-29　毛毡圈密封

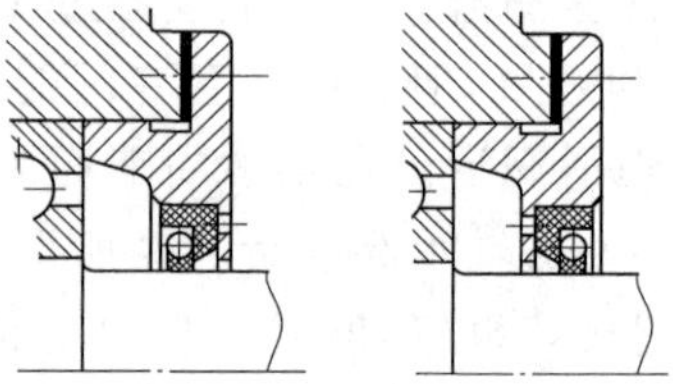

图 4-30　密封圈密封

2. 非接触式密封

非接触式密封的发热小，密封件寿命长，能适应各种转速，因此应用广泛。常用的非接触式密封有以下几种。

(1) 间隙密封。最简单的间隙密封结构形式是在轴和轴承盖的通孔壁之间留出半径间隙为 0.1～0.3 mm 的隙缝，如图 4-31(a)所示，这对使用脂润滑的轴承而言，已具有一定的密封效果。如果在轴承盖的通孔内车出环形槽，如图 4-31(b)所示，在槽中填充润滑脂，可以提高密封效果。而外流润滑油经旋转的甩油沟疏导回流，再经间隙密封，具有良好的密封效果。

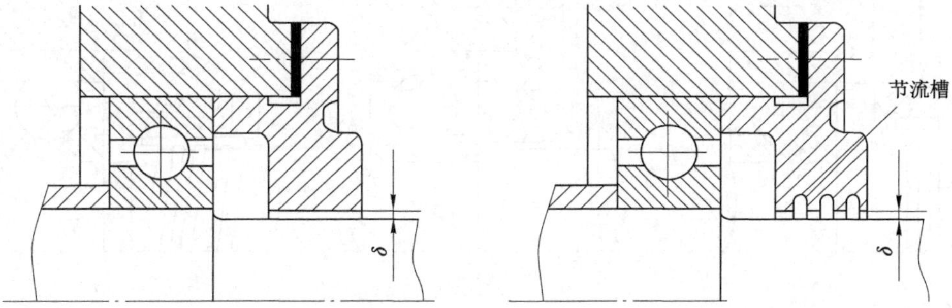

(a)　(b)

图 4-31　间隙密封

(2) 迷宫式密封。旋转的和固定的密封件之间构成了曲曲折折的隙缝，如迷宫一般，这种密封方式就是充分利用了这些复杂而曲折的小缝隙而起到密封作用的。迷宫密封结构简单，适用于轴颈线速度 $v \leqslant 5 \sim 6$ m/s 的场合。迷宫的布置因部件的结构不同而不同，可以沿径向布置，如图 4-32(a)所示，也可以沿轴向布置，如图 4-32(b)所示。采用轴向迷宫时，端盖应为剖分式。隙缝中填充润滑脂，可增加密封效果。需要注意的是，当温度变化使轴发生伸缩或采用调心轴承做支承时，旋转件与固定件间存在相互接触的可能，需在设计时加以考虑。脂润滑和油润滑都可采用迷宫式密封方式，特别是当环境比较脏和比较潮湿时，采用迷宫式密封是相当可靠的。

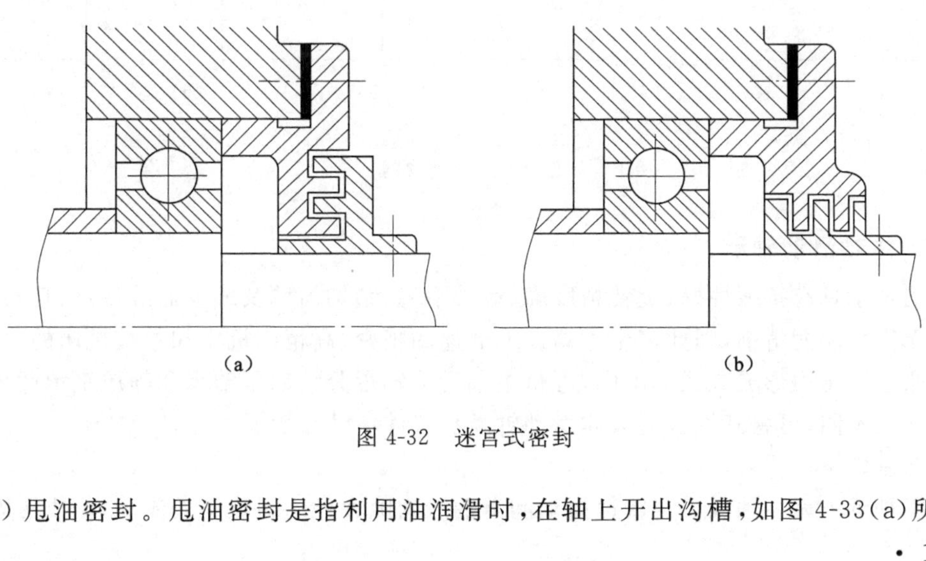

(a)　(b)

图 4-32　迷宫式密封

(3) 甩油密封。甩油密封是指利用油润滑时，在轴上开出沟槽，如图 4-33(a)所示，或装上一个油环，如图 4-33(b)所示，借助离心力将沿轴表面欲向外流失的油沿径向甩掉，再经过集结后流回油池的密封方式。也可以在紧贴轴承处安装一甩油环，在轴上车有螺旋式送油槽，如图 4-33(c)所示，借助于螺旋槽的输送作用可有效地防止油外流，但这时轴必须只按一个方向旋转。这种密封形式在停车后便丧失密封效果，所以常与其他密封形式联合使用。

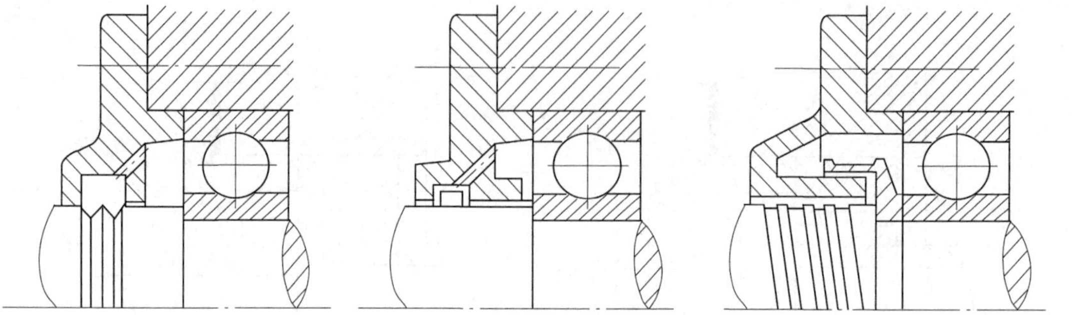

(a)　　(b)　　(c)

图 4-33　甩油密封

(4) 组合密封。也可采用接触式和非接触式密封联合使用的方式。为了提高密封效果，减小主轴箱内、外压力差，可在箱体高处设置通气孔。例如迷宫式与毛毡式的组合密封，如图 4-34(a)所示，迷宫式与间隙式的组合密封，如图 4-34(b)所示。

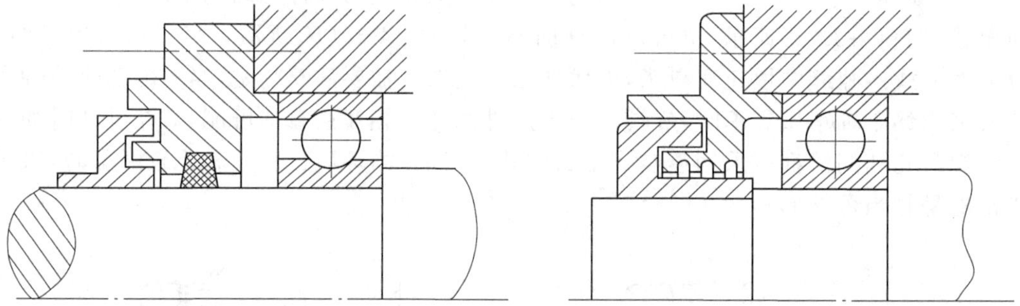

(a)　　(b)

图 4-34　组合密封

4.1.11　主轴滑动轴承

滑动轴承具有抗振性好、旋转精度高、运动平稳、结构简单及成本低等特点，且长期运行过程中无需加注润滑剂，因此多用于高速或低速的精密、高精密机床和数控机床的主轴组件中。按照油膜压力形成方式的不同，可将主轴滑动轴承分为动压轴承和静压轴承两大类；按照流体介质不同，可将其划分为液体滑动轴承和气体滑动轴承。

1. 动压轴承

动压轴承依靠主轴以一定转速搅动润滑油从间隙大处向间隙小处流动，形成压力油楔，

主轴在油膜压力 P 的作用下浮起，并承受载荷。油膜的承载能力与速度、润滑油的黏度、油楔结构等工作状况有关。转速越高，间隙越小，油膜的承载能力越大。油楔结构参数包括油楔的形状、长度、宽度、间隙、油楔入口与出口的间隙比等。按照油楔数量，动压轴承可分为单油楔轴承和多油楔轴承。轴承中只产生1个压力油膜的动压轴承为单油楔动压轴承。当载荷、转速等工作条件变化时，单油楔动压轴承的油膜厚度和位置也随之变化，使轴心线浮动而降低了旋转精度和运动平稳性。多油楔轴承因有几个独立油楔，形成的油膜压力在几个方向上支承轴颈，使轴颈处于中心位置，当主轴受到外载荷时，轴颈稍有偏心，承载的油楔间隙减小而压力升高，相对方向的油楔间隙增大而压力降低，形成了新的平衡，因此轴心位置稳定性好，抗振动和冲击性能好，在机床主轴上采用较多。

2. 液体静压轴承

动压轴承在转速低于一定值时，无法形成压力油膜。主轴处于低转速或启动、停止过程中，动压轴承就要与轴承表面直接接触，产生干摩擦。主轴转速变化后，压力油膜的厚度要随之变化，致使轴心位置发生变化，液体静压轴承就是为了克服上述缺点而发展起来的。

液体静压轴承系统包括一套专用供油系统、节流阀和轴承三部分。静压轴承供油系统负责供给一定压力油，输进轴和轴承间隙中，利用油的静压力支承载荷，轴颈始终浮在压力油中。所以，轴承油膜压强与主轴转速无关，承载能力不随转速而变化。

静压轴承与动压轴承相比有如下优点：承载能力高，旋转精度高，抗振性好，油膜有均化误差的作用，可提高加工精度，摩擦小，运转平稳，既能在极低转速下工作也能在极高转速下工作，轴承寿命长。

静压轴承的主要缺点是：需要配备一套专用供油设备，轴承制造工艺复杂、成本较高。

3. 气体轴承

气体轴承包括气体动压轴承、气体静压轴承和气体压膜轴承三大类。气体轴承主要以空气作为润滑剂，也称为气浮轴承或空气轴承，也有用氢、氮、氦、一氧化碳和水蒸气等作为润滑剂的。由于采用气体作为润滑剂，轴与轴瓦被气体隔开，使轴在轴承中无接触地旋转或呈悬浮状态。气体黏度小，化学稳定性好，对温度变化不敏感，因此，气体轴承具有摩擦功耗小、功率损耗小、精度高、温升小、寿命长、能在极高转速或极低温度下工作、振动噪声小、基本不需维护、对主机和环境无污染等优点。此外，轴承表面的加工误差能被气体的可压缩性所均化，因而可达到极高的旋转精度，用于高速、超高速、高精度机床主轴部件中。

目前，具有气体静压轴承的主轴结构，其工作原理与液体静压轴承相同。其形式主要有三种。

(1) 具有径向圆柱与平面止推型轴承的主轴。

(2) 采用双半球形气体静压轴承的主轴。

(3) 采用前端为圆柱形或球形、后端为圆柱形或半球形圆柱空气静压轴承的主轴。

4.2 机床支承件设计

支承件是机床的基础构件，包括床身、立柱、横梁、摇臂、底座、刀架、工作台、箱体和升降台等。机床上其他零、部件可以固定在支承件上，或者工作时在支承件的导轨上运动。因此，支承件的主要功能是承受各种载荷及热变形，保证机床有足够的静刚度、抗振性、热稳定性和耐用度，并保证机床各零、部件之间的相互位置和相对运动精度，从而保证加工质量。支承件一般都比较大，它们相互固定连接成机床的基础和框架。支承件的合理设计是机床设计的重要环节之一。

4.2.1 支承件的基本要求

支承件应满足的基本要求如下：

(1) 应具有足够的刚度和较高的刚度-质量比。

(2) 应具有较好的动态特性，包括较大的位移阻抗(动刚度)和阻尼；能与其他部件相配合，整机的低阶频率较高，使整机的各阶固有频率不致与激振频率相重合而引起结构共振；不会因薄壁振动而产生噪声等。

(3) 热稳定性好，热变形对机床加工精度的影响较小。

(4) 结构性好，排屑畅通、吊运安全，具有良好的工艺性，便于制造和装配。

4.2.2 支承件受力分析

支承件是机床整机的一部分，分析支承件的受力必须首先分析机床的受力。机床根据其所受的载荷的特点，可分为三大类。

(1) 中、小型机床。中、小型机床的载荷以切削力为主。工件的质量、移动部件的质量等相对较小，在进行受力和变形分析时可忽略不计。

(2) 精密和高精密机床。精密和高精度机床以精加工为主，切削力较小。载荷以移动部件的重力和热应力为主。

(3) 大型机床。大型机床工件较重，切削力较大，移动件重量也较大。因此，载荷必须同时考虑工件重力、切削力和移动件的重力。

支承件根据其形状，可分为如下三大类：

(1) 支承件在一个方向的尺寸较大，而其他两个方向的尺寸较小的零件。这类零件可看作梁类件，如机床的床身、立柱、横梁、摇臂、滑枕等。

(2) 支承件有两个方向的尺寸均较大，仅在一个方向的尺寸较小的零件。这类零件可看作板类件，如机床的底座、工作台、刀架等。

(3) 支承件在三个方向的尺寸都差不多的零件。这类零件可看作箱形件，如机床的箱体、升降台等。

如图 4-35 所示，当工件支承在主轴和尾座的顶尖上，刀架位于床身中间位置。这类机床的外载荷以切削力为主，工件和移动部件的重力忽略不计。作用在刀尖上的切削力可分为三个方向的分力 F_x、F_y、F_z。工件承受反方向的切削分力 $-F_x$、$-F_y$、$-F_z$，分别通过刀架、主轴箱和尾座传到床身上，在床身内封闭。在这个封闭力系中，床身两端固定于床腿上，其弯曲变形可按简支梁分析，扭转变形可按两端固定梁分析，计算长度近似取为工件长度，如图 4-36 所示。

图 4-36(a)所示的床身铅垂面(xz 面)内，力 F_z和弯矩 M_{xz}[$M_{xz}=F_x(H_1+H_2)$]使床身产生弯曲变形，其中，H_1+H_2 为主轴中心至床身截面扭转中心线的距离。图 4-36(b)所示的床身水平面(xy 面)内，力 F_y和弯矩 M_{xy}($M_{xy}=F_xd/2$)使床身产生弯曲变形，d 为工件直径。图 4-36(c)所示的床身横截面(yz 面)内，转矩为：

$$T_{yz} = F_z \frac{d}{2} + F_y(H_1 + H_2) \tag{4-5}$$

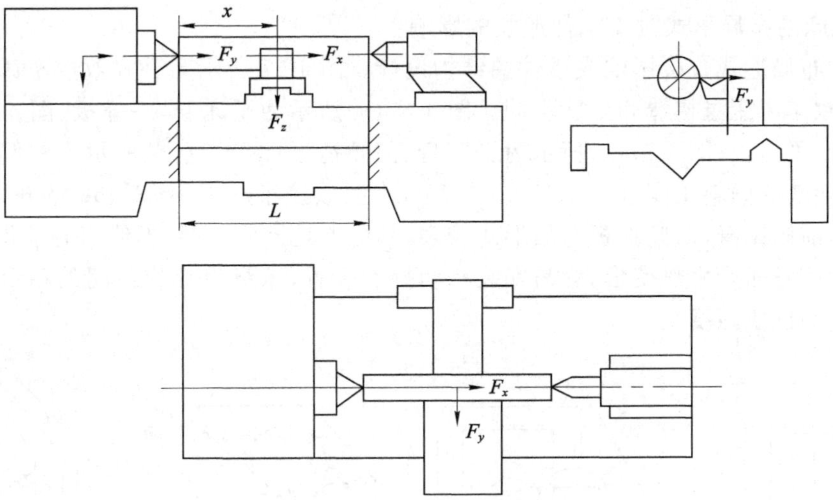

图 4-35　卧式车床受力简图

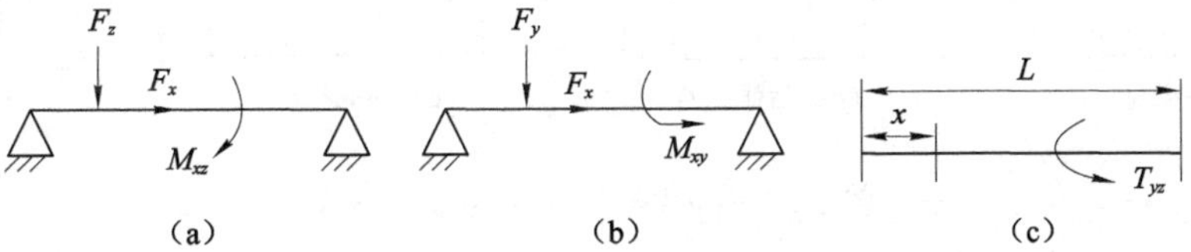

图 4-36　车床载荷简图

转矩使床身产生扭转变形。就床身变形对加工精度的影响而言，扭转变形的影响最大，其次是水平面内的弯曲变形，而铅垂面内的弯曲变形对加工精度的影响相对较小，可忽略不计。

4.2.3　支承件的结构设计

支承件是机床的一部分，占机床总质量的 80%～85%，其性能对整机动态性能的影响较大，正确进行支承件的结构设计对机床至关重要。因此，设计支承件时，应首先考虑所属机床的类型、布局及常用支承件的形状，在满足机床工作性能的前提下，综合考虑其工艺性。还要根据其使用要求，进行受力和变形分析，再根据所受的力和其他要求(如排屑、吊运、安装其他零件等)进行结构设计，并参考现有机床的同类型件，初步决定其形状和尺寸。然后，可以利用计算机进行有限元计算，求出其静态刚度和动态特性，再对设计进行修改和完善，选出最佳结构形式，既能保证支承件具有良好的性能，又能尽量减轻重量、节约金属。

1. 机床的类型、布局和支承件的形状

(1) 机床的类型

机床根据所受外载荷的特点，可分为三类。

① 以切削力为主的中小型机床。

② 以移动件的重力和热应力为主的精密和高精密机床。

③ 重力和切削力必须同时考虑的大型和重型机床。

(2) 机床的布局形式对支承件形状的影响

机床的布局形式直接影响支承件的结构设计。图 4-37 所示为卧式数控车床，因采用不同布局，导致车床床身构造和形状不同。图 4-37(a)所示为平床身、平拖板；图 4-37(b)所示为后倾床身、平拖板；图 4-37(c)所示为平床身、前倾拖板；图 4-37(d)所示为前倾床身、前倾拖板，床身导轨的倾斜角度有 30°、45°、60°、75°，小型数控车床采用 45°、60°的较多。中型卧式车床采用前倾床身、前倾拖板布局形式较多，其优点是排屑方便，不使切屑堆积在导轨上，将热量传给床身而产生热变形；容易安装自动排屑装置；床身设计成封闭的箱形，能保证有足够的抗弯和抗扭强度。

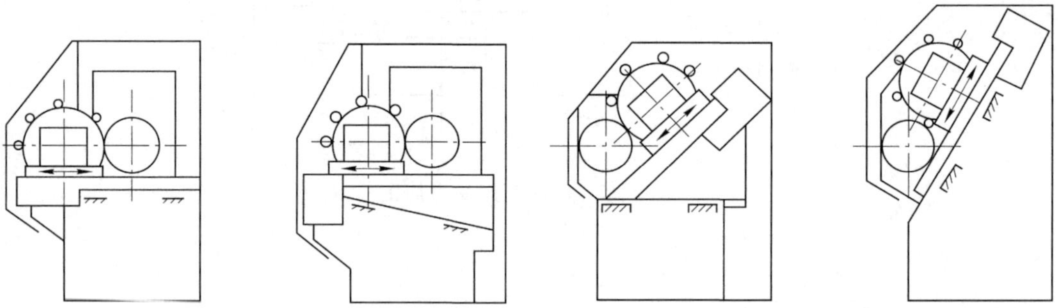

(a) 平床身　(b) 后倾床身　(c) 前倾拖板　(d) 前倾床身

图 4-37　卧式数控车床的布局形式

(3) 支承件的形状

支承件的形状基本上可以分为三类。

① 箱形类：支承件在三个方向的尺寸上都相差不多，如各类箱体、底座、升降台等。

② 板块类：支承件在两个方向的尺寸上比第三个方向大得多，如工作台、刀架等。

③ 梁类：支承件在一个方向的尺寸比另两个方向大得多，如立柱、横梁、滑枕、床身等。

2. 支承件的截面形状和选择

机床支承件所受的载荷主要为弯曲载荷和扭转载荷，支承件结构的合理设计是应在最小重量条件下，具有最大静刚度。支承件的抗弯曲刚度和抗扭转刚度均与截面惯性矩成正比。对于截面面积相同而截面形状不同的支承件，即使同一材料，其抗弯曲和抗扭惯性矩也不同。截面积近似(皆为 100 mm^2)的 8 种不同截面形状的抗弯和抗扭惯性矩的比较见表 4-4。

从表 4-4 中可以看出：

(1) 空心截面的惯性矩比实心的大，加大轮廓尺寸、减小壁厚，可大大提高支承件的刚度。因此，设计支承件时总是使壁厚在工艺性好的前提下尽量薄一些。一般不采用增加壁厚的办法来提高刚度。

(2) 圆(环)形截面的抗扭刚度比方形好，而抗弯刚度比方形低。因此，若支承件所受的主要是弯矩，则截面形状为方形和矩形为佳。矩形截面在高度方面的抗弯刚度比方形截面高，但抗扭刚度较低。因此，对于承受单方向的弯矩为主的支承件，其截面形状通常为矩形。

表 4-4　不同截面的抗弯抗扭惯性矩

序号	截面形状 /mm	惯性矩计算值 /mm⁴		序号	截面形状 /mm	惯性矩计算值 /mm⁴	
		抗弯	抗扭			抗弯	抗扭
1	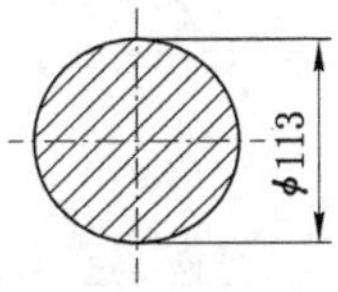	$\frac{800}{1.0}$	$\frac{1\ 600}{1.0}$	5	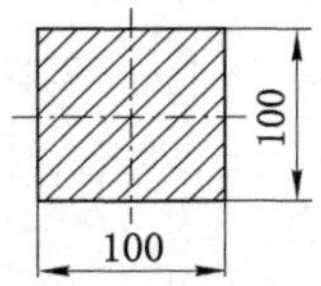	$\frac{833}{1.04}$	$\frac{1\ 400}{0.88}$
2	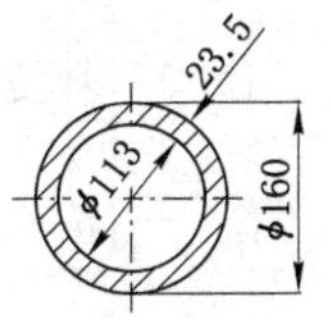	$\frac{2\ 412}{3.02}$	$\frac{4\ 824}{3.02}$	6	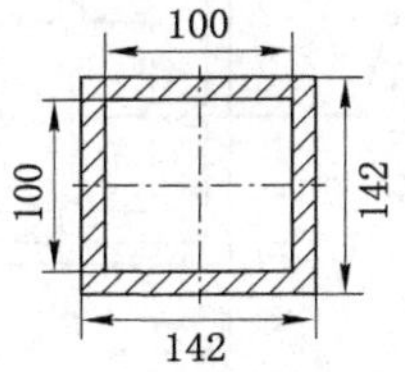	$\frac{2\ 555}{3.19}$	$\frac{2\ 040}{1.27}$
3	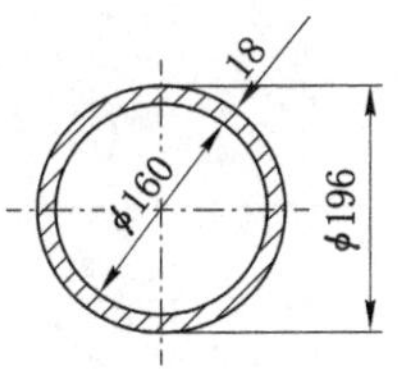	$\frac{4\ 030}{5.04}$	$\frac{8\ 060}{5.04}$	7	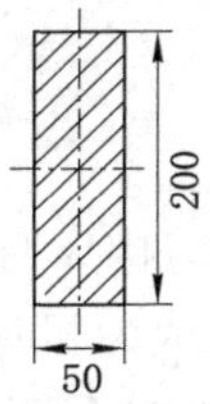	$\frac{3\ 333}{4.17}$	$\frac{680}{0.43}$
4	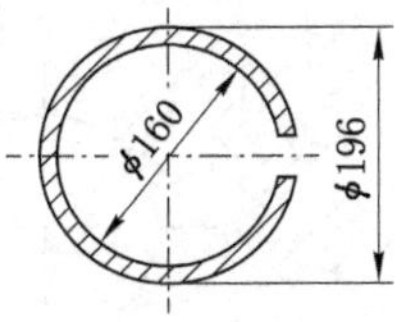		$\frac{108}{0.07}$	8	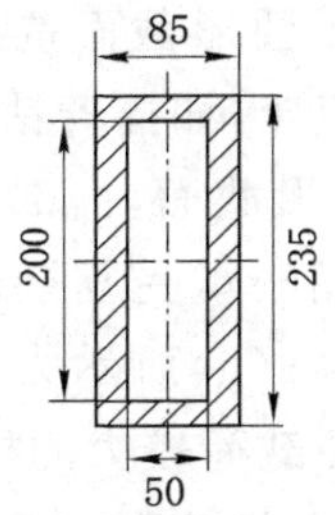	$\frac{5\ 860}{7.325}$	$\frac{1\ 316}{0.82}$

(3) 封闭截面的刚度远远大于开口截面的刚度，特别是抗扭刚度。因此，在可能的条件下，设计时应尽可能把支承件的截面做成封闭形式。

因此，从提高刚度的观点来考虑，在相同截面面积的情况下，支承件的截面最好做成四边封闭的框形。但是应注意的是由于排屑、清砂，安装电器件、液压件和传动件等的实际需要，往往很难做到支承件的四面封闭，有时甚至连三面封闭都难以做到。

图 4-38(a)～(d)所示为卧式床身截面的常见形状。图 4-38(a)所示为三面封闭式截面，主要用于无升降台铣床、龙门铣床、龙门刨床等，因不需要从床身排屑，所以顶面封闭。

图 4-38(b)所示也是一种三面封闭式截面，内部可用于存储润滑油或冷却液，安装传动机构，主要用于载荷较小的机床，如磨床等。图 4-38(c)所示为两面封闭式截面，工作时承受弯曲和扭转载荷，并且床身上需要有较大空间以便于排除大量切屑和冷却液，但刚度较低，常用于中小型车床。图 4-38(d)所示为重型机床的床身截面，有三个床壁，适于承受重载。

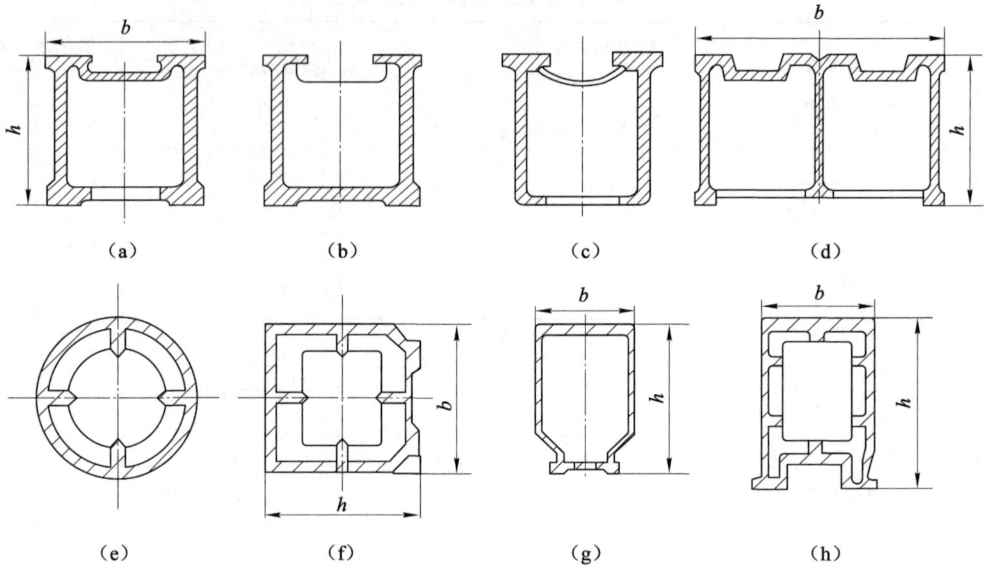

图 4-38　机床床身截面图

重型机床可采用双层壁结构床身，以便进一步提高刚度。

图 4-38(e)～(h)所示为机床的立柱(立式床身)截面的常见形式，有圆形和方形两种，一般都可做成封闭结构。图 4-38(e)所示圆形截面抗扭刚度高，抗弯刚度差，适于载荷不大的机床，如摇臂钻床、台式钻床等。图 4-38(f)所示为对称方形截面，内部有加强筋和隔板，抗弯抗扭刚度都很高，用于承受复杂的空间载荷，如铣床和镗床的立柱。图 4-38(g)所示为对称矩形截面，抗弯刚度高，用于承受弯曲载荷较大的机床，如中、大型单轴或多轴立式钻床、组合机床等。图 4-38(h)为矩形截面，内部设有加强筋，抗弯刚度高，主要用在龙门机床上。

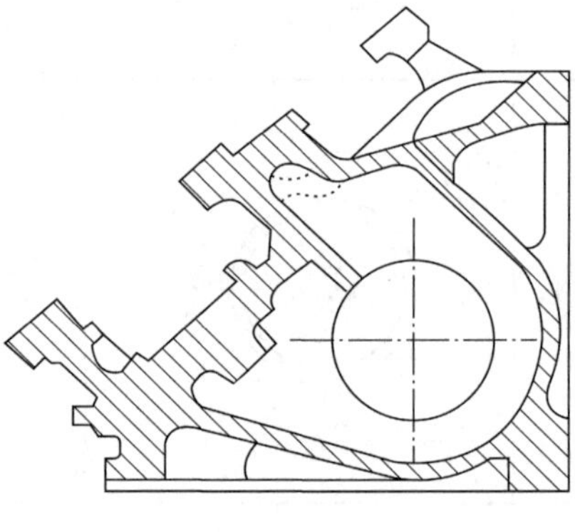

图 4-39　数控车床床身截面形状

图 4-39 所示为数控车床床身截面形状，床身采用倾斜式空心封闭结构，抗扭刚度很高，且便于排屑，倾斜的导轨不易堆积脏物。

4.2.4　支承件的材料选择

支承件的材料，除应满足上述要求外，还应保证足够的强度、冲击韧性、耐磨性等。目前常用的材料有铸铁、钢板和型钢、铝合金、天然花岗岩、预应力钢筋混凝土、树脂混凝土、结构陶瓷等。

1. 铸铁

铸铁铸造性能好，可以铸出形状复杂的支承件，大多数机床支承件由灰铸铁制成。存在于铸铁中的片状或球状石墨在振动时形成阻尼，抗振性比钢高 3 倍，在铸铁中加入少量合金元素可提高其耐磨性。但生产铸铁支承件需要制作木模、芯盒等，制造周期长，成本高，故适宜于成批生产。但机床支承件铸件往往结构较大，铸造过程中有时会产生缩孔、气泡等铸造缺陷。常用铸铁的种类有以下几种。

（1）一级灰口铸铁 HT200。这种材料抗压、抗弯性能较好，可用作带导轨的支承件，但流动性稍差，不宜制作结构太复杂的支承件。

（2）二级灰口铸铁 HT150。它的流动性好，铸造性能优良，但力学性能稍差，适用于制作形状复杂的支承件铸件、重型机床床身、受力不大的床身和底座。

（3）三级灰口铸铁 HT100，它的力学性能差，一般用于制作镶装导轨的支承件。

（4）合金铸铁。支承件带导轨时须耐磨性好，多采用高磷铸铁、磷铜钛铸铁、钒钛铸铁、铬钼铸铁等合金铸铁。其耐磨性比灰口铸铁高2～3倍，但成本较高。

铸造支承件不可避免会产生内应力，引起蠕变，必须进行时效处理，目前常用的处理方法有以下几个。

（1）自然时效处理。将铸件毛坯或经粗加工后的半成品置放在露天场地，经过数月、数年甚至数十年（精密机械支承件）的风吹日晒雨淋，使内应力通过变形逐渐消除，形状趋于稳定后再加工。或者加工与时效反复轮流进行。自然时效的时间取决于支承件的尺寸大小、结构形状、铸造条件、机械精度要求等因素。自然时效方法简单，效果好，但占地面积大，周期长，影响资金周转。

（2）人工时效处理。将铸件平放在烘炉内的烘板上，以便整体受热均匀，根据铸件的要求和实际条件选择温度的高低和温度变化的速度。一般最高温度为530～550 ℃，温度过高会降低硬度，过低则内应力消除很慢。高精度机械的支承件加工与时效应轮流反复多次。

（3）振动时效处理。以接近铸件固有频率的频率对铸件进行激振或振动，使之逐渐消除内应力。

2. 钢板与型钢

用钢板与型钢焊接成支承件，其特点是生产周期比铸造快1.7～3.5倍，省去木模制作工艺，支承件可制成封闭结构，刚性好。钢的弹性模量约为铸铁的2倍，承受同样载荷，采用钢焊接支承件可比铸铁支承件壁厚减少一半，重量减轻20%～30%。因此，支承件采用钢板焊接结构件代替铸件的趋势正在不断增强。但是，钢的阻尼比仅为铸铁的1/3，抗振性差，为提高机床的抗振性能，结构和焊缝上要采取抗振措施，通过提高阻尼的方法来改善其动态特性，同时，由于焊接过程所产生的内应力将随着时间的改变使大件发生变形，因此必须做好时效处理。

3. 铝合金

对于有些总体质量要求较小的设备，为了减轻其质量，它的支承件可考虑使用铝合金。铝合金的密度只有铁的1/3，且有些铝合金还可以通过热处理进行强化。

4. 天然花岗岩

天然花岗岩具有以下优点，如性能稳定，精度保持性好，抗振性好，阻尼比钢大15倍，耐磨性比铸铁高5～10倍；导热系数和线膨胀系数小，热稳定性好；由于经历长期的自然时效，残余应力极小，内部组织稳定；抗氧化性强；不导电，抗磁；与金属不黏合，加工方便，通过研磨和抛光容易得到很高的精度和表面粗糙度等。其是制造高精度轻型机床支撑件的主要材料。目前，天然花岗岩用于三坐标测量机、印制板数控钻床等。其用作气浮导轨的基底很理想。缺点是结晶颗粒粗于钢铁的晶粒，抗冲击性能差，脆性较大，油和水等液体易渗入晶界中，使岩石局部变形胀大，难以制作形状复杂的零件。

5. 预应力钢筋混凝土

预应力钢筋混凝土主要用于制造不常移动的大型机械的机身、底座、立柱等支承件。预应力钢筋混凝土支承件的刚度和阻尼是铸铁的5倍，抗振性能好，成本较低。预应力钢筋混凝土床身中的钢筋布置对支承件的整体动态特性影响较大，应按弹性理论或有限元法所得的主应力方向进行钢筋的配置。通常，床身内有三个方向都要配置钢筋，其总预应力可达120～150 kN。制作时混凝土的保养方法也影响性能。预应力钢筋混凝土支承件的缺点是脆性大、耐腐蚀性差，为了防止油、切削液渗入导致疏松，其表面常做塑料或喷漆处理。

6. 树脂混凝土

树脂混凝土是制造机床床身的一种新型材料。树脂混凝土与普通混凝土不同，它采用树脂和稀释剂代替水泥和水，将骨料固结成为树脂混凝土，也称人造花岗岩。树脂混凝土刚度高，其阻尼是灰铸铁的8～10倍，抗振性好，热容量大，热稳定性好，质量轻。

常见的树脂混凝土床身的结构形式分为框架结构、整体结构和分块结构三种，如图4-40所示。

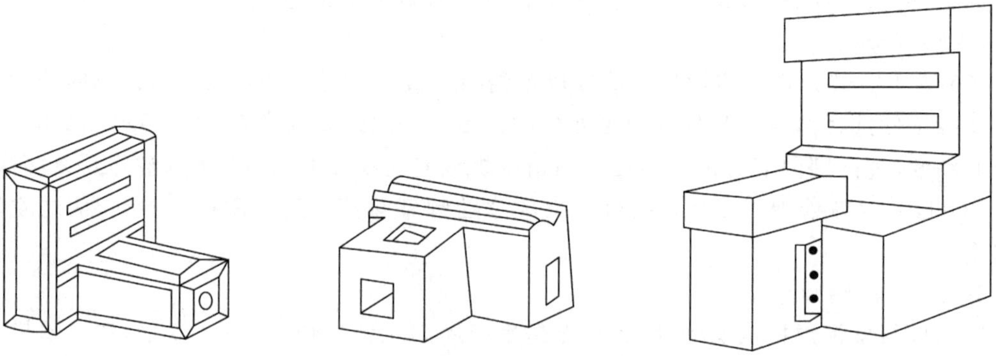

(a) 框架结构　(b) 整体结构　(c) 分块结构

图4-40　树脂混凝土床身的结构形式

(1) 框架结构。这种结构采用金属型材焊接出床身的周边框架，在框架内浇注树脂混凝土，如图4-40(a)所示。这种结构刚性好，适用于结构较简单的大、中型机床床身。

(2) 整体结构。用树脂混凝土制造出床身的整体结构，如图4-40(b)所示，其中导轨部分可以是金属件，可预先加工好，并作为预埋件直接浇铸在床身上；或采用预留导轨等部件的准确安装面，床身浇铸好之后，将这些部件粘接在机床床身上。这种结构适用于形状不复杂的中、小型机床床身。

(3) 分块结构。为简化浇注模具的结构，对于结构复杂的大型床身构件，应把它分成几个形状简单、便于浇注的部件，如图4-40(c)所示。各部分分别浇注后再用黏结剂或其他形式连接起来。

7. 结构陶瓷

该类机床的支承件多用氧化铝陶瓷作为结构材料，称之为结构陶瓷。结构陶瓷的优点是在比刚度高、结构相同的条件下，结构陶瓷的比刚度约为铸铁的4倍。另外，结构陶瓷的热膨胀系数小，热变形非常小。结构陶瓷硬度高，耐磨性好且耐腐蚀。但是，结构陶瓷的抗冲击性与抗振性较差。

4.2.5 提升支承件刚度的措施

1. 支承件肋板和加强筋的布置

肋板是指连接支承件四周外壁的内板，它能使支承件外壁的局部载荷传递给其他壁板，从而使整个支承件承受载荷，加强支承件的自身和整体刚度。合理设置肋板是提升支承件刚度的有效措施之一。当支承件的截面无法封闭时，布置肋板对提高刚度，特别是抗扭刚度作用更大。肋板分为纵向肋板、横向肋板和斜向肋板。纵向肋板对提高纵向抗弯刚度有显著的效果。横向肋板将支承件的外壁横向连接，其作用是提高抗扭刚度。空心构件承受转矩作用时，会使壁板翘曲导致截面形状畸变，适当地布置横向隔板能够有效地减少这种畸变。增加横向隔板与不加横向隔板相比，端部位移和畸变都大为减少；但继续增加隔板，取得的效果则不明显。斜向隔板可同时提高抗弯刚度和抗扭刚度。未加斜向隔板支承件端部受到转矩 T 的作用，截面发生扭转，并发生畸变。当增加斜向隔板后，扭转变形和畸变都大为减少，抗弯刚度也得到提高。

加强筋的作用与肋板有所不同，肋板主要用于提高机座的自身刚度，而加强筋则主要用于提高局部刚度和减小薄壁振动，一般布置在支承件的内壁上。与隔板不同，它只是壁板上局部凸出的窄条，不在壁板之间起连接作用。

肋板和加强筋的壁厚应根据支承件的壁厚合理选择。铸造支承件按其长度 L、宽度 B、高度 H 计算当量壁厚 C 为：

$$C = \frac{2L + B + H}{4}(\mathrm{m}) \tag{4-6}$$

然后根据表 4-5 选择最小壁厚。选择的壁厚还应考虑具体工艺条件和经济性。选择出的最小壁厚是基本尺寸，局部受力处还可适当加厚，隔板比基本壁厚减薄 1～2 mm，筋板可比基本壁厚减薄 2～4 mm。焊接支承件的壁厚可取铸件的 60%～80%，高度一般为壁厚的 4～5 倍。

表 4-5 根据当量壁厚选择铸铁支承件的最小壁厚

当量尺寸 C/m	0.75	1.0	1.5	1.8	2.0	2.5	3	3.5	4.5
外壁厚/mm	8	10	12	14	16	18	20	22	25
隔板或筋厚/mm	6	8	10	12	12	14	16	18	20

图 4-41 所示为加强筋和肋板布置实例，肋板的布置取决于支承件的受力变形方向，其中图 4-41(a)所示为带中间肋板的支承件；图 4-41(b)所示为带加强筋、双层壁结构的支承件；图 4-41(c)所示为带加强筋的圆形截面支承件。加强筋常见的有直线形筋、三角筋、X 形筋、十字筋和米字筋五种形式，如图 4-42 所示。直线形筋，其结构简单，容易制造，但刚性差，常用于载荷较小的窄壁上。三角形及 X 形筋能保证足够的刚度，常用于支承件的宽壁与平板上。十字筋制造简单，但容易产生内应力，广泛应用于箱形截面的床身与平板上。米字筋，抗弯刚度和抗扭刚度都较高，但形状复杂，制造工艺性差，一般用于焊接床身。

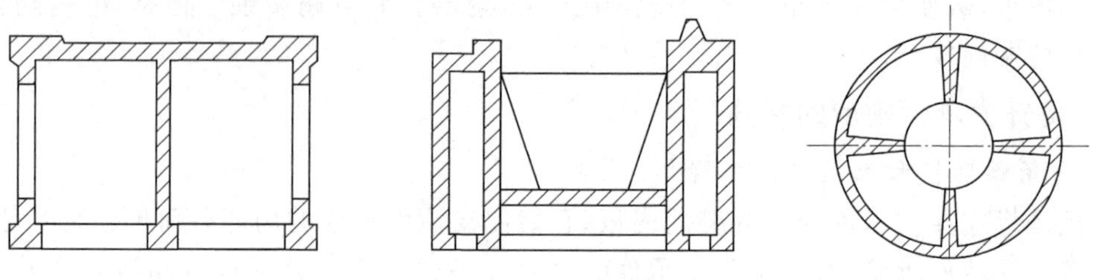

(a) (b) (c)

图 4-41 肋板和加强筋

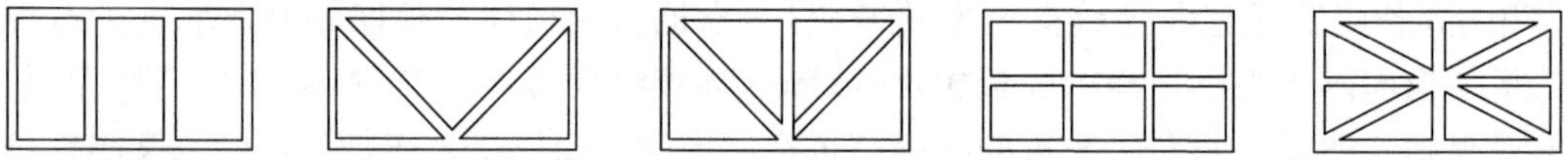

(a) 直线形筋 (b) 三角筋 (c) X形筋 (d) 十字筋 (e) 米字筋

图 4-42 加强筋的形状

2. 合理开孔和加盖

为了安装机件或清砂,立柱常需要开窗孔。在铸铁支承件壁上开孔会降低其刚度,当开孔面积小于所在壁面积的 1/5 时,对刚度影响较小。当开孔面积超过所在壁面积的 1/5 时,抗扭刚度会降低许多。所以,孔宽和孔径以不大于壁宽的四分之一为宜,且应开在支承件壁的几何中心附近。开孔对抗弯刚度影响较小,若加盖且拧紧螺栓,抗弯刚度可接近未开孔时的水平。对于抗扭刚度,开在较窄壁面上的窗孔,对刚度的影响比开在较宽壁面上的大。矩形截面的立柱,窗孔尽量不要开在前、后壁上。窗孔的宽度尽量不要超过立柱空腔宽度的 70%,高度不超过空腔宽的 1.0～1.2 倍。

3. 提高连接处的局部刚度和接触刚度

在两个平面接触处,由于微观的不平度,实际接触的只是凸起部分。当受外力作用时接触点的压力增大,产生一定的变形,这种变形称为接触变形。为了提高连接处的接触刚度,固定结合面必须配磨或配刮,固定结合面配磨时,表面粗糙度值 $Ra \leqslant 16\ \mu m$,配刮时,每 $25 \times 25\ mm^2$ 高精度设备为 12 点以上,精密设备为 8 点,普通设备为 6 点,并应使接触点均匀分布。固定螺钉应在接触面上造成一个预压力,压强一般为 2 MPa,并据此设计固定螺钉的直径和数量,以及拧紧螺母的扭矩。图 4-43 所示均为提高连接刚度的结构。

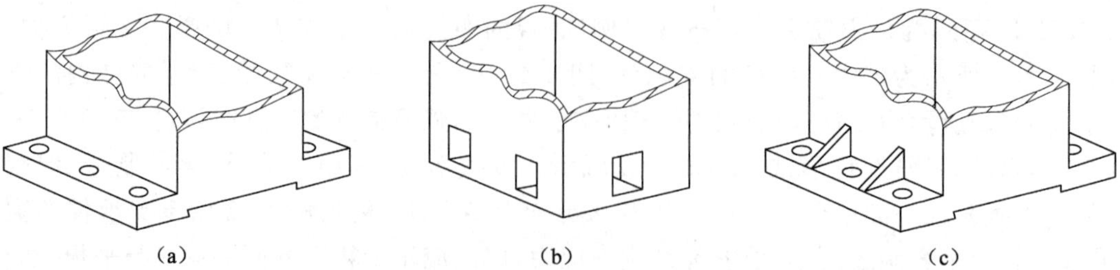

(a) (b) (c)

图 4-43 提高连接刚度的措施

4.3　导轨设计

4.3.1　导轨的功用与分类

1. 导轨的功用

导轨是指引导部件沿一定方向运动的一组平面或曲面。导轨的功用是导向和承载，即引导运动部件沿一定轨迹（通常为直线和圆）运动，并承受运动件及其安装件的重力和切削力。在导轨副中，运动的导轨称为动导轨，固定不动的导轨称为支承导轨。

2. 导轨的分类

(1) 按运动轨迹分为直线运动导轨和圆周运动导轨。直线运动导轨用以实现机床零部件的直线运动，而圆周运动导轨用以实现圆周运动。

(2) 按运动性质的不同，导轨分为主运动导轨、进给运动导轨和移置导轨三类。

① 主运动导轨与支承导轨之间的相对运动速度较高。龙门铣刨床、普通刨插床以及拉床、插齿机等是主运动导轨。

② 进给运动导轨与支承导轨之间的相对运动速度较低。机床中大多数导轨属于进给运动导轨。

③ 移置导轨的功能是调整部件之间的相对位置，在机床工作中没有相对运动，如卧式车床的尾座导轨等。

(3) 按摩擦性质不同，导轨分为滑动导轨和滚动导轨，而滑动导轨中又包括静压滑动导轨、动压滑动导轨和普通滑动导轨。

① 静压滑动导轨是液体摩擦，导轨副之间有一层压力油膜，多用于高精度机床进给导轨。静压滑动导轨靠液压系统提供压力油膜。

② 动压滑动导轨也是液体摩擦，是利用导轨副间的滑移速度带动润滑油从大间隙处向狭窄处流动，形成动压油膜。

③ 普通滑动导轨为混合摩擦，油楔不能隔开导轨面，导轨面仍处于直接接触状态。导轨配合面一般需要经过刮研处理。

④ 滚动导轨在导轨面间装有滚动元件，形成滚动摩擦，广泛应用于数控机床和精密、高精密机床中。

(4) 按受力状态不同，导轨分为开式导轨和闭式导轨。如图 4-44(a)所示，开式导轨是

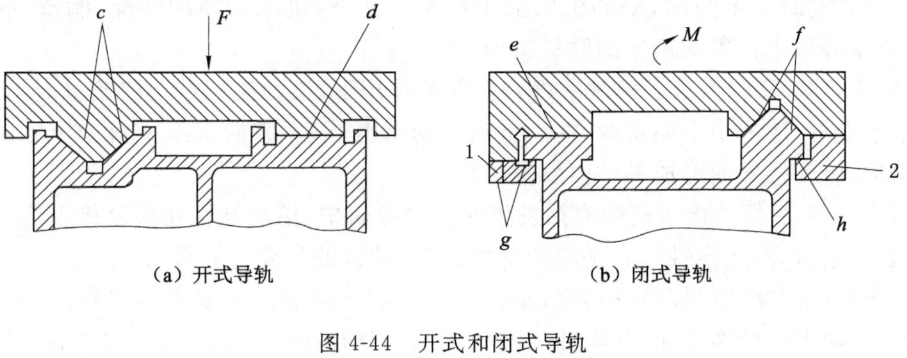

图 4-44　开式和闭式导轨

在部件质量和载荷 F 作用下，导轨副的导轨面 c 和 d 在全长上始终保持接触。开式导轨其特点是结构简单，但不能承受较大的倾覆力矩，适用于大型机床的水平导轨。如图 4-44(b)所示，闭式导轨是当倾覆力矩 M 作用在导轨上时，仅靠自重已不能使主导轨面 f 始终贴合，需用压板 1 和 2 形成辅助导轨面 g 和 h，保证支承导轨与动导轨的工作面始终保持可靠的接触，例如车床床身和床鞍导轨。

4.3.2 导轨应满足的要求

导轨性能和质量的好坏对机床的加工精度、承载能力和使用寿命有直接影响。因此，导轨应满足以下基本要求：

(1) 导向精度高

导向精度是导轨副在空载荷或切削条件下运动时，实际运动轨迹与给定运动轨迹之间的符合程度。影响导向精度的主要原因有：导轨的几何精度和接触精度、导轨的结构形式、导轨和支承件的刚度和热变形、静(动)压导轨副之间的油膜厚度和油膜刚度等。直线运动导轨的几何精度一般包括：导轨在竖直平面内的直线度、导轨在水平面内的直线度、导轨面之间的平行度等。具体要求可参阅国家有关机床精度检验标准。

接触精度指导轨副间摩擦面实际接触面积占理论接触面积的百分比，或用着色法检查 25 mm×25 mm 面积内的接触点数。不同加工方法所生成导轨的表面，检查标准是不相同的。

(2) 承载能力大、刚度好

刚度包括导轨的自身刚度和接触刚度。导轨的刚度不足会影响部件之间的相对位置和导向精度。导轨的刚度主要取决于导轨的结构形式、尺寸、与支承件的连接方式及受力状况等因素。根据导轨承受载荷的性质、方向和大小，合理地选择导轨的截面形状和尺寸，使导轨具有足够的刚度，保证机床的加工精度。

(3) 精度保持性好

精度保持性主要是由导轨的耐磨性决定的，常见的磨损形式有磨料(或硬粒)磨损、黏着磨损或咬焊、接触疲劳磨损等。

① 磨料磨损。导轨面间存在着的坚硬微粒称为磨粒，可能是外界或润滑油中带入的切屑，也可能是导轨面上的硬点或导轨本身磨损的产物，它们夹在导轨面间随之相对运动，形成对导轨表面的切削，使导轨面划伤。磨料磨损将逐渐磨掉薄层金属，如果是均匀磨损，对精度的影响并不严重，实际上由于导轨面上各处比压与使用情况不同，各处磨损也不一样，将使部件在移动时产生倾斜，影响机床加工精度。此外，机床洁净的状况、润滑、导轨的材料、表面质量等因素都影响机床的磨料磨损。

② 黏着磨损，又称为分子机械磨损。在载荷作用下，实际接触点上的接触应力很大，以致产生塑性变形，形成小平面接触，在没有油膜的情况下，裸露的金属材料分子之间的相互吸引和渗透，将使接触面形成黏结而发生咬焊。

③ 接触疲劳磨损。接触疲劳磨损发生在滚动导轨中，滚动导轨在反复接触应力的作用下，材料表层疲劳，产生点蚀。它是滚动导轨、滚珠丝杠的主要失效形式。

提高导轨的耐磨性以保持其精度，是提升机床加工质量的主要方法之一。耐磨性与导轨的材料、导轨副的摩擦性质、导轨的载荷状况及其分布规律、工艺方法、润滑和防护条件等因素有关。

(4) 低速运动平稳

动导轨做低速运动或微量位移时容易产生摩擦自激振动,即爬行现象。爬行会降低定位精度或增大被加工工件表面的粗糙度值。影响导轨低速运动平稳性的主要因素有导轨的结构形式,润滑情况,导轨摩擦面的静、动摩擦因数的差值以及传动导轨运动的传动系刚度。

(5) 结构简单、工艺性好

应尽量使导轨结构简单,制造和维护方便,刮研量少,更换容易。

4.3.3　普通滑动导轨

接触面为滑动导轨副的导轨称为滑动导轨。普通滑动导轨结构简单,工艺性好,使用维修方便,是一种目前广泛使用的导轨。滑动导轨的缺点是摩擦系数大,磨损快,寿命短,容易产生爬行现象。

1. 直线滑动导轨的截面形状

直线滑动导轨的截面形状主要有矩形、V 形、燕尾形和圆柱形四种,并且每种导轨副都有凹、凸之分,如图 4-45 所示。对于水平放置的导轨,凸形导轨(支承导轨)不易积存切屑,但也不易存留润滑油,多用在低速水平往复运动的工况中。凹形导轨易存留润滑油,常用于高速运动的情况,但铁屑等杂物易积存在导轨面上,必须有可靠的防护措施。

(1) 矩形导轨。如图 4-45(a)所示,矩形导轨靠两个彼此垂直的导轨面导向。若只用顶部的导轨面时,也称平导轨。矩形导轨刚度高,承载能力大,容易加工制造,便于维修。但该类导轨在侧导轨面磨损后不能自动补偿,需要有间隙调整装置。

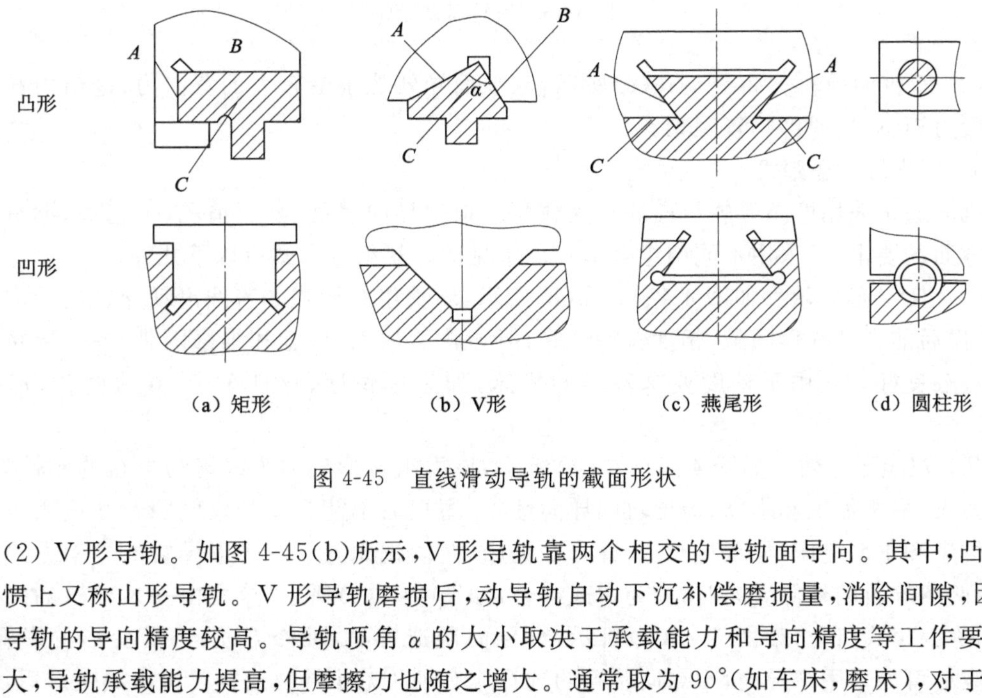

图 4-45　直线滑动导轨的截面形状

(2) V 形导轨。如图 4-45(b)所示,V 形导轨靠两个相交的导轨面导向。其中,凸形导轨习惯上又称山形导轨。V 形导轨磨损后,动导轨自动下沉补偿磨损量,消除间隙,因此,该类导轨的导向精度较高。导轨顶角 α 的大小取决于承载能力和导向精度等工作要求,α 角增大,导轨承载能力提高,但摩擦力也随之增大。通常取为 90°(如车床,磨床),对于大型或重型机床(如龙门刨床),取为 110°～120°;对于精密机床,取 α＜90°。当导轨面承受的水平力和垂直力相差较大时,可采用不对称 V 形导轨,以使导轨面的压强分布均匀。

(3) 燕尾形导轨。如图 4-45(c)所示,其高度较小,结构紧凑,可承受颠覆力矩,间隙调整方便。燕尾形导轨的缺点是摩擦阻力较大，刚度差，制造、检验和维修不方便。该类导轨一般用于受力较小、导向精度要求不高、速度较低、移动部件层次多、高度尺寸要求小的部件（如车床刀架、铣床工作台等）。

(4) 圆柱形导轨。如图 4-45(d)所示，该类导轨制造方便，工艺性好，但磨损后较难调整间隙，常用于承受轴向载荷的场合（如摇臂钻床的立柱）。

2. 回转运动导轨的截面形状

回转运动导轨的截面形状有平面环形、锥面环形和双锥面导轨三种，如图 4-46 所示。

(1) 平面环形导轨。如图 4-46(a)所示，平面环形导轨结构简单，制造方便，摩擦小，精度高，能承受较大的轴向载荷，但不能承受径向力，因而必须与主轴联合使用，由主轴来承受径向载荷。适用于由主轴定心的各种回转运动导轨的机床，如高速大载荷立式车床、齿轮机床等。

(2) 锥面环形导轨。如图 4-46(b)所示，除能承受轴向载荷外，还能承受一定的径向载荷，但不能承受较大的倾覆力矩。导向性比平面环形导轨好，制造较难。

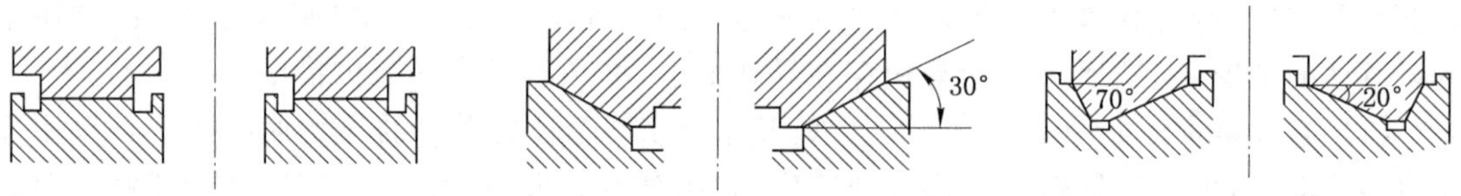

(a) 平面环形导轨　(b) 锥面环形导轨　(c) 双锥面导轨

图 4-46　回转运动导轨

(3) 双锥面导轨。如图 4-46(c)所示，双锥面导轨能承受较大的背向力、进给力和一定的倾覆力矩，制造研磨均较困难。

3. 导轨的组合形式

机床通常采用两条导轨导向和承受载荷。根据导向精度、载荷情况、工艺性、润滑和防护等方面的要求，可采用不同的组合形式。常见的导轨组合形式有以下几种。

(1) 双 V 形导轨。如图 4-47(a)和(b)所示，该类组合形式的直线滑动导轨的导向精度高，磨损后能自动补偿间隙，精度保持性好，但导轨的加工、检验和维修困难，各个导轨面都要求接触良好。常用于精度要求较高的机床，如坐标镗床、丝杠车床、导轨磨床、齿轮磨床等。

(2) 双矩形导轨。如图 4-47(c)、(d)所示，该类组合形式的直线滑动导轨的刚性好，承载能力大，易于加工和维修；但导轨的导向性差，磨损后不能自动补偿间隙。其适用于普通精度机床和重型机床，如重型车床、升降台铣床、龙门铣床等。双矩形导轨的导向方式有两种：由两条导轨的外侧导向时，称为宽式组合，如图 4-47(c)所示；分别由一条导轨的两侧导向时，称为窄式组合，如图 4-47(d)所示，窄导向制造容易，维修方便，且受变形的影响小。一般应尽可能采用窄导向，窄导向位置的选择应有利于减小导物磨损。机床热变形后，宽式组合导轨的侧向间隙变化比窄式组合导轨大，导向性不如窄式。当导轨宽度过小或导向结构受到限制时，可采用宽导向。无论是宽式还是窄式组合，侧导向面都需用镶条调整间隙。

(3) V 形-矩形导轨组合。如图 4-47(e)、(f)所示，该类组合形式的直线滑动导轨的导向性好，刚度大，制造方便，在实际中得到广泛应用，适用于卧式车床、龙门刨床等。

(4) 矩形和燕尾形导轨的组合。该类组合形式的直线滑动导轨能承受较大力矩，调整方便，多用在横梁、立柱、摇臂导轨中。

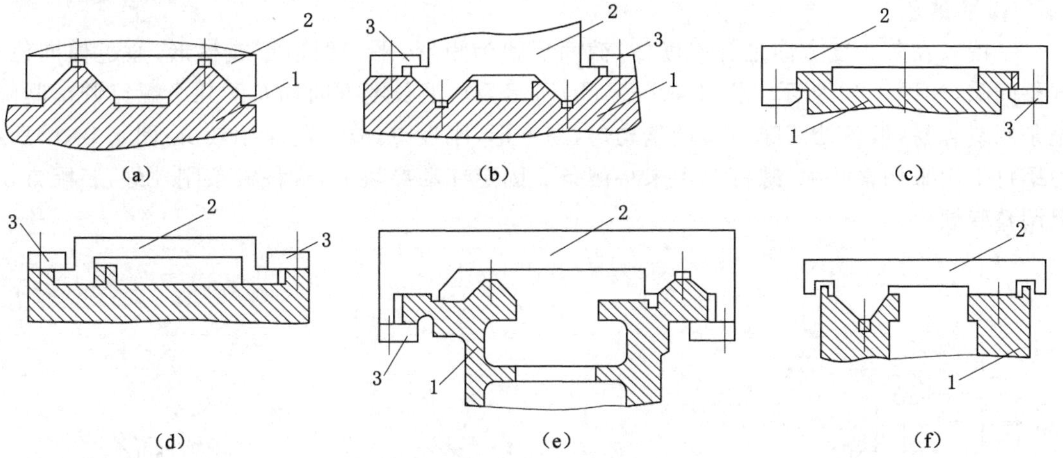

1—支承导轨；2—动导轨；3—压板。

图 4-47　直线滑动导轨常见组合形式

4. 导轨间隙调整

导轨面间的间隙对机床工作性能有直接影响，如果间隙过大，将影响运动精度和平稳性；间隙过小，运动阻力大，导轨的磨损加快。因此，必须保证导轨具有合理间隙，磨损后又能方便地调整。导轨间隙常用压板、镶条来调整。

(1) 压板

压板用来调整辅助导轨面的间隙和承受倾覆力矩。压板用螺钉固定在运动部件上，用刮的方法或垫片来调整间隙。图 4-48 所示为矩形导轨的三种压板结构。图 4-48(a)所示为通过修磨或刮压板 1 的 m 和 n 面来调整间隙，m 和 n 分别为压板 1 的接合面和导向面，中间用空刀槽隔开；图 4-48(b)所示为通过调整压板 1 和运动部件 2 之间垫片 4 的数目来调整间隙，必要时还需改变垫片厚度；图 4-48(c)所示为通过压板 1 上带有锁紧螺母的螺钉 6 压紧镶条 5 来调整间隙，调整方便，但刚性差。

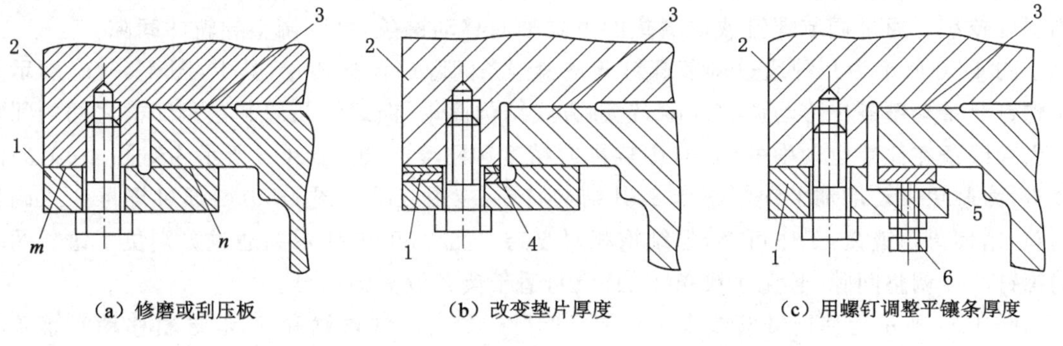

(a) 修磨或刮压板　(b) 改变垫片厚度　(c) 用螺钉调整平镶条厚度

1—压板；2—运动部件；3—支承部件；4—垫片；5—压紧镶条；6—螺钉。

图 4-48　压板

(2) 镶条

镶条用来调整矩形导轨和燕尾形导轨侧向间隙。镶条应放在导轨受力较小一侧。常用的镶条有平镶条和斜镶条两种。

① 平镶条

平镶条在其长度方向是等厚度的，截面形状为矩形、平行四边形或梯形，通过横向位移调整间隙，如图 4-49 所示。图 4-49(a)、(b)所示为靠沿长度方向均布的几个螺钉调整间隙，镶条制造容易，但各处间隙不易调整均匀，易变形，刚性差，故目前应用较少；图 4-49(c)所示为螺钉 1 用来调整间隙，螺钉 3 用来将镶条 2 固定在动导轨上，这种镶条刚性好，装配方便，但调整麻烦。

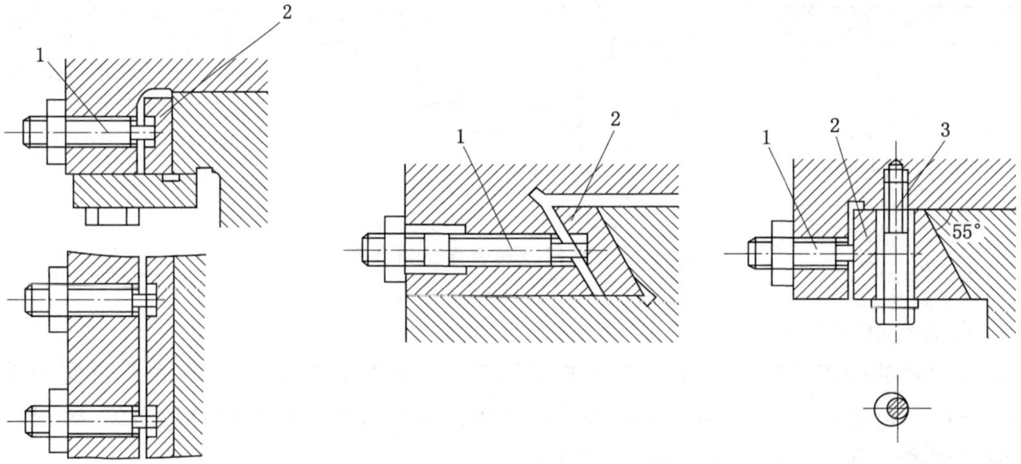

(a) 矩形截面平镶条　(b) 平行四边形平镶条　(c) 梯形镶条

1—调整螺钉；2—平镶条；3—压紧螺栓。

图 4-49　平镶条

② 斜镶条

斜镶条沿其长度方向有一定斜度，靠纵向位移使其两个侧面分别与动导轨和支承导轨均匀接触，因此刚度高。常用斜度为 1∶100～1∶40。为避免两端厚度相差太大，镶条越长则斜度越小。通过调节螺钉或修磨垫的方式轴向移动镶条，可以调整导轨的间隙。

图 4-50 所示为几种通过调节螺钉调整斜镶条间隙的调整装置，其中，图 4-50(a)所示为用螺钉 2 带动镶条 1 移动调整间隙，这种方式结构简单，但螺钉凸肩和镶条凹槽之间的间隙会引起镶条在往复运动中的窜动，影响导向精度和刚度。图 4-50(b)所示为对图 4-50(a)的改进，为避免窜动增加了锁紧螺母 3，其结构简单，应用广泛。图 4-50(c)通过螺母 3、4 调整间隙，用螺母 5 锁紧，工作可靠，但结构相对复杂。图 4-50(d)所示为通过分别位于镶条两端的螺钉 2、3 调整间隙，避免了镶条 1 的窜动，适于镶条较短的场合。

图 4-51 所示为使用修磨垫来调整镶条间隙。这种办法虽然麻烦，但导轨移动时镶条不会移动，可保持间隙恒定。斜镶条由于厚度不等，在加工后应力分布不均，容易弯曲，且在调整、压紧或在机床工作状态下也会弯曲。对于两端用螺钉调整的镶条，更易弯曲。因此，镶

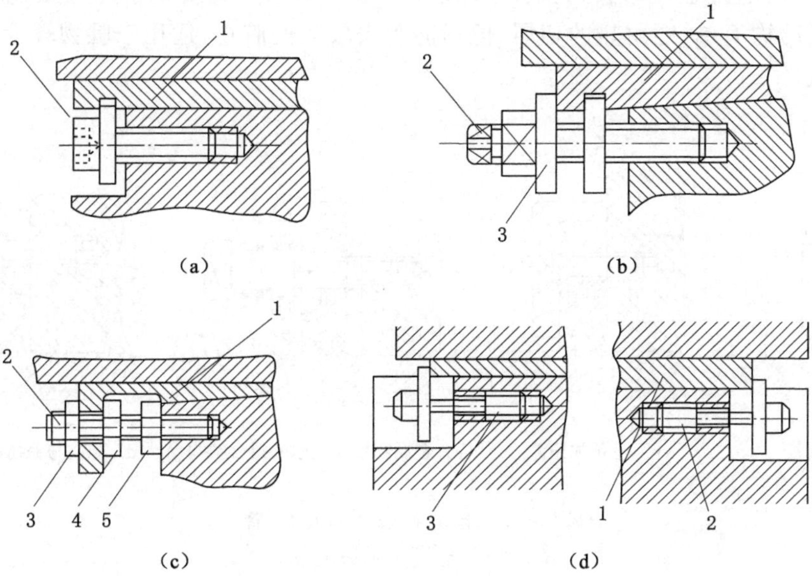

1—镶条；2—调节螺钉；3，4，5—螺母。

图 4-50　斜镶条

条在导轨间沿全长的弹性变形和比压是不均匀的。镶条斜度和厚度增加时，不均匀度将显著增加。为了增加镶条柔度，应选用小的厚度和斜度。当镶条尺寸较大时，可在中部削低下去一段，使镶条两端保持良好接触，并可减小刮研面积；或者在其上开横向槽，增加镶条柔度，如图 4-52 所示。

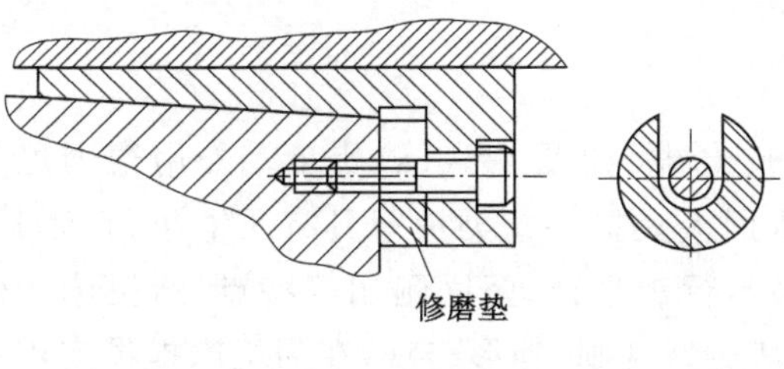

图 4-51　斜镶条的间隙调整

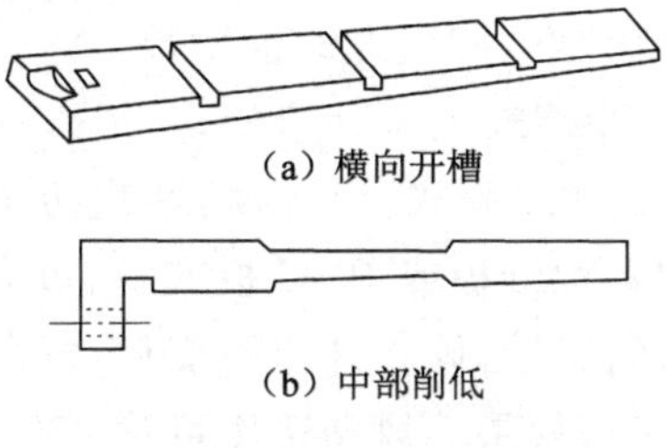

图 4-52　增加镶条柔度的结构

5. 导轨的防护

导轨防护的目的是能够挡住切屑和脏物进入导轨，避免引起表面擦伤、磨损和腐蚀，能耐红热的切屑和冷却液的腐蚀；清理导轨时便于装卸；具有一定的刚度、强度和使用寿命；外形美观，容易制造，成本低。导轨防护是防止或减少导轨副磨损、延长导轨寿命的重要方法之一。

常见的防护方式有刮板式、伸缩式、整罩式及两侧式。

(1) 刮板式

图 4-53 所示为刮板式间接防护装置，虽无法防止切屑、灰尘等脏物落到导轨面上，但能刮除导轨面上的尘屑，这种装置只适于低速移动的导轨。

图 4-53(a)所示为金属刮板(黄铜或弹簧片)结构,刮板 1 固定在动导轨上,靠弹力压在导轨面上。其结构简单,能耐热的切屑,但只能刮去较大的脏物,适用于脏物较少的场合,如立柱横梁导轨。

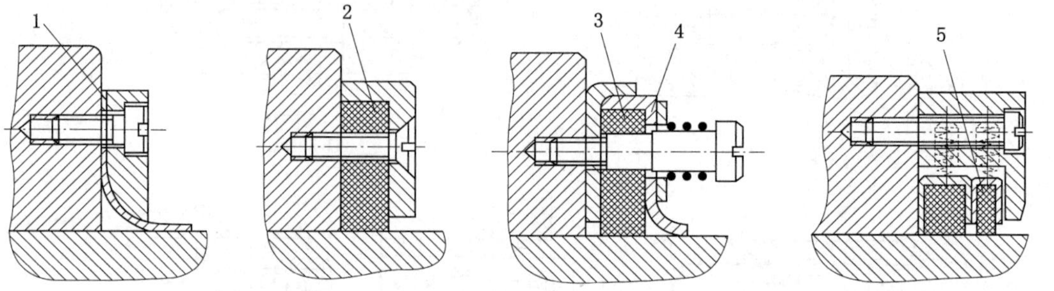

(a) 金属刮板　(b) 毛毡加压盖　(c) 金属刮板和毛毡的组合结构　(d) 橡皮与毛毡的组合结构

1—金属板;2,3—毛毡;4—金属刮板;5—橡皮。

图 4-53　刮板式防护装置

图 4-53(b)所示为毛毡加压盖(或用弹性压紧)结构,毛毡 2 不仅能去掉细小的脏物,还能吸油润滑,但容易堵塞,需经常拆洗,不能耐热的切屑。其结构简单,广泛用于脏物不多、运动不频繁的人工加油润滑的导轨。图 4-53(c)所示为金属刮板和毛毡的组合结构,金属刮板 4 和毛毡 3 对导轨进行两次防护,这种结构的耐热能力好、防护能力强并有良好的润滑性,结构虽复杂,但应用广泛。

图 4-53(d)所示为橡皮与毛毡的组合结构。橡皮 5 能扫除导轨面上的细小尘屑,不会堵塞,但却会刮掉导轨面上的润滑油。因此,不宜用于外露导轨上浇油润滑的场合。这种装置防护效果较好,使用寿命也较长。

(2) 伸缩式

① 软式皮腔式。柔性风琴式防护罩,俗称皮老虎,如图 4-54(a)所示。外用德国尼龙布,内加青稞纸板或 PVC 板支承,边缘则用不锈钢板夹护。此类护罩具有压缩小、行程长,可耐油、耐腐蚀,硬物冲撞不变形,寿命长、密封好,行走平稳、坚固耐用等特点,给机床的使用带来完美效果。风箱速度可达 200 m/min。其造型规则,外形美观,在为机床提供实用性保护的同时,也为机床整体增加了更多视觉上的美感,使机床的整机价值得到了提升。

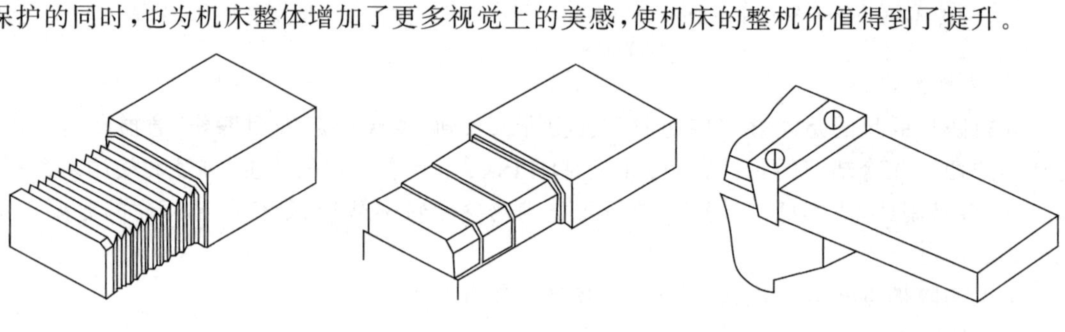

(a) 软式皮腔式护罩　(b) 叠层式护罩　(c) 整罩式护罩

图 4-54　导轨防护装置

② 叠层式。钢制伸缩式导轨防护罩是机床的传统防护形式,如图 4-54(b)所示,当运动部件移动时,防护罩可随着伸长或缩短。该防护罩对防止切屑及其他杂质异物的进入起着有效的防护作用,通过一定的结构措施及合适的刮屑板也可有效地降低冷却液的渗入。钢制伸缩式导轨防护罩能耐热切屑,使用寿命长,但制造较复杂,成本也较高,在机床防护领域被广泛地应用,一般适用于镗床等大型及精密机床。

(3) 整罩式

导轨防护罩直接固定在动导轨上,如图 4-54(c)所示。其结构较简单,但工作台两端要加长,机床的外形尺寸就增大了。这对于行程长度较大的机床很不合适。

(4) 两侧式

在滚动导轨与滑动导轨中均可采用两侧的防护措施,如图 4-55 所示。其导轨保护装置用在两导轨配合缝隙上,对防止细微切屑及水的侵入是很有效的方法。

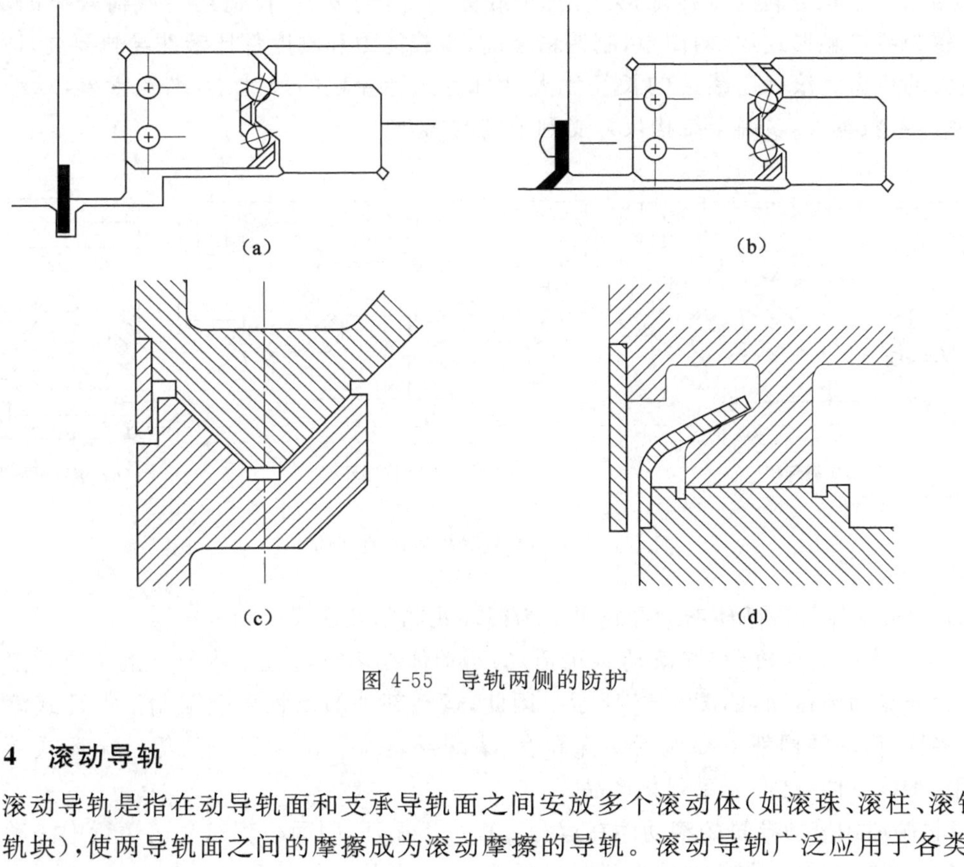

图 4-55 导轨两侧的防护

4.3.4 滚动导轨

滚动导轨是指在动导轨面和支承导轨面之间安放多个滚动体(如滚珠、滚柱、滚针或滚动导轨块),使两导轨面之间的摩擦成为滚动摩擦的导轨。滚动导轨广泛应用于各类机床,特别是数控机床。

1. 滚动导轨的特点

滚动导轨与普通滑动导轨相比具有以下优点:

(1) 运动灵敏度高。滚动导轨的摩擦系数小,$f=0.0025\sim0.0050$,且无论在高速运动或低速运动时,滚动导轨的摩擦系数基本不变,即动、静摩擦系数很接近。

(2) 滚动导轨的磨损小,精度保持性好,寿命长,具有较高的重复定位精度,可达 0.1~0.2 μm。

（3）滚动导轨启动功率小，牵引力小，运动轻便、平稳，一般滚动导轨在低速运动时不会出现爬行现象。

（4）滚动导轨的润滑系统简单，可采用油脂润滑，维修方便（只需更换滚动体）。

滚动导轨常用于对运动灵敏度要求高的地方，如数控机床和机器人或者精密定位微量进给机床等。但滚动导轨同滑动导轨相比，抗振性差，对脏物比较敏感，因此，必须有良好的防护措施与装置。由于导轨间无油膜存在，滚动体与导轨是点接触或线接触，接触应力较大，故一般滚动体和导轨须用淬火钢制成。另外，滚动体直径的不一致或导轨面不平，都会使运动部件倾斜或高度发生变化，影响导向精度，因此，滚动导轨对滚动体的精度和导轨平面要求较高。与普通滑动导轨相比，滚动导轨的结构复杂，制造困难，成本较高。

2. 滚动导轨的类型

（1）按滚动体类型分类。机床滚动导轨常用的滚动体有滚珠、滚柱和滚针三种，如图 4-56所示。滚珠导轨为点接触形式，其承载能力低，刚度差，仅适用于载荷较小的场合。滚柱导轨为线接触形式，结构简单，制造精度高，承载能力和刚度都比滚珠导轨要高，适用于载荷较大的机床。滚针比滚柱的长径比大，因此，滚针导轨的尺寸小，结构紧凑，承载能力大，但摩擦系数也大，多用于结构尺寸受到限制的场合。

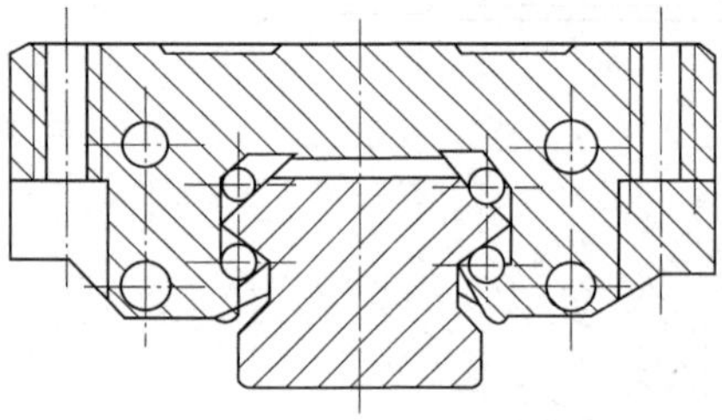

（a）滚珠循环型

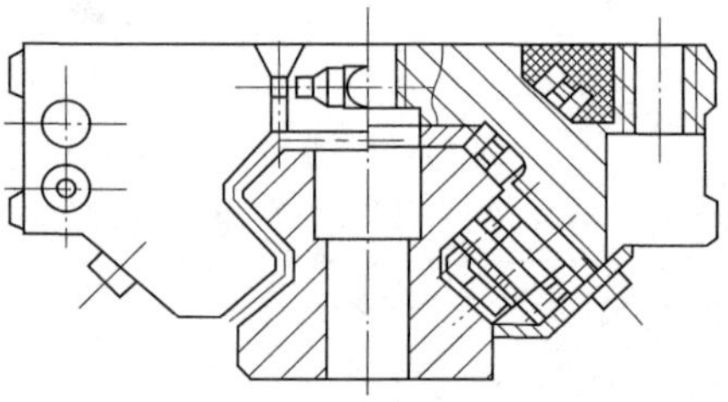

（b）滚柱循环型

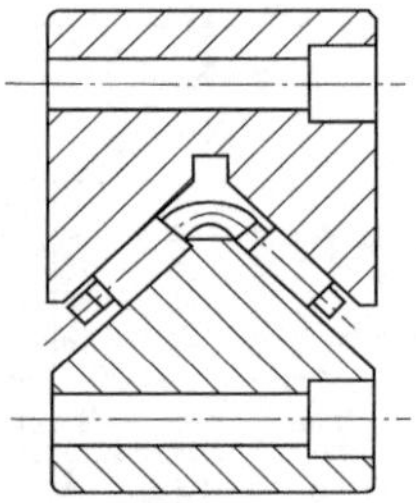

（c）滚针循环型

图 4-56　滚动直线导轨副的滚动体

（2）按滚动体是否循环滚动导轨可分为循环式和非循环式两种。

① 循环式滚动导轨（直线滚动导轨副）的滚动体在运行过程中沿自己的工作轨道和返回轨道做连续循环运动，如图 4-57 所示。因此，运动部件的行程不受限制。循环式滚动导轨类型多样，但其结构都主要包括滚珠导套、滚珠导轨块和滚柱导轨块等。循环式导轨安装、使用、维护方便，已形成系列化产品。

② 非循环式滚动导轨的滚动体在运行过程中不循环，因而行程有限。运行中滚动体始终同导轨面保持接触。非循环式滚动导轨结构简单，适用于短行程的导轨。

3. 滚动导轨的预紧

预紧是指在滚动体与导轨面之间预加一定的载荷，增加滚动体与导轨的接触面积，以减少导轨面的平面度、滚子直线度和滚动体直径不一致等误差的影响，使大多数滚动体都均衡地参加工作。滚动导轨的预紧可以提高导轨的刚度，一般来说有预紧的滚动导轨比没有预紧的滚动导轨刚度可以提高 3 倍以上。

直线滚动导轨副的预紧可以分为四种情况：重预紧 F_0，预紧力为 C_d（C_d 为额定动载

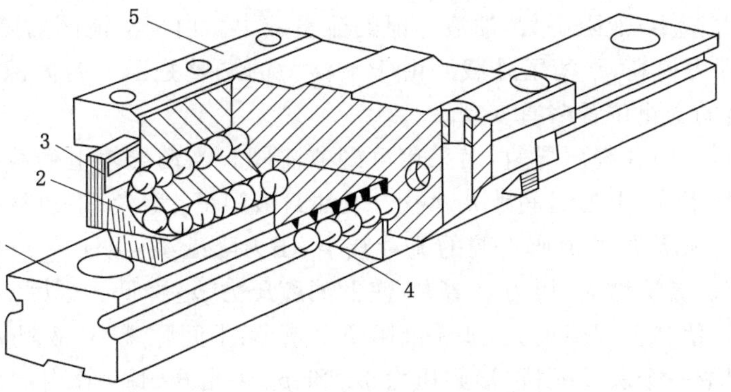

1—导轨条；2—端面挡板；3—密封垫；4—滚珠；5—滑块。

图 4-57　直线滚动导轨副

荷）；中预紧 $F_1=0.05C_d$；轻预紧 $F_2=0.025C_d$；无预紧 F_3。根据其规格不同，留有 3～28 μm 间隙，常用于辅助导轨、机械手等。轻预紧用于精度要求高、载荷轻的机床，如磨床进给导轨、工业机器人等。中预紧用于对刚度和精度均要求较高的场合，如数控机床导轨。重预紧多用于重型机床。预紧的方法可分为两种，一种是通过调整螺钉、垫块和楔块移动导轨来实现预紧；另一种是利用尺寸差达到预紧。

4.3.5　静压导轨

静压导轨的工作原理同静压轴承相似，通常在动导轨面上均匀分布有油腔和封油面，把具有一定压力的液体或气体介质经节流器送到油腔内，使导轨面间流体产生压力，将动导轨微微抬起，与支承导轨脱离接触，浮在压力油膜或气膜上。静压导轨摩擦系数小，在启动和停止时没有磨损，精度保持性好。其缺点是：结构复杂，需要一套专门液压或气压设备；维修、调整比较麻烦。因此，静压导轨多用于精密和高精度机床或低速运动机床中。静压导轨按结构形式分开式和闭式两大类。

图 4-58 所示为一个定压式开式静压导轨。来自液压泵 1 的压力油 p_s，经节流阀 4 节流后压力降为 p_a 进入导轨油腔，然后从油腔四周的油封间隙处流出，压力降为零。油腔内的压力油产生上浮力，与工作台 5 和工件的自重 F_w 及切削力 F 平衡，将动导轨浮起，上、下导

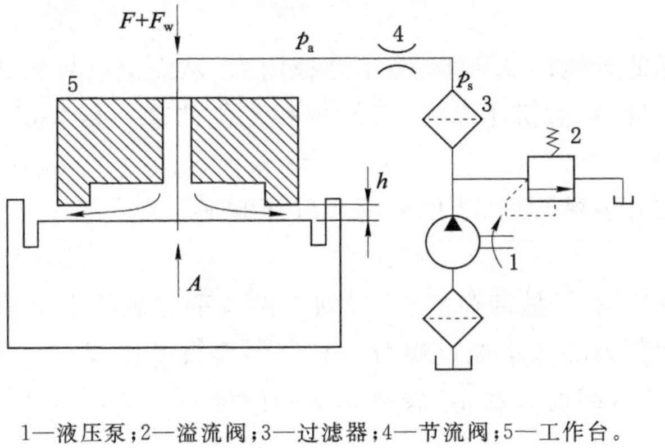

1—液压泵；2—溢流阀；3—过滤器；4—节流阀；5—工作台。

图 4-58　定压式开式静压导轨

轨面间成为纯液体摩擦。当作用在动导轨上的载荷 $F+F_w$ 增大时，工作台失去平衡而下降，导轨油封间隙减小，液阻增大，油液外泄的流量减小。由于节流阀的调压作用，油腔压力 p 随之增大，上浮力提高，平衡了外载。由于上浮力的调整是因油封间隙变化而引起的，因此工作台随载荷的变化位置略有变动。

图 4-59 所示为闭式静压导轨，多采用可调节流阀。当动导轨上受载荷 $F+F_w$ 作用时，平衡破坏，动导轨下降，上油封间隙 h_1 减小，上油封液阻 F_{R1} 增大；下油封间隙 h_2 增大，下油封液阻 F_{R2} 减小。则流经节流阀上腔的流量减小，压力降减小，上油腔 1 中的压力 p_{b1} 升高；流经节流阀下腔的流量增大，压力降增大，使下油腔压力 p_{b2} 降低。也因 $p_{b1}>p_{b2}$，节流阀内的薄膜向下变形，使其上间隙增大，节流液阻 F_{Rj1} 减小；下间隙减小，液阻 F_{Rj2} 增大。

四个液阻组成一个威斯顿桥，油腔压力 p_{b1} 和 p_{b2} 可由式(4-7)算出：

$$\left.\begin{aligned} p_{b1} &= p_s F_{R1}/(F_{Rj1}+F_{R1}) \\ p_{b2} &= p_s F_{R2}/(F_{Rj2}+F_{R2}) \end{aligned}\right\} \tag{4-7}$$

由式(4-7)可见，可调节流阀上、下油腔的节流液阻与导轨上、下油封液阻的阻值呈相反的变化，增强了油腔压力随外载荷变化的反馈能力，减少了外载荷变化引起的工作台位置变化，即提高了导轨的刚度。因此，采用闭式导轨，油膜刚度较高，能承受较大载荷，并能承受偏载和倾覆力矩作用。气体静压导轨的工作原理与液体静压导轨类同。但由于气体的可压缩性，其刚度不如液体静压导轨。

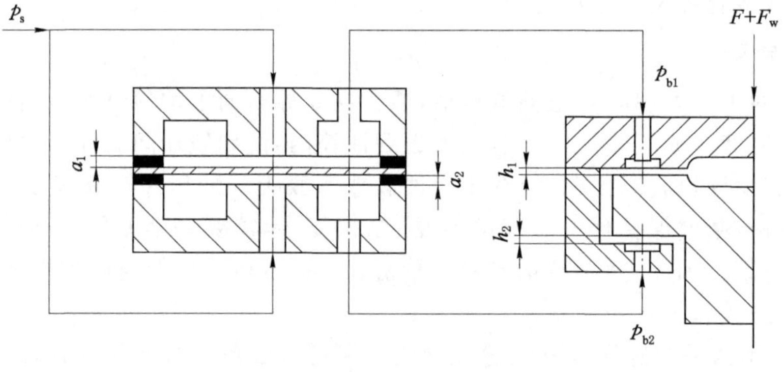

图 4-59 闭式静压导轨

4.3.6 卸荷导轨

卸荷导轨用来降低导轨面的压力，减小摩擦阻力，从而提高导轨的耐磨性和低速运动的平稳性。尤其是对大型、重型机床而言，工作台和工件的重力很大，导轨面上的摩擦阻力很大，常采用卸荷导轨。

导轨的卸荷方式有机械卸荷、液压卸荷和气压卸荷。

(1) 机械卸荷

图 4-60 所示为常用的机械卸荷导轨，导轨上的一部分载荷由支承在辅助导轨面 a 上的滚动轴承 3 承受。卸荷力的大小通过螺钉 1 和碟形弹簧 2 调节。卸荷点的数目由动导轨上的载荷和卸荷系数决定，卸荷系数 α_H 表示导轨卸荷量的大小，由式(4-8)确定：

$$\alpha_H = \frac{F_H}{F_A} \tag{4-8}$$

式中：F_A 为导轨上一个支承所承受的载荷，N；F_H 为导轨上一个支座的卸荷力，N。对于大型、重型机床，导轨上承受的载荷较大，卸荷系数 α_H 应取大值，一般 $\alpha_H=0.7$；对于精度要求较高的机床，为保证加工精度，防止产生漂浮现象，α_H 应取较小值，$\alpha_H\leqslant 0.5$。机械卸荷方式的卸荷力不能随外载荷的变化而调节。

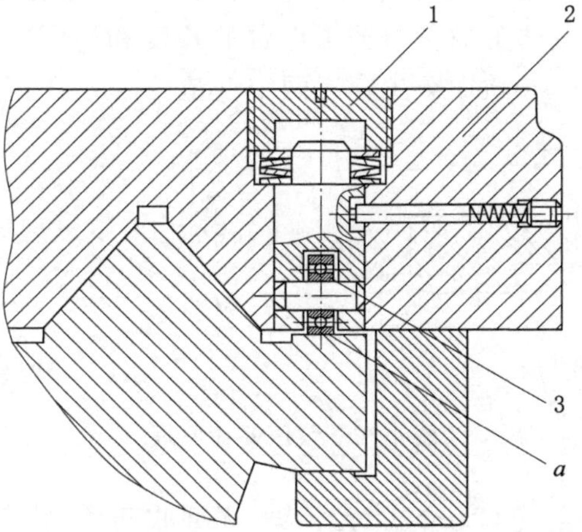

1—螺钉；2—碟形弹簧；3—滚动轴承。

图 4-60 机械卸荷导轨

(2) 液压卸荷

图 4-61 所示为液压卸荷系统。液压卸荷的原理与静压导轨相同，只是油腔作用面积较小。将高压油压入工作台导轨上的一串纵向油槽，油腔压力产生向上的浮力，虽不足以将运动部件浮起，但可以抵消部分载荷，从而减小滑动面上的压强，起到卸荷的作用。由于介质的黏度较高，由动压效应产生的干扰较大，难以保持摩擦力基本恒定。对于工作台重量和工件重量均匀分布且切削力较小，床身和工作台具有足够大刚度的机床，可以用溢流阀直接控制导轨各支座压力，使每个支座的卸荷力都相等，如图 4-61(a)所示。

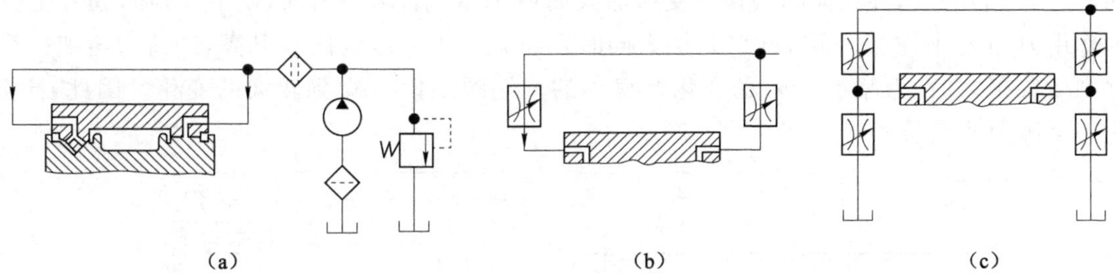

图 4-61 液压卸荷导轨

对于工作台和工件重量不均匀分布、切削力和倾覆力矩较大，床身和工作台刚度又较低的机床，为了使每个支座具有不同的卸荷力，可采用几个节流阀分别控制各个支座的压力，如图 4-61(b)所示。由于卸荷导轨的导轨面仍处于直接接触的状态，故流经导轨面的流量是很小的。如果这个流量小于节流阀的最小稳定流量，节流阀就不能稳定地工作。这时，每个支座可连接两个节流阀，如图 4-61(c)所示，这样通过节流阀的流量就较大，而进入支座的流量却很小，使节流阀稳定可靠地工作。

(3) 气压卸荷

气压卸荷导轨的基本原理如图 4-62 所示。压缩空气进入工作台的气囊，经导轨面间由于表面粗糙而形成的微小沟槽流入大气，导轨间的气压呈梯形分布，形成一个气垫，产生的上浮力对导轨进行卸荷。气垫的数量根据工作台的长度和刚度而定，长度较短或刚度较高时，气垫数量可取少些，每个导轨面至少应有两个气垫。

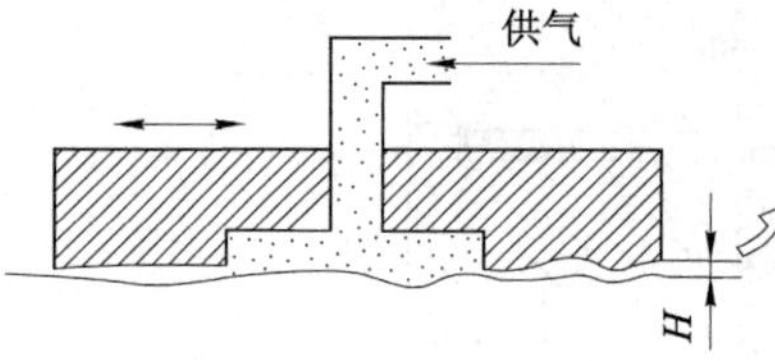

(a) 原理

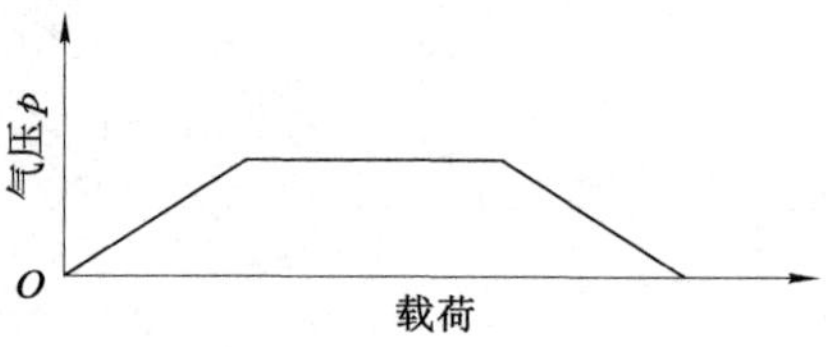

(b) 压力变化

图 4-62　气压卸荷原理

气压卸荷导轨以压缩空气作为介质，无污染、无回收问题，黏度低，动压效应影响小。但由于气体的可压缩性，气体静压导轨的刚度不如液体静压导轨。为了兼顾精度和阻尼的要求，应使摩擦力基本保持恒定，即卸荷压力应随外载荷变化能自动调节，出现了自动调节气压卸荷导轨，也称半气浮导轨。

图 4-63 所示为自动调节气压导轨卸载的原理图。从空气压缩机来的是气压为 p_s 的压缩空气，经阀 5 的阀口 a 进入动导轨 1 的气槽，再经由导轨副的表面粗糙度形成的空隙 h 进入大气。气压 p_s 经阀口 a 降至 p，再经空隙 h 降至 0。p 乘以气槽的有效面积，就是这个气槽的卸荷力。每条导轨至少要有两个气槽。p_s 的另一路经节流阀 3 把气压降至 p_d，再经位移传感器的喷嘴 2 和支承导轨(相当于挡板)间形成的间隙 H 降至 0。这个 p_d 被引至阀 5 的中部。第三条路是 p_s 经定压阀 4 减压至恒定的气压 p_c，并引至阀 5 的下部，p_cA 加弹簧力与 p_dA 平衡，以保持一定的开口 a，从而保持一定的气槽气压 p。当载荷增加(重量 W 或切削力 F 增加)时，导轨面间因接触变形加大而使 H 减小，阻力增加，使 p_d 增加，膜片上方的作用力加大，阀芯 6 下降，开口 a 加大同时 h 也减小了。这就使 p 升高，卸荷力增加。反之则 p 降低，卸荷力减小。p_d 的变化是很小的。经阀 5 使 p 得到较大的变化。因此，阀 5 是一个压力放大器。

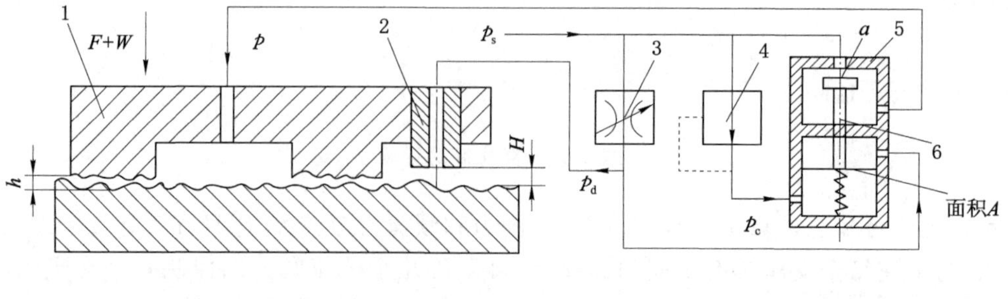

1—动导轨；2—喷嘴；3—节流阀；4—定压阀；5—阀；6—阀芯。

图 4-63　自动调节气压导轨卸载原理

4.3.7　导轨的设计

(1) 滑动导轨的设计

滑动导轨的设计主要有以下内容。

① 选择滑动导轨的类型和截面形状。

② 根据机床工作条件、使用性能，选择出合适的导轨类型，再依照导向精度和定位精度、加工工艺性、要保证的结构刚度，确定出导轨的截面形状。

③ 选择合适的导轨材料、热处理方法，保证导轨的耐磨性和使用寿命。

④ 进行滑动导轨的结构设计和计算。主要有导轨受力分析、压强计算、验算磨损量和确定合理的结构尺寸，可查阅有关设计手册。

⑤ 设计导轨调整间隙装置和补偿方法。

⑥ 设计润滑、防护系统装置。

⑦ 制定出导轨制造加工、装配的技术要求。

(2) 滚动导轨的设计

目前，直线滚动导轨副和滚动导轨块基本上已系列化、规格化和模块化，有专门制造厂生产，用户可根据需要选购。例如，国产的GGB型直线滚动导轨是四方向等载荷型，有AA、AB两种尺寸系列，以导轨条的宽度B表示规格大小，每个系列中，从16～65共9种规格。滚动导轨块有HJG-K和6192型两种系列产品。国外的直线滚动导轨副，如日本的IKO直线运动系列中，滚珠、滚子导轨副有预压调整型、高刚度型、模组型、微小型等多种类型，供用户选择使用。

因此，在滚动导轨设计中应充分考虑导轨的工作条件、受力情况、使用寿命等要求，首先对直线滚动导轨副或滚动导轨块的受载情况进行分析计算，以导轨副所受动载荷选择直线滚动导轨副或滚动导轨块的型号，并对其使用寿命进行评估，最后进行导轨的结构设计。滚动导轨的计算可查阅有关设计手册。

4.3.8　提高导轨工作性能的措施

1. 合理选择导轨的材料和热处理方法

导轨材料和热处理方法对导轨性能、精度有直接影响，要合理地选择，以便降低摩擦系数，提高导轨的耐磨性，降低成本。导轨的材料有铸铁、钢、有色金属、塑料等。

(1) 铸铁导轨。铸铁导轨有良好的抗振性、工艺性和耐磨性，因此应用最广泛。灰铸铁常进行表面淬火来提高硬度，如高频感应加热淬火、电接触淬火的硬度HRC为50～55，耐磨性提高1～2倍，常用在车床、铣床、磨床上。要提高导轨的力学性能和耐磨性，可在铸铁中加入不同的合金元素，生成高磷铸铁、磷铜钛铸铁、钒钛铸铁等，它们具有良好的力学性能和耐磨性，多用在精密机床，如坐标镗床和螺纹磨床上。

(2) 镶钢导轨。为提高导轨的耐磨性，采用淬火钢和氮化钢的镶钢支承导轨，抗磨损能力比灰铸铁导轨提高5～10倍。

(3) 有色金属。采用有色金属材料，如锡青铜和铝青铜镶装在重型机床、数控机床的动导轨上，可以防止撕伤，保证运动的平稳性和提高运动精度。

(4) 塑料导轨。塑料导轨具有摩擦系数低、耐磨性高、抗撕伤能力强、低速不易爬行、运动平稳、工艺简单、化学性能好、成本低等特点，在各类机床上都有应用，特别是用在精密、数控、大型、重型机床动导轨上。为提高导轨耐磨性和防止撕伤，在导轨副中，动导轨和支承导轨应分别采用不同的材料。如果采用相同的材料，也应采用不同的热处理方法，使二者具有不同的硬度。滑动导轨中，一般动导轨粘贴氟塑料软带，支承导轨用淬火钢或淬火铸铁；或者动导轨采用铸铁，不淬火，支承导轨采用淬火钢或淬火铸铁。

2. 导轨的预紧

对于精度要求较高、受力大小和方向变化较大的情况，滚动导轨应预紧。合理地将滚动导轨预紧可以提高其承载能力、运动精度和刚度。

3. 导轨的磨损

磨损是导轨接合面在一定压力作用下直接接触并相对运动而造成的，因此争取不磨损的条件是让接合面在运动时不接触。方法是保证完全的液体润滑，用油膜隔开相接触的导轨面，如采用静压导轨。

争取少磨损，可采用加大导轨接触面和减轻负荷的办法来降低导轨面的压强；采用卸荷导轨是减轻导轨负荷、降低压强的好方法，尤其是采用自动调节气压卸荷导轨，可以使摩擦力基本保持恒定，卸荷力能随外载荷变化而自动调节。

争取均匀磨损，要使摩擦面上压力分布均匀，尽量减小扭转力矩和倾覆力矩，导轨的形状尺寸要尽可能对集中载荷对称。磨损后间隙变大，设计时要考虑如何补偿、调整间隙，如采用可以自动调节间隙的三角形导轨，采用镶条、压板结构，定期调整、补偿。

4. 导轨的润滑和防护

导轨的良好润滑和可靠防护，可以降低摩擦力，减少磨损，降低温度和防止锈蚀，延长寿命。因此，必须有专门的供油系统，采用自动和强制润滑。根据导轨工作条件和润滑方式，选择合适黏度的润滑油。

5. 导轨的运动平稳性

机床的某些运动部件往往需要做低速运动或间歇微量位移，因此，机床导轨易产生爬行现象。当机床导轨在运行过程中，主动件做匀速运动，被动件出现速度不均匀的跳跃式运动现象，即时走时停或出现时快时慢的现象。这种在低速运动过程中所产生的运动不平稳性称为导轨的爬行。爬行会影响机床的定位精度、加工精度以及工件的表面粗糙度。因此，应对爬行予以足够重视并采取有效措施防止爬行现象的产生。可采取以下几方面的措施：

① 改善导轨的摩擦性能，以减少静、动摩擦系数之差 Δf，如采用导轨油，导轨油中增加了极性添加剂，增加了润滑性，可使油分子紧紧地吸附在导轨面上；用滚动摩擦或静压液体摩擦代替滑动摩擦（采用滚动导轨和滚珠丝杠-螺母副）；选用摩擦系数小的滑动导轨表面材料（镶装铝青铜、锌合金、聚四氟乙烯的动导轨与铸铁的支承导轨配合）等。

② 提高传动系统刚度 K，如缩短传动链，减少传动件数量；提高各传动件及组件的刚度；合理确定传动系统的传动比等。

③ 增加传动系统阻尼比 e，如在摩擦表面上使用黏度较大的润滑油，保证丝杠传动副润滑充分；在传动链中增加阻尼器等。

④ 减轻移动部件质量 m。

⑤ 减小传动间隙；减小运动部件的偏重，避免操纵手柄偏重或安装脱开装置；提高零件的加工转配质量等。

4.4 滚珠丝杠螺母副机构

丝杠螺母副是将数控机床的旋转运动转换为直线运动的常用方法之一。

4.4.1 滚珠丝杠螺母副的工作原理

如图4-64所示的滚珠丝杠副是一种靠滚珠传递和转换运动的新型元件，其丝杠3和螺母1上分别加工有半圆弧形沟槽，合在一起形成滚珠的圆形滚道，并在螺母上加工有使滚珠形成循环的回珠通道，当丝杠和螺母相对转动时，滚珠可在滚道内循环滚动，从而迫使丝杠和螺母产生轴向相对移动。由于丝杠和螺母之间是滚动摩擦，因而具有以下特点：

(1) 摩擦损失小，传动效率高，可达90%～96%，是普通滑动丝杠副的3～4倍。

(2) 摩擦阻力小，几乎与运动速度无关，动、静摩擦力之差极小，因而能保证运动灵敏、平稳，低速时不易产生爬行现象。磨损小，精度保持性好，寿命长。

(3) 丝杠螺母之间进行消隙或预紧，可以消除反向间隙，使反向无死区，定位精度高、轴向刚度大。

(4) 不能自锁，传动具有可逆性，即能将旋转运动转换为直线运动或将直线运动转换为旋转运动，因此在某些场合，如传递直线运动时，应增加制动或防止逆转装置，以防工作台因自重而自动下降等。

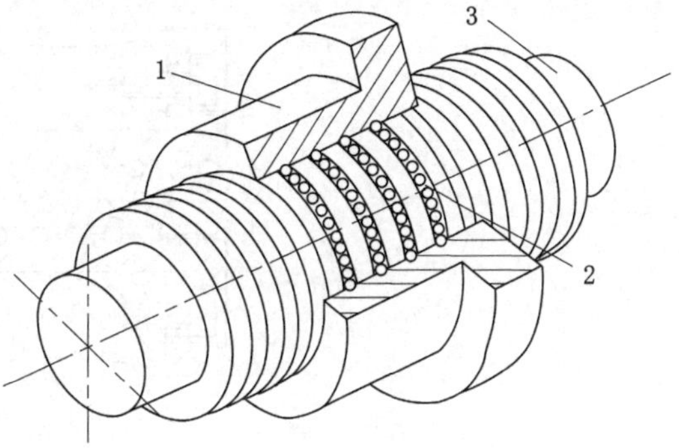

1—螺母；2—滚珠；3—丝杠。

图4-64 滚珠丝杠结构原理图

4.4.2 滚珠丝杠副的结构

各种不同结构的滚珠丝杠副的主要区别是螺纹滚道法向截面的形状、滚珠丝杠螺母副循环方式及轴向间隙的调整和预加负载的方法等三个方面。

1. 螺纹滚道的法向截面的形状

螺纹滚道的法向截面形状有单圆弧形面和双圆弧形面两种，接触角皆为45°。

2. 滚珠丝杠螺母副的循环方式

常用的滚珠丝杠螺母副的循环方式有两种，即外循环与内循环。

(1) 外循环

图4-65所示为常用的一种外循环方式，这种结构在螺母体上轴向处钻出两个孔与螺旋槽相切，作为滚珠的进口和出口。再在螺母的外表面上铣出回珠槽并沟通两孔。另外，在螺母内进出口处各安装一挡珠器，此种方式的噪声较大。

(2) 内循环

内循环均采用反向器实现滚珠循环。反向器有两种形式，结构原理如图4-66所示。圆柱凸键反向器的圆柱部分嵌入螺母内，端部开有反向槽。反向槽靠圆柱外表面及其上端的凸键定位，以保证其对准螺纹滚道方向。

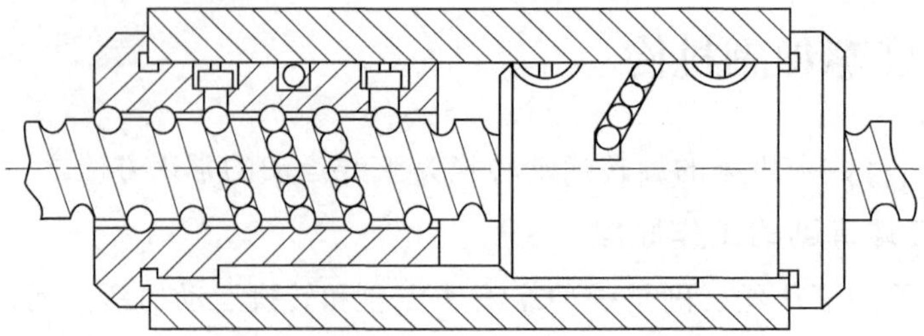

图 4-65 外循环滚珠丝杠副

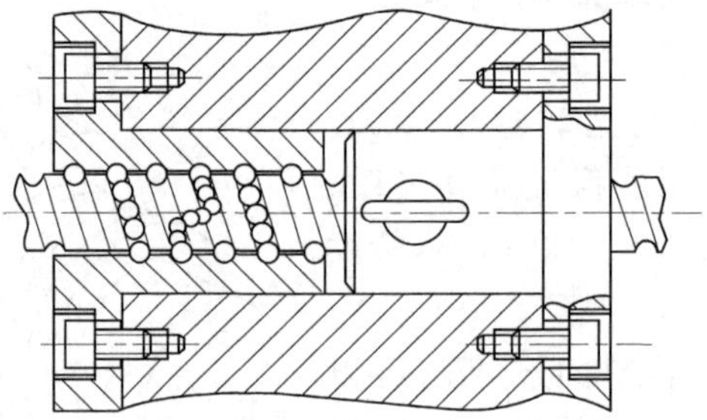

图 4-66 内循环滚珠丝杠副

4.4.3 滚珠丝杠副的间隙调整

滚珠丝杠副消除间隙与调整预紧的方法主要包括垫片预紧、螺纹预紧、齿差预紧等。

1. 垫片预紧

双螺母垫片预紧结构如图 4-67 所示，其特点如下：

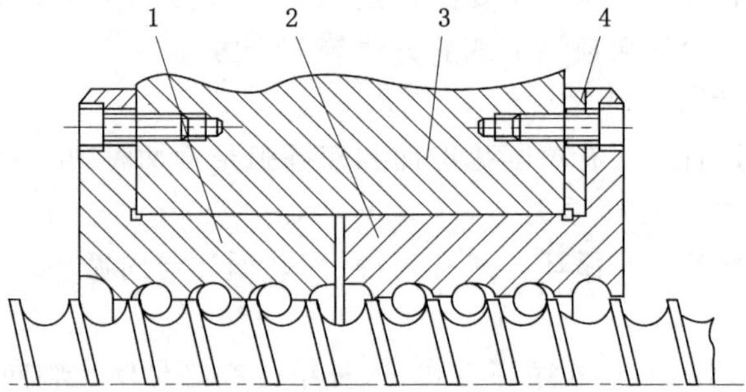

1,2—单螺母；3—螺母座；4—调整垫片。

图 4-67 双螺母垫片预紧结构

(1) 修磨垫片厚度，使两螺母间产生轴向位移，分为拉伸预紧和压缩预紧两种方式，前者采用较多。

(2) 结构简单，装卸方便，刚度高。

(3) 调整不变，滚道有磨损时，不能随时消除间隙和进行预紧。

2. 螺纹预紧

螺纹预紧结构如图 4-68 所示，其特点为：通常调整端部的圆螺母，使滚珠丝杠螺母产生轴向位移，其机构简单、紧凑，工作可靠，滚道磨损时可随时调整，但预紧量不准确。

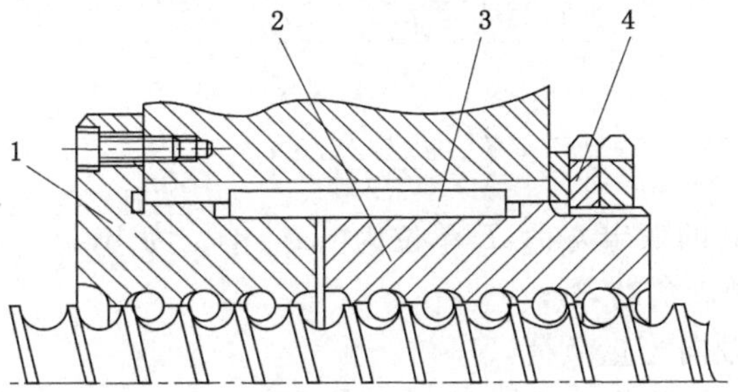

1，2—单螺母；3—平键；4—调整螺母。

图 4-68　双螺母螺纹预紧结构

3. 齿差预紧

螺母齿差预紧结构如图 4-69 所示，其特点为：两个螺母上都有齿轮，分别与紧固在套筒两端的内齿圈相啮合，其齿数分别为 z_1 和 z_2，并相差一个齿，两个螺母向相同方向转动一个齿，调整的轴向位移为 $S=P/z_1 \cdot z_2$；其调整方便，能精确地调整预紧量，结构较复杂，多用于高精度传动。

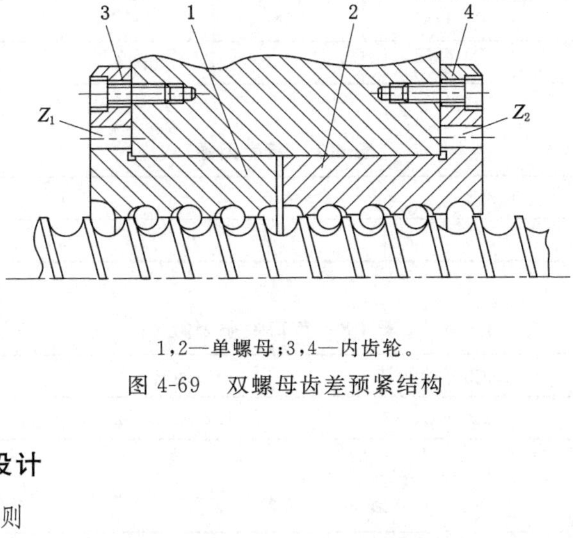

1，2—单螺母；3，4—内齿轮。

图 4-69　双螺母齿差预紧结构

4.4.4　滚珠丝杠副设计

1. 选择计算的准则

由于滚珠丝杠副已标准化、系列化，并由专业厂家生产和供应，故对使用者来说滚珠丝杠副的承载能力是用额定负荷表示，其定义、计算和选用方法与滚动轴承基本相同。当滚珠丝杠传动的转速 $n>10$ r/min 时，其主要失效形式为疲劳点蚀。计算准则与滚动轴承的计算准则相同，即根据额定动负荷选用滚珠丝杠副，只有当 $n<10$ r/min 时才按额定静负荷选用。对于承受压缩的细长滚珠丝杠副需进行压杆稳定性计算；对转速高、支承距大的滚珠丝杠副需进行临界转速的校核；对精度要求高的传动要进行刚度验算、转动惯量校核，对闭环

控制系统还要进行谐振频率的验算。

2. 疲劳寿命计算

(1) 额定寿命

$$L=\left(\frac{C_a f_t f_h f_a f_k}{F_m f_w}\right)^3\times 10^6 \tag{4-9}$$

或

$$L_h=\left(\frac{C_a f_t f_h f_a f_k}{F_m f_w}\right)^3\times \frac{10^6}{60n_m} \tag{4-10}$$

式中 L,L_h——修正后的额定寿命,L 单位为 r,L_h 单位为 h;

C_a——额定轴承动负荷,N;

F_m——丝杠的轴向当量负荷,N;

n_m——丝杠的当量转速;

f_t——温度因数,见表 4-6;

f_h——硬度因数,当导轨面硬度 HRC 为 58~64 时,$f_h=1.0$,HRC 为 55 时,$f_h=0.8$,HRC 为 50 时,$f_h=0.53$;由于标准规定硬度 HRC 不低于 58,故通常取 $f_h=1$;

f_a——精度因数,见表 4-7;

f_w——负荷性质因数,见表 4-8;

f_k——可靠性因数,见表 4-9。

表 4-6 温度因数

工作温度/℃	<100	125	150	175	200	225
f_t	1	0.95	0.90	0.85	0.80	0.75

表 4-7 精度因数

精度等级	1、2、3	4、5	7	10
f_a	1.0	0.9	0.8	0.7

表 4-8 负荷性质因数

负荷性质	无冲击平稳运转	一般运转	有冲击和振动运转
f_w	1.0~1.2	1.2~1.5	1.5~2.5

表 4-9 可靠性因数

可靠性/%	90	95	96	97	98	99
f_k	1.00	0.92	0.53	0.44	0.33	0.21

(2) 当量负荷和当量转速

在变速和变负荷的条件下,必须折算成当量负荷和当量转速进行寿命计算。通常情况下可取:

$$F_{\mathrm{m}} = \sqrt[3]{F_1^3 \frac{n_1 q_1}{n_{\mathrm{m}} 100} + F_2^3 \frac{n_2 q_2}{n_{\mathrm{m}} 100} + \cdots + F_i^3 \frac{n_i q_i}{n_{\mathrm{m}} 100}} \tag{4-11}$$

式中 n_i——相应工作阶段的丝杠转速，r/min；

q_i——相应工作阶段所含时间比例，%；

F_i——相应工作阶段所受载荷，N。

$$n_{\mathrm{m}} = n_1 \frac{q_1}{100} + n_2 \frac{q_2}{100} + \cdots + n_i \frac{q_i}{100} \tag{4-12}$$

(3) 滚珠丝杠副规格的选择

滚珠丝杠副的寿命见表 4-10，可参考选用。

表 4-10 各种机械滚珠丝杠的推荐寿命

主机类型	寿命 L_{h}/h	主机类型	寿命 L_{h}/h
数控机床、精密机床	15 000	自控系统	15 000
普通机床、组合机床	10 000	测量系统	15 000
工程机械	5 000～10 000	航空机械	1 000～2 000

根据选定的寿命 L_{h}、计算出的当量负荷 F_{m} 和当量转速 n_{m}，查得各项因数，由式(4-9)或式(4-10)即可求得额定动负荷 C_{a}。所选用的滚珠丝杠副的额定动负荷应大于或等于计算值。最后查阅有关滚珠丝杠副的产品手册即可得出其规格与型号。

3. 压杆稳定性和临界转速验算

(1) 压杆稳定性

细长丝杠承受压缩载荷时，应验算压杆稳定性，不会发生失稳的最大压缩载荷为临界载荷 F_{cr}。

$$F_{\mathrm{cr}} = 3.4 \times 10^6 \frac{f_1 d_2^4}{L_0^2} \tag{4-13}$$

$$d_2 = d_0 - 1.2 D_{\mathrm{w}}$$

式中 d_0——丝杠公称直径，mm；

D_{w}——滚珠直径，mm；

L_0——丝杠最大承受长度，mm；

f_1——丝杠支承方式系数，与滚珠丝杠支承结构形式相关。

(2) 临界转速

高速长丝杠有可能发生共振，需验算其临界转速，不会发生共振的最高转速为临界 n_{cr}。

$$n_{cr} = 9\,910 \frac{f_2 d_2^4}{L_{\mathrm{c}}^2} \tag{4-14}$$

$$d_2 = d_0 - 1.2 D_{\mathrm{w}}$$

式中 f_2——丝杠支承方式系数；

L_{c}——临界转速的支撑距离，mm，可根据滚珠丝杠支承结构形式查表获得。

此外，滚珠丝杠还受 $d_0 n$ 值的限制，通常 $d_0 n \leqslant 7\,000$ mm · r/min。

4. 滚珠丝杠副系统刚度的计算

理论上，丝杠刚度、丝杠副接触刚度、螺母座、轴承座刚度以及支承轴承刚度均对滚珠丝杠副系统的刚度有影响，为提高系统刚度，在实际设计中，通常提高轴承、轴承座、螺母座的刚度。其中丝杠刚度、滚珠与滚道接触刚度是滚珠丝杠副刚度的主要决定性因素。参考ISO标准，滚珠丝杠副系统刚度计算公式可简明表示如下：

$$\frac{1}{R_t}=\frac{1}{R_s}+\frac{1}{R_u} \tag{4-15}$$

式中 R_t——滚珠丝杠副系统刚度，N/μm；

R_s——滚珠丝杠轴刚度，N/μm，；

R_u——滚珠丝杠副螺纹滚道与钢珠在轴向的接触刚度，N/μm。

$$R_s=\frac{\pi(d_0-12D_w)^2E}{4L}\times10^{-3}$$

式中 d_0，D_w——查滚珠丝杠副样本可得；

L——支撑距离，mm，丝杠安装方式为一端固定、另一端自由的螺母至固定端处的最大距离，如图4-70所示，当滚珠丝杠副安装方式为两端固定时，L为两端固定支撑间距离，如图4-71所示。

E——弹性模数，$E=2.1\times10^5$，N/mm²。

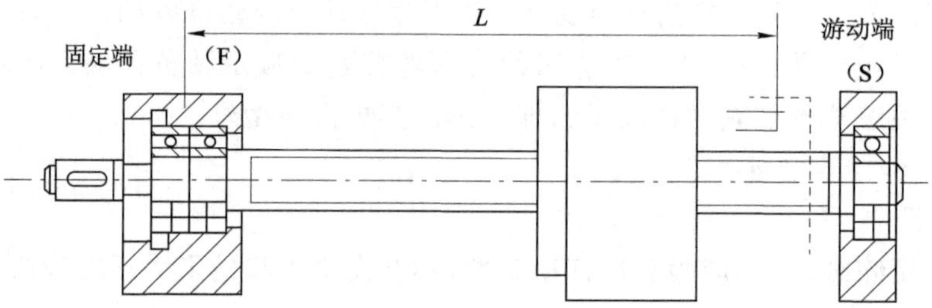

图4-70 一端固定丝杠

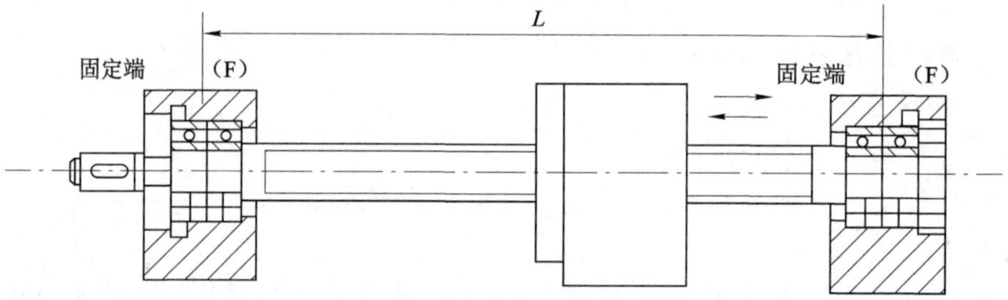

图4-71 两端固定丝杠

5. 丝杠热位移δ_t(mm)及其补偿

$$\delta_t=\alpha\Delta t l_u \tag{4-16}$$

式中 α——线膨胀系数，$\alpha=11\times10^{-6}$(1/℃)；

Δt——丝杠轴的温升，一般取3～5 ℃；

l_u——螺纹有效长度，mm。

可以对丝杠进行预拉伸以补偿其热伸长，拉伸量 δ'_t 等于或略大于热伸长量 δ_t。丝杠热伸长后，会使预拉伸力下降以致消失，却不会产生行程误差。转动丝杠尾端的轴座，靠螺纹就可使轴承左移以拉伸丝杠，调整好后靠螺钉完成紧定。预拉伸后丝杠行程在全长上大于预拉伸量 δ'_t。因此，制造丝杠时，应使丝杠的目标行程小于 δ'_t，即对丝杠轴的行程精度提出负的方向目标值，使其在 l_u 长度内实际行程比标准值 δ'_t 小，拉伸后，行程等于标准值。

4.4.5　滚珠丝杠副的稳定性

长径比大的滚珠丝杠，应进行压杆稳定性计算，并使临界载荷 $F_{cr}/F_m \geqslant 2.5$。

当 $4\mu \dfrac{l}{d_1} > 85$ 时，有

$$F_{cr} = \frac{\pi^3 E d_1^2}{64(\mu l)^2}$$

当 $4\mu \dfrac{l}{d_1} < 85$ 时，有

$$F_{cr} = \frac{120\pi d_1^4}{d_1^2 + 0.0032(\mu l)^2}$$

式中　d_1——滚珠丝杠的螺纹小径，mm；

l——滚珠丝杠的最大工作长度，mm；

μ——丝杠长度系数，其值取决于螺杆端部的支撑形式，如表 4-11 所示。

表 4-11　螺杆端部的支撑结构对应丝杠长度系数

螺杆端部结构	两端固定	一端固定一端铰支	两端铰支	一端固定一端自由
μ	0.5	0.7	1	2

注：用滚动轴承支承时，只有径向约束时为铰链支承，径向和横向均有约束时为固定支撑。

上式表明，长度系数越小，所获得的临界载荷越大，越易满足稳定性条件。从长度系数可知：两端固定支撑时，长度系数最小。在选择滚珠丝杠的支撑方式时，应首先考虑两端固定的支撑形式，其次是一端固定一端铰支的支撑形式。垂直丝杠可采用一端（上端）固定，一端自由支撑。但两端固定形式装配和调整较困难，故常用一端固定一端铰支的支撑形式。当转速较高时，固定端可采用接触角为 60°的双向推力角接触球轴承或采用接触角为 40°的角接触球轴承双联组配（背对背或面对面配置）；当转速低时，可采用两个推力球轴承与深沟球轴承组合支撑，深沟球轴承居中。铰支端可采用深沟球轴承，滚珠丝杠采用推力角接触球轴承，如图 4-72 所示。

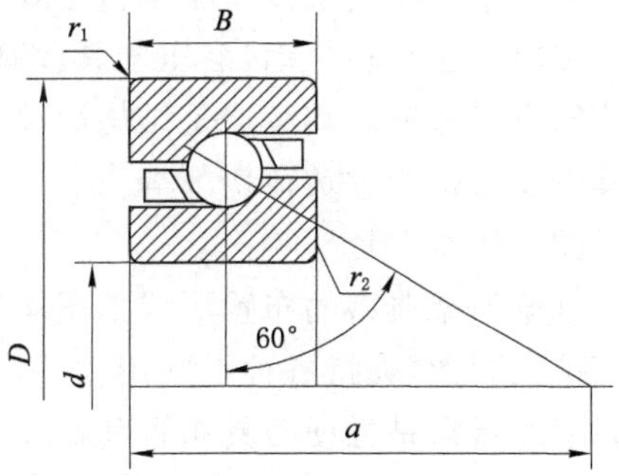

图 4-72　滚珠丝杠用推力角接触球轴承

4.5 机床刀架和自动换刀装置设计

4.5.1 刀架基本要求

刀架装置是用于安装刀具并可做移动或回转，便于对零件进行切削加工的部件。合适的刀架可使机床在一次装夹中完成多个工序加工，如数控机床多采用转位刀架，加工中心机床则采用刀库和自动换刀装置。刀库存储加工工序所需要的各种刀具，从十几把到上百把，并且自动换刀时间仅需几秒甚至零点几秒。机床刀架装置要满足的基本要求如下：

(1) 满足加工工艺的要求，有足够的刀具存储量，能够方便、正确地完成多种加工。

(2) 刚度高、可靠性高。刀架应具有较高的刚度，满足加工精度要求；刀库和自动换刀装置应具有足够的刚度，保证换刀平稳可靠。

(3) 重复定位精度高、精度保持性好。在加工过程中，刀架需要经常转位或定位，刀架的重复定位精度要求高，精度保持性要好。

(4) 换刀时间短。应尽量缩短刀架转位时间和加工中心自动换刀时间，提高效率。

(5) 操作方便，换刀动作灵活。

4.5.2 刀架结构

1. 数控机床刀架结构

数控机床刀架分为转塔式刀架和直排刀架两大类。

(1) 转塔式刀架

转塔式刀架包含立式数控转塔刀架和卧式数控转塔刀架两种类型，根据各种刀架的性能不同又可分为简易和全功能刀架两种类型。简易刀架只能沿一个方向(一般为逆时针方向)转位，而全功能数控刀架可按最短距离就近选取刀位，其中卧式全功能数控转塔刀架可自动选择正、反转。

一般采用电气或液压驱动转塔式刀架来完成自动换刀，卧式液压全功能数控转塔刀架由大转矩液压马达驱动，液压刹紧，端齿盘作精定位，采用计数盘和接近开关或双片平行共轭凸轮进行分度。其特点是结构简单，动作平稳可靠，分度精度高，可双向回转和就近选择刀具以及可进行重负荷切削等。

(2) 直排刀架

直排刀架典型的布置形式如图 4-73 所示，用于加工棒料为主的小规格数控机床一般采用直排式刀架，夹持各种不同用途刀具的刀夹，沿着机床的 X 方向排列在快换台板上。这种刀架的特点是方便刀具布置和机床换刀，根据工件的车削工艺要求对不同用途的刀具进行各种组合，当一把刀具完成车削工作后，快换台板按程序沿 X 轴向移动到预先设定的距离，第二把刀具就到达加工位置，完成机床换刀动作。这种刀架换刀迅速，大大提高了机床的生产效率。使用快换台板，可实现成组刀具的机外预调对刀，即当机床在加工某一工件的同时，利用快换台可在机外组成加工同一工件或不同工件的直排刀组，利用对刀仪进行对刀。当刀具磨损或需要更换工件时，可用更换钛板的方式来成组地更换刀具，使换刀的辅助时间大大缩短。在直排刀架上还可以安装不同用途的动力刀具，如附加主轴头和动力刀具刀夹来夹持刀具，完成钻、铣、攻螺纹等加工工序，使机床在工件的一次装夹中完成全部或大部分加工工序。这种刀架结构简单、加工方便、制造成本低,适宜加工回转直径小于100 mm的数控车床。

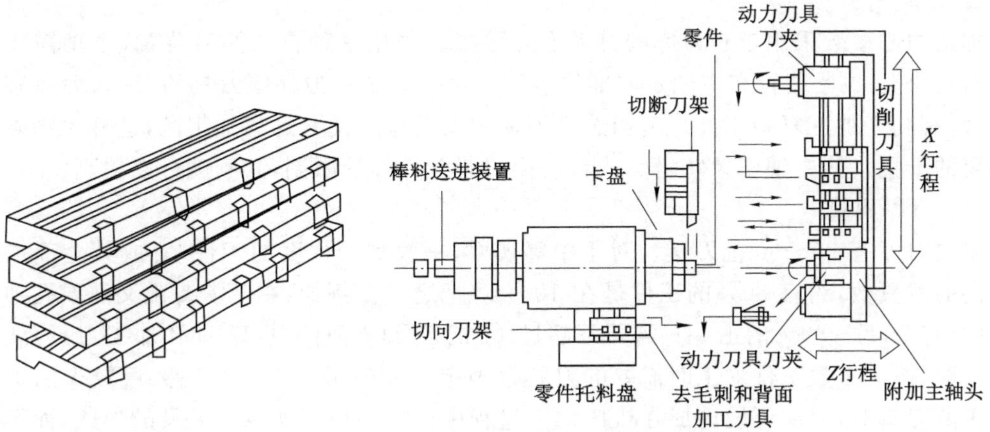

(a) (b)

图 4-73 快换台板与直排刀架

2. 数控机床刀架的选用

目前,我国能够生产各种数控车床刀架,可以从中选取经济、适用的刀具。选用刀架时应考虑下述问题。

(1) 经济型数控车床一般选用 4 工位或 6 工位的立式数控转塔刀架。

(2) 全功能数控车床通常选用 8、10、12 工位卧式电动或液压数控转塔刀架。

(3) 最大回转直径小于 100 mm 的数控机床宜选用直排式刀架。

(4) 要考虑的其他因素主要有驱动刀架的动力源(电动和液动)、刀架的刹紧方式(机械和液压)、刀架发出信号的方式(机械压微动开关和无触点接近开关)等。

4.5.3 自动换刀装置

1. 转塔头式自动换刀装置

(1) 无刀库的转塔头式自动换刀装置

一些无刀库的加工中心采用转塔头式的换刀方式。刀具主轴都集中在转塔头上,转塔头转位即可实现换刀,一般为顺序换刀。转塔头与主电动机和变速箱可做成一个整体部件,共同沿机床导轨运动,这种结构较紧凑,但移动部件较重;也可把主电动机和变速箱固定在机床上,只有转塔头沿机床导轨运动,使移动部件较轻,且振动及热量不会传递到转塔头中。转塔头式自动换刀装置,由于转塔头结构受限,刚度较低,而且由于每把刀具都需要一个主置轴,因此刀具数一般不超过 10 把。

(2) 附设刀库的转塔头式自动换刀装置

为弥补转塔头式自动换刀装置刀具数不足的缺点,可增加附属刀库,在刀库与转塔头主轴之间实现换刀操作。这要求换刀主轴具有准停定位和自动松夹刀具的功能,从而导致转塔头和主轴的结构更加复杂。转塔头刀具主轴数一般为 6 个,通常只需要其中某几个主轴参与换刀,所以刀库容量很小即可满足使用需要。使用频繁的刀具都装在转塔头主轴上。

(3) 带多轴头的转塔头式自动换刀装置

转塔头上安装若干个多轴头，适用于以钻、扩、铰、攻螺纹为主的立式加工中心。

2. 刀库式自动换刀装置

加工中心多数采用带有刀库的自动换刀装置。采用这种自动换刀装置，主轴需要具有刀具自动松开-夹紧装置和主轴定向准停装置。由于有了单独存储刀具的刀库，刀库容量可以增大，有利于加工复杂工件。适当选择刀库的安装位置使其远离加工区，这样可消除很多不必要的干扰。其主轴不像转塔头式自动换刀装置那样受限制，其刚度可以提高。

(1) 刀库容量

多数刀库有 20～60 把刀具。对于中等尺寸，一般复杂程度的工件，完成其全部加工工序所需的刀具数，约有 80%的工件是在 10～40 把之间。例如，在既需要铣又需要孔加工的工件中，有 70%～80%的工件只需要不超过 14 把刀具(3 种铣刀，11 种孔加工刀具)就够用了。一般，按大多数工件加工时需要的刀具数确定刀库容量。当有个别数量较少的工件需要较多的刀具时，刀库可设计成在机床加工过程中能方便地更换少量刀具的形式，而不必过分增大刀库容量。因为容量大的刀库成本高、结构复杂，故障率会相应增加，刀库管理也相应更复杂。

(2) 自动换刀过程与步骤

① 一个工序完成后刀具快速退离工件。主轴定向准停后从加工位置退到换刀位置。主轴箱的换刀位置可以是固定的或任意的，这与自动换刀装置的类型有关，换刀过程不尽相同。

② 刀库选刀运动。使刀库中待交换刀具处于换刀位置。有些刀库的选刀运动可在机床加工时完成。

③ 刀具交换。在用回转式单臂双手机械手换刀时，刀具交换包括下列动作：主轴松开旧刀具，机械手抓取新、旧刀具，从主轴、刀库中取出并换位，新刀具装入主轴并自动夹紧，旧刀具返回刀库。这些抓刀、拔刀、交换、插入刀具等的动作时间，即通常所说的刀具交换时间或换刀时间，该时间主要取决于换刀机械手的动作时间，它与自动换刀装置类型和机械手结构有关。

④ 主轴消除准停、变速、启动旋转并快速趋近加工位置，用新刀具开始下一工序加工。

上述整个自动换刀过程所需的时间称为换刀过程时间，即从上一工序停止切削到下一工序开始切削所经历的时间。

(3) 主要类型

刀库按其安装位置不同可以分为顶置(立柱顶部、上部或在主轴箱上)、侧置、悬挂、落地等多种类型；按刀库与主轴之间的刀具交换方式可分为直接换刀(无机械手)和机械手换刀两种。

① 直接换刀

刀库中处于换刀位置的刀具的存放方向与主轴上装刀方向一致，无换刀机械手，换刀动作主要由刀库运动实现，其结构简单，换刀可靠性较高。

a. 刀库安装在主轴箱上。刀库容量一般较小，以避免造成刀库体积过大而与加工区产生干涉。换刀动作全部由刀库运动实现。

b. 刀库安装在立柱前上部。刀库做选刀回转运动和拔刀、插入刀具的运动。换刀时刀库移近主轴，可实现主轴任意位置换刀。也有在换刀时主轴箱移向刀库的，以实现主轴固定位置换刀。这种自动换刀装置换刀时间较长，刀库容量不大，多用于中小型加工中心。

② 机械手换刀

刀库的位置要比无机械手的自动换刀装置灵活得多。刀库中刀具的存放方向与主轴装刀方向可以不一致。根据不同要求可配置不同形式的机械手。在刀库距主轴位置较远的情况下，还可设置刀具传送机构，在刀库与机械手之间传送刀具。用机械手换刀的自动换刀装置，刀库容量可以很大，而换刀时间可缩短到几秒。由于刀库位置和机械手换刀动作的不同，换刀过程不尽相同。

3. *有成套刀库的可换刀库自动换刀系统*

为适应由加工中心组成的柔性加工系统的需要，换刀装置由单一的自动换刀装置扩展成有成套刀库的可换刀库自动换刀系统。它由刀库存储库、刀库自动更换装置和机械手等组成。

4.5.4　自动选刀系统

数控机床的刀库中存储着多把刀具，按数控装置的刀具选择指令，从刀库中挑选各工序所需刀具的操作，称为自动选刀。目前，常用的自动选刀方式主要有顺序选刀和任意选刀两种。

1. *顺序选刀方式*

刀具的顺序选择方式是将刀具按加工工序的顺序，依次放入刀库的每一个刀座内。每次换刀时，刀库按顺序转动一个刀座的位置，并取出所需要的刀具。已经使用过的刀具可以放回到原来的刀座内，也可以按顺序放入下一个刀座内。采用这种方式的刀库，不需要识别装置，而且驱动控制也比较简单，可以直接由刀库的分度机构来实现。因此，刀具的顺序选择方式具有结构简单、工作可靠等优点。但由于刀库中的刀具在不同的工序中不能重复使用，因而必须相应地增加刀具的数量和刀库的容量，这就降低了刀具和刀库的利用率，而且每更换一种工件，必须重新排列刀库中的刀具顺序，增加了操作的复杂性，在使用同一种刀具时，刀具的尺寸误差也容易导致加工精度不稳定。此外，人工装刀操作必须十分谨慎，如果刀具在刀库中的顺序发生差错，将会造成严重的事故。

2. *任意选刀方式*

由于数控系统的发展，目前绝大多数数控系统都具有刀具任选功能，因此，多数加工中心都采用任选刀具的换刀方法。任选刀具的换刀方式包括刀具编码、刀座编码和软件记忆力刀具识别等方式。

(1) 刀具编码方式

刀具编码方式是采用一种特殊的刀柄结构，对每把刀进行编码，换刀时通过编码识别装置，按换刀指令代码，在刀库中寻找出所需要刀具的方法。由于每一把刀具都有自己的代码，因此，刀具可以存放于刀库的任意一刀套中。这样刀库中的刀具在不同的工序中就可以重复使用，而且换下来的刀具也不必放回原来的刀套中，避免了因刀具存放在刀库中的顺序差错而造成的事故；同时缩短了刀库的运转时间，刀库的容量也可相应地减少，使自动换刀控制线路得到简化。刀具编码的具体结构如图 4-74 所示。在刀柄 1 后面的拉紧螺杆 4 上套装有一组等间隔的编码环 2，由锁紧螺母 3 固定。编码环既可以是整体的，也可以是由圆环组装而成的。编码环的外径有大、小两种不同的规格，大直径表示二进制的“1”，小直径表示“0”。通过对这两种圆环的不同排列，可以得到一系列的代码。

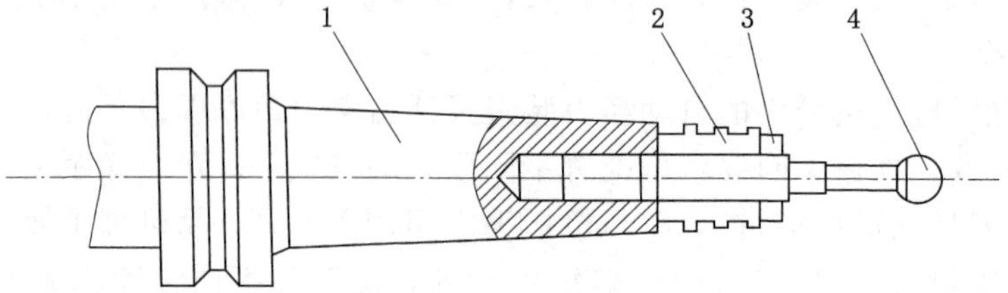

1—刀柄；2—编码环；3—锁紧螺母；4—拉紧螺杆。

图 4-74　刀具编码

（2）刀座编码方式

刀座编码方式是对刀库的刀座进行编码、刀具进行编号的方法。装刀时，刀具与刀座一一对应，然后根据刀座的编码选取刀具。换刀时刀库旋转，使各个刀座依次经过刀具识别装置，直至找到所需要的刀座，刀库便停止旋转。刀座编码方式取消了刀柄中的编码环，使刀柄的结构大为简化。因此，刀具识别装置的结构不受刀柄尺寸的限制，而且可以放置在较为合理的位置。采用刀座编码方式时，在自动换刀过程中必须将用过的刀具放回原来的刀座中，增加了刀座动作的复杂性，如果操作者把刀具误放入与编码不符合的刀座内也会造成事故。与顺序选择刀具的方式相比，刀座编码的突出优点是刀具在加工过程中可以重复使用。

刀座编码方式分为永久性编码和临时性编码。一般情况下，永久性编码是将一种与刀座编号相对应的刀座编码板安装在每个刀座的侧面，它的编码是固定不变的。临时性编码也称钥匙编码，它采用了一种专用的代码钥匙[如图 4-75(a)所示]，并在刀座旁设专用的代码钥匙孔[如图 4-75(b)所示]。编码时，先按加工程序的规定给每一把刀具系上表示该刀具号码的代码钥匙，在刀具任意放入刀座的同时，将对应的代码钥匙插入该刀座旁的钥匙孔内，这样就通过钥匙把刀具的号码转记到该刀座中，从而给刀座编上了代码。编码时，钥匙对准键槽和水平方向槽子插入钥匙孔座，然后顺时针方向旋转 90°。处于钥匙有齿部分的弹簧接触片被撑起，表示代码“1”，处于无齿部分的弹簧接触片保持原状，表示代码“0”。刀库上装有数码读取装置，它由两排成 180°分布的炭刷组成。当刀库转动选刀时，钥匙孔座

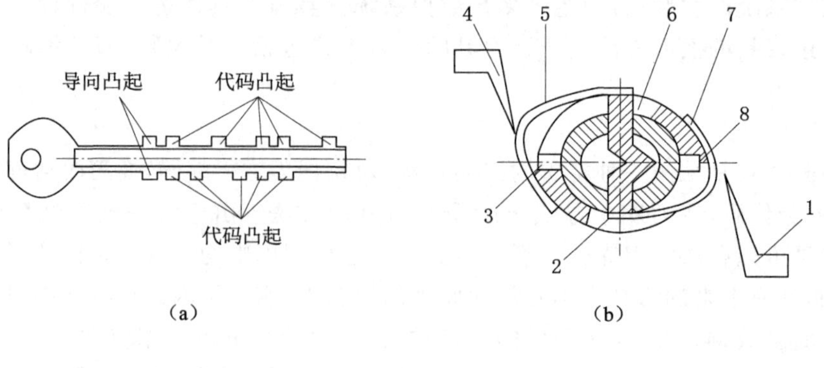

1，4—碳刷；2—钥匙凹处；3，8—钥匙孔座；5，7—弹簧接触片；6—钥匙凸起处。

图 4-75　钥匙编码

的两排接触片依次通过炭刷，读出刀座的代码，直到找到所需要的刀具。取刀时，刀座中的编码钥匙随刀具一同取出，刀座中原来的编码随之消失。因此，这种方式具有更大的灵活性，各个工厂可以对大量刀具中的每一种进行统一的固定编码，有利于程序编制和刀具管理，而且在刀具装入刀库时，不容易发生人为差错。但是，钥匙编码方式仍然必须把用过的刀具放回原来的刀座中，这是它的主要缺点。

(3) 软件记忆力刀具识别法

随着计算机技术的发展，可以利用计算机的程序来选择刀具，以代替传统的编码环和刀具识别装置。在这种选刀与换刀的方式中，刀库上的刀具能与主轴上的刀具任意地直接交换，即任意选刀、换刀。主轴上换上的新刀号以及换回刀库上的刀具号，均存储在计算机(或可编程序控制器)内部相应的存储单元记忆中，不论刀具放在哪个地址，都始终能被跟踪记忆。这种刀具选择方式需要在计算机内部设置一个模拟刀库的数据表，其长度和表内设置的数据与刀库的刀座位置数和刀具号相对应。这种方法主要用软件来完成选刀，消除了由于刀具识别装置所带来的选刀失误。

第5章 组合机床设计

5.1 概述

组合机床是以大量的通用部件为基础，配以少量专用部件，对一种或若干种工件按预先确定的工序进行加工的专用机床。在组合机床上可以完成钻孔、扩孔、铰孔、镗孔、攻丝、车削、铣削、磨削及滚压等工序。组合机床是一种专用机床，同时它又具有大量的通用部件，因此，它具有通用机床可以根据加工任务变化重新调整机床、工艺范围广的特点，同时具有专用机床生产效率高、结构简单的优点，在工业生产中得到了越来越广泛的应用。

5.1.1 组合机床的组成及特点

1. 组合机床的组成

组合机床由动力箱、动力滑台、侧底座和立柱等通用部件以及多轴箱、夹具和中间底座等专用部件组成。

2. 组合机床的特点

组合机床的特点如下：

(1) 组合机床上的通用部件和标准零件约占全部机床零、部件总量的70%～80%，因此组合机床设计和制造周期短，结构稳定，使用和维修方便。

(2) 组合机床常常采用多轴对箱体零件一个面上的多个孔或多面上的孔同时进行加工，因此可较好地保证各个孔的位置精度要求，提高产品质量，同时可以提高生产效率。

(3) 组合机床加工工件，由于采用专用夹具、组合刀具和导向装置等，产品加工质量靠工艺装备保证，对操作工人的技术水平要求不高。

(4) 组合机床易于联成组合机床自动线，以适应大规模和自动化生产需要。

组合机床是比较传统的机床，随着自动化、柔性化和智能化等技术的发展，组合机床也在不断发展以适应技术发展的需要。例如，配备上下料机械手，改变夹具和滑台等部件的结构以适应敏捷制造的需求；配备可编程序控制器可对组合机床进行PLC改造，极大地提高了生产率和自动化水平。

随着数控技术的发展和在机床行业的广泛应用，数控组合机床也应运而生。这种组合机床带有刀具储存机构，由机械手实现刀具的自动更换，使机床实现自动化加工。

5.1.2 组合机床的分类及配置形式

组合机床按照其通用部件的大小分为大型组合机床与小型组合机床两大类。通用部件按其尺寸大小分为大型通用部件和小型通用部件两大类。与动力滑台台面宽度 $B>250$ mm配套的通用部件是大型通用部件；与动力滑台台面宽度 $B\leqslant250$ mm 配套的通用部件是小型通用部件。用大型通用部件组成的机床称为大型组合机床，用小型通用部件组成的机床称为小型组合机床。

组合机床按照其配置形式可分为单工位和多工位组合机床两大类。单工位组合机床又根据配置动力部件的数量分为单面、双面、三面和四面组合机床；多工位组合机床则有移动工作台、回转工作台、中央立柱和回转鼓轮等配置形式。

此外，组合机床还可按照其主轴的方位分为卧式组合机床、立式组合机床、倾斜式组合机床和复合式组合机床。

1. 大型组合机床的配置形式

(1) 单工位组合机床

单工位组合机床的夹具和工作台固定不动，动力滑台实现机床的进给运动，滑台上安装的动力箱连接多轴箱实现机床的主运动，主要用于大中型箱体件的加工。根据动力箱和多轴箱安装的方向不同，组合机床的配置形式有以下几种。

① 卧式组合机床：动力部件沿水平方向运动，主要用于加工孔中心线与定位基准面平行的箱体零件，可用于一面或多面加工。

② 立式组合机床：动力部件沿竖直方向运动，主要用于加工定位基准面水平，孔中心线与定位基准面垂直的零件。

③ 倾斜式组合机床：动力部件沿倾斜面运动，用于加工斜孔。

④ 复合式组合机床：既有沿水平方向运动的动力部件，又有沿竖直方向运动的动力部件，可加工箱体类零件的多个面。

(2) 多工位组合机床

多工位组合机床的夹具安装在直线移动工作台或分度回转工作台上，并按照一定的节拍时间作间歇移动或转动，使工件的工位得到转换，这类机床的配置形式，常见的有以下四种：

① 移动工作台式组合机床：这类机床夹具和工件可作直线往复移动，工件按顺序送至各工位进行加工。

② 分度回转工作台式组合机床：这类机床工件由分度回转工作台转位，按顺序送至各工位进行加工。

③ 回转鼓轮式组合机床：这类机床夹具和工件由分度回转鼓轮转位，按顺序送至各工位进行加工。

④ 中央立柱式组合机床：这类机床夹具和工件由环形回转工作台带动绕中央立柱转位，按顺序送至各工位进行加工。中央立柱各面可以安装垂直移动的动力部件，在环形工作台的周围可以安装卧式动力部件，机床一般为复合式配置形式。

2. 小型组合机床的配置形式

小型组合机床常用两个以上具有主运动和进给运动的小型动力头分散布置、组合加工。动力头横向尺寸小，配置灵活性大，操作使用方便，易于调整和改装。小型组合机床分为单工序组合机床和多工序组合机床两类。常见小型组合机床配置形式有带一个动力头的单工位组合机床、带两个动力头的单工位组合机床、带 4 个动力头的单工位组合机床、适合于从多面加工小型箱体类零件的带环形底座的单工位组合机床、带分度夹具的单工位组合机床和带回转工作台的多工位组合机床。

上述大型组合机床和小型组合机床，一般用于大批量生产，其目的主要是提高生产率，保证加工质量。对于中小批量生产，采用这样的组合机床，机床负荷率低，不能发挥其应有的作用，可采用数控组合机床。

3. 数控组合机床的配置形式

目前适用于中小批量的数控组合机床主要有三类：多品种加工组合机床、多工序加工组合机床和带自动换刀的数控组合机床。

（1）多品种加工组合机床

多品种加工组合机床是在对工件进行分类的基础上，将一些工艺相同或相似的工件集中在一台机床上同时进行加工。采用这类机床时，夹具按照多品种工件进行设计，使其不用调整就可以满足多品种工件加工的需求。

（2）多工序加工组合机床

多工序加工组合机床是采用多次换装工件的方式增加加工的面数，从而实现多工序加工。

（3）带自动换刀的数控组合机床

组合机床采用自动换刀的方式，可以使一台机床完成多品种和多工序加工。这类机床尤其适用于加工小批量、高精度、多工序的多面体或复杂箱体零件，其配置形式可分为自动换刀的数控组合机床和自动更换多轴箱的数控组合机床。

① 自动换刀的数控组合机床

这类组合机床专门备有一贮存机构，由机械手实现刀具的自动更换，采用程序自动控制系统，实现机床全自动工作循环。这种机床在中小批量生产中及汽修行业具有较大应用空间。

② 自动更换多轴箱的数控组合机床

当被加工工件要求的加工工序较长，需要更换的刀具数量特别多时，为了减少换刀次数，常采用更换多轴箱的数控组合机床。

5.2 组合机床的通用部件及其选择

5.2.1 通用部件的类型及其标准

通用部件是具有特定功能，按标准化、系列化、通用化原则设计制造的组合机床基础部件，它有统一的联系尺寸标准，结构合理，性能稳定。组合机床的通用化程度是衡量其技术水平的重要标志。

1. 通用部件的分类

组合机床的通用部件主要可分为五大类：

（1）动力部件。动力部件是用于传递动力，实现主运动和进给运动的通用部件。动力部件包括动力滑台、动力箱以及具有各种工艺性能的动力头等。

（2）输送部件。输送部件是具有定位和夹紧装置、用于安装工件并将其运送到预定工位的通用部件。输送部件包括回转工作台、移动工作台和回转鼓轮等。输送部件一般用于多工位组合机床。

(3) 支承部件。支承部件可以用于安装动力部件、输送部件等。支承部件包括侧底座、立柱、立柱底座等，它是组合机床的基础部件，机床上各部件之间的相对位置精度、机床的刚度等主要依靠支承部件来保证。

(4) 控制部件。控制部件用来控制具有运动动作的各个部件，以保证实现组合机床工作循环。它包括可编程序控制器、液压传动装置、分级进给机构和自动检测装置等。

(5) 辅助部件。辅助部件包括定位、夹紧、润滑、冷却、排屑及自动线的清洗机等。

2．通用部件的标准、型号、规格及其配套关系

国内外一直很重视组合机床通用部件的系列化和标准化工作，早已产生国际标准(ISO)。我国组合机床通用部件不仅具有完整的国家标准，并已贯彻了国际标准。1964 年我国指定的组合机床通用部件系列标准共有 131 个品种规格；1975 和 1978 年颁布两批共 41 项通用部件标准，建立了以动力滑台为基础的通用部件体系。1983 年颁布了 13 项与国际标准等效的通用部件新标准，促成了“1”字通用部件的开发成功，它们的尺寸参数都是以滑台为基础，系列标准中的主要参数是滑台台面的宽度，规格间的公比采用 R10 系列。

(1) 通用部件型号的表示方法

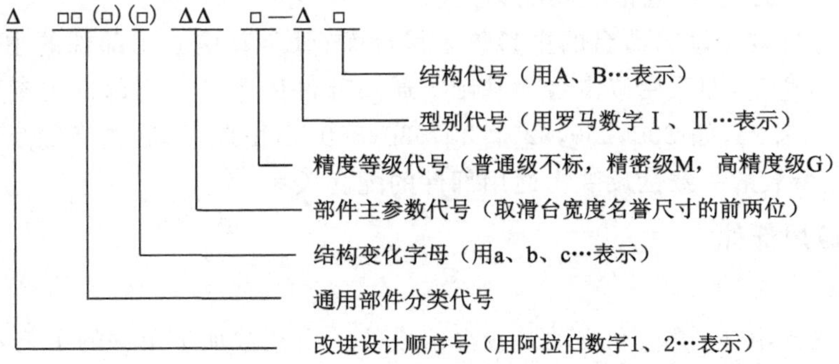

Δ—数字代号；□—字母代号。

组合机床部件主参数为组成组合机床的滑台的宽度尺寸，其代号为名誉尺寸的前两位。组合机床通用部件分类代号见参考文献。以下是常见通用部件型号的含义：

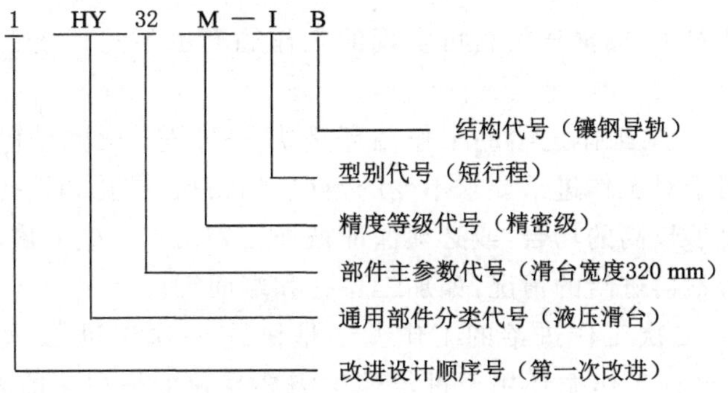

1 HJ c 40 G — Ⅱ A

- A：结构代号（铸铁导轨）
- Ⅱ：型别代号（中等长度行程）
- G：精度等级代号（高精度等级）
- 40：部件主参数代号（滑台宽度400 mm）
- c：结构变化字母（3条矩形导轨，中间为镶钢导轨）
- HJ：通用部件分类代号（机械滑台）
- 1：改进设计顺序号（第一次改进）

组合机床通用部件的型号含义的解释也可以直接用语言描述。

如：

1HY40M-ⅡA 可描述为：经第 1 次改进设计，通用部件种类为液压滑台，部件主参数即液压滑台宽度为 400 mm，部件精度等级为精密级，滑台行程长度为Ⅱ型（行程量属中长行程量），滑台导轨为铸铁材料。

（2）通用部件的型号、规格及其配套关系

通用部件标准规定动力滑台的主参数为其台面宽度，其他通用部件的主参数是与其配套的动力滑台的宽度，即采用以滑台为基础的通用部件体系。通用部件主参数采用 R10 系列，其公比为 $\varphi=1.25$，如 200，250，320，400，630，800…，由此可知，主参数反映出成套通用部件的规格，主参数的一致性反映出通用部件的配套关系。

5.2.2 常用通用部件

1. *动力滑台*

动力滑台是由滑座、滑鞍和驱动装置等组成的。根据被加工工件的工艺要求，可以在滑台上安装动力箱（联接多轴箱）、钻削头、镗削头、铣削头和镗孔车端面头等各种部件，以完成对工件的钻孔、扩孔、铰孔、镗孔、倒角、刮端面、车端面、铣削及攻丝等工序，滑台是完成进给运动的动力部件。此外，滑台还可以用作夹具和工件的输送部件。

根据驱动方式的不同，动力滑台可以分为液压滑台、机械滑台和数控滑台。

（1）液压滑台

选用的液压传动装置不同，液压滑台可实现的工作循环也不同。液压滑台的典型工作循环有以下几种。

① 一次工作进给。一次工作进给的工作循环是快进-工进-（死档铁停留）-快退原位并停止。这种工作循环用于对工作进给要求不变的情况，如钻孔、扩孔和镗孔。死档铁停留用于对被加工孔深精度要求较高的场合，或必须保证被加工表面不产生刀痕，在工作行程终了时刀具仍然回转而滑台不再进给的情况，如加工盲孔和端面等。

② 二次工作进给。二次工作进给的工作循环是快进-一次工进-二次工进-（死档铁停留）-快退原位并停止。这种工作循环用于进给速度需要变化的情况。前者用于钻、扩、铰、镗通孔等工序；后者主要用于钻、镗孔之后需要锪平面或倒大角等工序。二次工作进给也用于不同精度表面要求的进给速度不同的情况。

③ 超越进给。这种工作循环的内容是快进-工进-快进-工进-(死档铁停留)-快退原位并停止。这种循环用于镗削两层壁上的同轴孔。

④ 反向进给。反向进给工作循环是快进-工进-反向工进-快退原位并停止。这种循环正向进给多用于粗加工,反向进给用于精加工。反向工进可用于车螺纹。

⑤ 分级进给。分级进给装置用来控制滑台分级进给运动。这种工作循环是快进-工进-快退-再快进-再快退-…-最后一次工进-快退原位并停止。分级进给主要用于深孔加工,为了使钻头不会因为切屑阻塞而折断,使钻头定期退出而排屑。

表5-1是液压滑台主要技术性能表,可以根据此表确定不同型号液压滑台的性能参数,也可以根据此参数确定液压滑台型号。

表5-1 液压滑台主要技术性能

滑台型号	台面宽度/mm	台面长度/mm	行程/mm	油缸直径/mm	最大进给力/N	工作速度/(mm/min)	快移动速度/(m/min)
1HY20 1HY20M 1HY20G	200	400	250,400	ϕ50	6 300	40～950	14
1HY25 1HY25M 1HY25G	250	500	250,400	ϕ50	8 000	32～800	12
1HY32 1HY32M 1HY32G	320	630	400,630	ϕ63	12 500	20～650	10
1HY40 1HY40M 1HY40G	400	800	400,630,1 000	ϕ80	20 000	12.5～500	8
1HY50 1HY50M 1HY50G	500	1 000	400,630,1 000	ϕ100	32 000	10～350	6.3
1HY63 1HY63M 1HY63G	630	1 250	630,1 000	ϕ125	50 000	6.5～250	5
1HY80 1HY80M 1HY80G	800	1 600	630,1 000	ϕ160	80 000	4～250	4

(2) 1HJ系列机械滑台

机械滑台与液压滑台的用途、工作循环等一样。液压滑台与机械滑台的主要区别是:液压滑台的进给速度属于无级调速,变换进给量方便,液压系统可安装压力继电器,机床运行安全,机床较易实现加工自动循环。但是,液压元件成本高,温度变化大时对液压系统的性能有影响,液压系统的漏油污染环境,液压系统维修较困难。机械滑台有1HJ、1HJb、1HJc三个系列。其中1HJ、1HJb两个系列机械滑台有普通级、精密级两个精度等级,其刚度、热变形较小,进给稳定性高,常用于粗加工和半精加工;1HJc系列机械滑台为高精度级机械滑台，适用于精加工。本系列机械滑台属于有级变速，适用于大批、大量生产企业。

(3) NC-1HJ 系列机械滑台

NC-1HJ 系列交流伺服数控机械滑台，具有调整进给量方便，滑鞍定位准确的优点，适用于多品种和小批量生产企业。

2. 1TD 系列动力箱

动力箱是将电动机的动力传递给多轴箱的动力部件，是主运动的驱动装置。动力箱安装在滑台或其他进给部件的结合面上，动力箱前端结合面安装多轴箱，动力箱的输出轴和多轴箱的输入轴相连，驱动多轴箱的每根主轴及传动轴，使多轴箱完成各种工艺切削运动。

1TD 系列动力箱分两种：

第一种动力箱用于配置小型组合机床，其型号为 1TD12～1TD25。本规格动力箱输出轴有两种传动形式；Ⅰ型用输出轴安装的是平键、齿轮输出转矩，这种传动形式也称齿轮传动。Ⅱ型用输出轴端面键输出转矩，即将动力箱输出轴铣成凸形，而多轴箱的输入轴铣成凹形，配合传递转矩，这种传动形式也称联轴节传动。本规格动力箱可分别安装 A 型或 B 型电动机。

第二种动力箱用于配置大型组合机床，其规格为 1TD32～1TD80，其输出轴只有平键、齿轮输出转矩形式。

为了提高动力箱的刚度，规定动力箱与多轴箱结合面的高度等于动力箱与滑台结合面的宽度，动力箱与主轴箱结合面的宽度以及动力箱的长度为同参数滑台宽度尺寸的1.25倍。

3. 工艺切削头(单轴头)

工艺切削头是标准化了的专用主轴头，其中包括铣削头、镗削头、钻削头、攻螺纹头及镗孔车端面头等。这些单轴的工艺切削头都属于刚性主轴结构，在加工时，刀杆(或刀具)不带导向装置工作，加工精度靠主轴部件与导轨运动精度保证，主轴部件的设计方法与一般通用机床相同。

工艺切削头安装在滑台上，可以配置成立式、卧式或复合式组合机床。工艺切削头结构简单、体积小、安装灵活，加工精度和加工效率较高。

(1) 1TX 系列铣削头

1TX 系列铣削头应与其大一规格的滑台配套，或与同规格的 1XG 系列铣削工作台配套，组成各种组合铣床，用以完成对铸铁、钢及有色金属的平面铣削。增加某些辅具也可以完成铣槽、铣扁及铣成型面等工艺。

铣削头可以配置成卧式组合机床，也可以配置成立式组合机床。

铣削头可以选配 4 种传动装置，即 1NG 系列传动装置。

1NG 系列主运动传动装置的各种结构是适应各种工艺切削头使用原则设计的。一般与相同规格的工艺切削头主轴部件配套。通常配套的工艺切削头有：1TZ 系列钻削头，1TA 系列镗削头，1TXb 系列铣削头，1TX 系列铣削头、1TG 系列攻丝头以及 1TK 系列多轴可调头等。

1NG 系列主运动传动装置主要有以下几种：

1NG××皮带传动装置(齿形带传动)，用于高速传动，主要用于对铝及其合金等轻金属进行粗、精铣削；1NGb××顶置式齿轮传动装置(交换齿轮变速)适用于中速、低速传动，主要用于对铸铁、钢及有色金属等工件的粗、精铣削；1NGc××尾置式传动装置(交换齿轮变速)，适用于中速、低速传动；1NGd××手柄变速传动装置，适用于中速、低速传动，多用于变速频繁的机床。

1TX 系列铣削头的配置型式有顶置式、尾置式和侧置式(图 5-1)。

铣削头可以组成卧式或斜式单、双面或多面组合机床，其配置型式多采用顶置式；铣削头也可以组成立式组合机床，此时，为了改善受力状态和防止传动装置内的润滑油漏到电动机内，铣削头应采用尾置式。

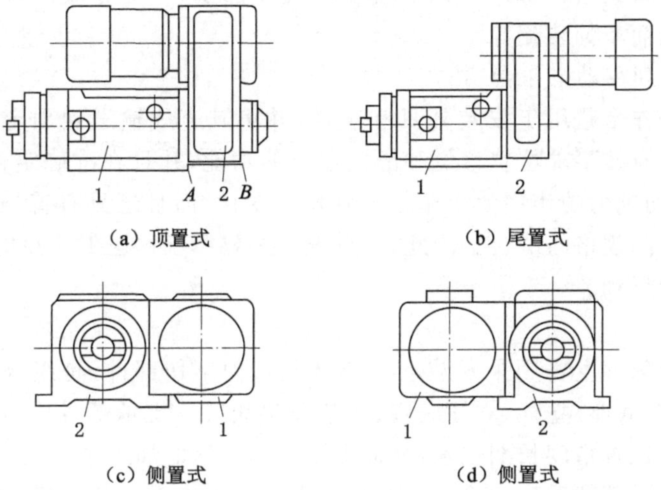

1—主轴组件；2—传动装置。

图 5-1　铣削头与传动装置的配置型式

(2) 1TA 系列镗削头及车端面头

① 镗削动力头

由镗削头主轴部件与同规格的传动装置及滑台配套组成镗削动力头，用于对铸铁、钢及有色金属工件进行粗、精镗孔，镗孔精度达 IT7 级，加工表面粗糙度 Ra 可达 1.6 μm。

② 镗孔车端面动力头

由镗削动力头配以同规格的单向刀盘或双向刀盘、镗孔车端面刀盘传动装置组成镗孔车端面动力头，用于对铸铁、钢及有色金属工件进行镗孔、车端面、车止口、切槽及倒角等工序，镗孔精度可达 IT7 级，加工表面的粗糙度 Ra 可达 1.6 μm。

(3) 1TJ 系列机械精镗头

本系列机械精镗头配置高精度级滑台，用于完成高精度镗孔。其特点是精度高，刚性好，传动平稳。精镗头多用于配置小型组合机床，多用于精镗有色金属工件。

(4) 1TZ 系列钻削头

本系列钻削头可与同规格的各种传动装置、滑台等配套组成组合机床，对铁、钢、有色金属工件进行钻孔、扩孔、倒角及锪窝等工艺。

其他的还有 1TG 系列攻丝头、1TK 系列多轴可调头等。

4. 工作台

工作台是多工位组合机床的输送部件。它用来将被加工工件从一个工位转换到另一个工位。工作台按运动方式的不同分为分度回转工作台(简称回转工作台)和多工位移动工作台(简称移动工作台)。

(1) 回转工作台

分度回转工作台的台面上安装与其工位数相同的夹具和工件,工作台绕水平轴线分度回转,圆周方向输送工件,按工艺顺序将工件从一个工位输送到下一工位。

按传动形式不同,回转工作台分为液压回转工作台和机械回转工作台。

分度回转工作台式组合机床可以实现工序集中加工,一般完成的多种工序有:钻、扩、铰、攻丝、铣、检测、简单的装配等。

(2) 1AYU 系列移动工作台

多工位移动工作台是用于安装夹具和工件,并将其直线输送到预定工位的输送部件。移动工作台不仅具有按要求位置移位和准确定位的功能,并且在准确定位之后能将工件固定夹紧,以防止因切削力的作用使工作台位置发生变化,而且还具有普通滑台的移动功能,但其进给力略低于同规格的滑台。因此,这种滑台主要用于移送工件并更换工件加工位置,也可用于完成进给运动。

5. 支承部件

组合机床支承部件主要用来安装动力部件及其他工作部件,是组合机床的基础部件。它包括中间底座、侧底座、立柱、立柱底座、支架及垫块等。支承部件应有足够的刚度,以保证各部件之间相对位置精度长期正确,从而保证组合机床的加工精度。

组合机床的支承部件采用组合式,其优点是加工和装配工艺性好,调整和运输比较方便。但是,组合式结构削弱了床身的整体刚性,这一缺点通常用加强部件之间的连接刚度来补偿。

(1) 1CC 系列滑台侧底座

本系列滑台侧底座用于安装 1HY 系列液压滑台及各种机械滑台,侧底座长度按滑台行程长度分型并与其配套。滑座安装在侧底座上,侧底座与中间底座用螺钉及销(或键)联接成一体。滑座与侧底座之间装有 5 mm 厚的调整垫,调整垫使机床的装配和维修较为方便。侧底座的顶面除具有与滑座结合的平面外,在其周围有收集冷却液或润滑油用的沟槽,用管道将油液引回储存槽中。侧底座的另一侧面有电气壁盒,以供安装电器元件用。一般电器壁盒与冷却液储存箱不应靠近,以防电气元件潮湿。

为了便于支承部件及整台机床运输,侧底座应有起吊孔或吊环螺钉孔及放入撬杠用的底面凹槽。

(2) 1CD 系列立柱底座

本系列立柱侧底座用于安装 1CL 立柱及 1CLb 立柱。根据组合机床总体联系尺寸的需要,立柱可以在立柱侧底座上平面前、后方向任意位置上安装。根据组合机床调整、维修和更新的要求,在立柱与立柱侧底座之间增加 5 mm 调整垫块。

(3) 1CL 系列立柱

立柱与中间底座或侧底座相连接,用于立式或复合式组合机床安装垂直布置 1HY 系列液压滑台,形成垂直进给运动的支承部件。

由于动力部件作垂直运动,为了平衡其自身重量,立式机床必须设有配重装置。通常液压滑台采用钢丝绳滑轮组,机械滑台多用链条链轮组,其他结构二者一致。在选用机床配重时，重锤的重量约等于运动部件重量的 85%～95%，未平衡的 5%～15%，由滑轮(链轮)、轴承和导轨等的摩擦阻力来补偿。若平衡锤重量太小，动力部件会自动下滑，对操作工人和设备不安全，这是不允许的。平衡锤重量过大，则增加进给系统的负荷，消耗功率，加速机构磨损。

(4) 1CLb 系列立柱

本系列立柱用于安装机械滑台。

(5) 中间底座

中间底座的顶面用于安装夹具或输送部件，侧面可与侧底座相连接，并通过端面键或定位销定位。根据机床配置型式不同，中间底座结构也有区别。例如，双面卧式组合机床的中间底座，两侧面都安装侧底座；三面卧式组合机床的中间底座为三面安装侧底座；立式回转工作台式组合机床，除安装立柱外，还需安装回转工作台。中间底座的结构、尺寸需根据工件的大小、形状以及组合机床的配置型式等来确定。因此，中间底座一般按专用部件进行设计。但为了不导致组合机床的外廓尺寸繁多，中间底座的主要尺寸应符合国家标准规定。

5.3　组合机床总体设计

5.3.1　组合机床总体设计的步骤

1. 拟定方案阶段

(1) 制定工艺方案

制定工艺方案是设计组合机床最重要的一步。首先分析被加工零件图纸，然后分析零件是否可以利用组合机床加工，采用组合机床加工是否经济性、是否满足需求等问题。综合考虑影响制定零件工艺方案、机床配置型式、工艺装备的各种因素，确定零件在组合机床上合理可行的加工方法，确定工序间加工余量，确定刀具的结构型式、数量及切削用量等。

对于同样的零件，完成同样的工艺内容，可以提出多种不同的方案，在最终确定方案时，要考虑负荷率、加工精度、机床复杂程度和刀具复杂程度等因素。

(2) 确定机床配置型式及结构方案

根据工艺方案确定机床型式和总体布局，分析研究保证上述要求的设计结构，以保证工作精度和生产率，同时结构方案应注意到排屑理想、操作维修方便，并保证简单、稳妥可靠等。

(3) 总体设计

组合机床的总体设计即按要求绘制“三图一卡”：被加工零件工序图、加工示意图、机床联系尺寸图和生产率计算卡。通常，在总体设计过程中，应对机床的夹具进行设计，画出夹具方案草图，并初定出多轴箱轮廓尺寸。

2. 技术设计阶段

根据已确定的工艺和结构方案，按照加工示意图和机床联系尺寸图等开展部件设计，绘制夹具、多轴箱等装配图。

3. 工作设计阶段

(1) 绘制所有专用零(组)件图并绘制出润滑、冷却管路系统图及机床总图。

(2) 编制机床说明书，制定机床精度检验、调整、试车规范等有关验收标准。

5.3.2 组合机床工艺方案的制定

为使加工过程顺利进行，并达到要求的生产率，必须在掌握大量的零件加工工艺资料基础上，综合考虑影响制定零件工艺方案、机床配置型式、结构方案的各种因素及应注意的问题，经过分析比较，以确定零件在组合机床上合理可行的加工方法（包括安排工序及工艺流程，确定工序中的工步数，选择加工的定位基准及夹压方案等）、确定工序（或工步）间加工余量、选择合适的切削用量、选择相应的刀具结构、确定机床配置型式等，这些便是组合机床工艺方案制定的主要内容。

5.3.2.1 定位基准的选择

正确选择加工用定位基准，是确保加工精度的重要条件。组合机床上的夹具具有承受切削力大、夹紧装置需要满足机械化自动化要求等特征，在选择定位基准时需要考虑如下问题。

1. 基准统一问题

基准统一原则，即在各台机床上采用相同的定位基准来加工工件不同面上的孔，或对同一面上的孔进行不同工序的加工。在确定精基准时，尽量考虑基准统一以减少定位误差。

2. 基准重合问题

当采用统一基准不能满足加工精度要求时，可按照基准重合原则，将设计基准或装配基准作为定位基准。

3. 定位基准的选择问题

(1) 箱体类零件定位基准的选择

箱体类零件定位基准选择“一面双孔”是最常用的方法，有的箱体零件不具备“一面双孔”定位基准，可采用“三平面”定位，其主要定位面最好采用箱体的设计基准，即箱体在机器中的主要安装面。

(2) 非箱体类零件定位基准的选择

① 对曲轴、连杆、转向器壳、半轴、拨叉等零件，应采用以V形铁为主要定位元件的定位方法。

② 对法兰类零件，常采用一个孔（或外圆）及一个平面的定位方法，当需要限制零件的六个自由度时，可再用一个孔（或一个筋或凸台）来限制零件圆周方向的转动。

③ 对壁厚均匀刚度较好的套筒工件，常用外圆自动定心；对薄壁易变形的套筒零件，常用弹性心轴（或弹簧夹头）的定位方法。

5.3.2.2 组合机床常用的孔加工方法

1. 钻孔

钻孔有一般钻孔和深孔钻孔两种。钻深孔时，为了防止切屑堵塞而引起钻头折断，一般采用分级进给的方式加工，即在加工过程中钻头定期退出以排除切屑。

钻孔一般采用标准麻花钻，有时也采用扁钻，扁钻多用于直径大于20 mm的孔加工。

钻孔工序大多是加工扩铰工序前的底孔或螺纹底孔。钻孔加工精度较低，钻孔孔径及位置精度主要取决于导向精度及钻头的刃磨情况。

2. 扩孔

扩孔可以作为精镗或精铰的粗加工工序。扩孔加工精度高于钻孔，孔精度要求不高时，扩孔可以作为最终工序。

3. 铰孔

铰孔可以铰圆柱孔、阶梯孔及锥孔，一般用于加工直径 40 mm 以下的孔。精铰孔的精度可以达到 7～8 级，为了提高铰孔的加工位置精度，必须控制导向部分和导套的间隙，并使导向部分尽量靠近工件。

4. 镗孔

镗孔多用于大直径孔的加工，镗孔精度可达 6～7 级。对于多层同轴孔系的加工，采用一根镗杆从一侧加工比两根镗杆从两侧加工更容易保证同轴度要求。

5.3.2.3 组合机床切削用量的确定及刀具选择

确定了组合机床上要完成的工艺内容之后，就要选择切削用量。切削用量选择是否合理，对组合机床的加工精度、生产率、刀具耐用度、机床的布局型式均有很大影响。

1. 确定工序间余量

为使加工过程顺利进行并保证加工精度，必须合理地确定工序间余量。生产中常用的组合机床对孔加工的工序间余量，见表 5-2。其他工艺方法的工序间余量，可见有关工艺设计资料。

表 5-2 孔加工常用工序间余量

加工工序	加工孔径	工序特点	直径上工序间余量
扩　孔	ϕ10～ϕ20	钻孔后扩孔	1.5～2.0
		粗扩后精扩	0.5～1.0
	ϕ20～ϕ50	钻孔后扩孔	2.0～2.5
		粗扩后精扩	1.0～1.5
铰　孔	ϕ10～ϕ20		0.10～0.20
	ϕ20～ϕ30		0.15～0.25
	ϕ30～ϕ50		0.20～0.30
	ϕ50～ϕ80		0.25～0.35
	ϕ80～ϕ100		0.30～0.40
半精镗	ϕ20～ϕ80		0.70～1.2
	ϕ80～ϕ100		1.0～1.5
精　镗	～ϕ30		0.20～0.25
	ϕ30～ϕ130		0.25～0.40
	＞ϕ130		0.35～0.50

确定工序间余量应当注意：

(1) 粗镗孔时，应考虑工件冷硬层、铸孔偏心和铸造黑皮，直径上余量应不小于 6～7 mm，否则易损坏刀具。

(2) 工件经重新安装或在多工位机床上加工，应适当加大余量，以消除转、定位误差的影响。但精镗时，直径上余量不应大于 0.4～0.5 mm。

(3) 确定镗孔余量时，应注意其对镗杆直径大小的影响。尤其在工件需要让刀以便使刀具通过时(多刀加工多层壁同心孔系)，由于加工余量和工件让刀量的影响，往往要减小镗杆直径，若导致镗杆刚性不足，必要时可减小粗镗余量。

2. 选择切削用量

(1) 组合机床切削用量选择的特点

① 在大多数情况下，组合机床为多轴、多刀、多面同时加工。因此，所选切削用量，根据经验应比一般万能机床单刀加工低30%左右。

② 组合机床多轴箱上所有刀具共用一个进给系统，通常为标准动力滑台。工作时，要求所有刀具的每分钟进给量相同，且等于动力滑台的每分钟进给量。因此，同一多轴箱上的刀具主轴可设计成不同转速和选择不同的每转进给量与其相适应，以满足不同直径工件的加工需要，即

$$n_1 \cdot f_1 = n_2 \cdot f_2 = \cdots = n_i \cdot f_i = v_f$$

式中 $n_1, n_2, \cdots, n_i$——各主轴转速，r/min；

$f_1, f_2, \cdots, f_i$——各主轴进给量，mm/r；

v_f——滑台每分钟进给量（进给速度），mm/min。

(2) 确定切削用量应注意的问题

① 尽量做到合理利用所有刀具，充分发挥其性能。由于连接于动力部件的多轴箱上同时工作的刀具种类不同且直径大小不等，因此其切削用量选择也各有特点。如钻孔要求切削速度高而每转进给量小；铰孔却要求切削速度低而每转进给量大；锪端面则要求切削速度低、每转进给量小等。

② 复合刀具切削用量的选择，应考虑刀具的使用寿命。进给量通常按复合刀具最小直径选择，切削速度按复合刀具的最大直径选择。如“钻-铰”复合刀具，进给量按钻头直径选择，切削速度按铰刀直径选择。

③ 选择切削用量时，应注意零件生产批量的影响。组合机床通常要求切削用量的选择使刀具耐用度不低于一个工作班，最少不低于4 h。

④ 切削用量选择应有利于多轴箱设计。若能使相邻主轴转速接近相等，则可使多轴箱传动链简单。某些刀具带导向加工，若不便冷却润滑，则应适当降低切削速度。

⑤ 选择切削用量时，还必须考虑所选动力滑台的性能。尤其是当采用液压动力滑台时，所选择的每分钟进给量一般应比动力滑台可实现的最小进给量大50%。否则，会由于温度和其他原因导致进给量不稳定，影响加工精度，甚至造成机床不能正常工作。

(3) 组合机床切削用量选择方法

组合机床切削用量选择方法一般常用查表法，参照生产现场同类工艺，通过工艺试验确定切削用量。

3. 确定切削力、切削转矩、切削功率及刀具耐用度

根据选定的切削用量（主要指切削速度及进给量），确定切削力，作为选择动力部件及夹具设计的依据，确定切削转矩，用以确定主轴及其他传动件（齿轮、传动轴等）的尺寸；确定切削功率，用以选择主传动电机（一般指动力箱电机）功率；确定刀具耐用度，用以验证所选刀具是否合理。

根据生产实践及试验研究成果，采用不同材料工件进行钻孔、扩孔、铰孔、镗孔、锪端面、攻丝加工等的切削力 F、切削转矩 M、切削功率 P、刀具耐用度 T 的计算公式可查表。

现以高速钢钻头在灰铸铁上钻孔为例进行说明。

切削力 F、切削转矩 M、切削功率 P、刀具耐用度 T 的计算公式

$$F = 26 \cdot D \cdot f^{0.8} \cdot HB^{0.6} \tag{5-1}$$

$$M = 10 \cdot D^{1.9} \cdot f^{0.8} \cdot HB^{0.6} \tag{5-2}$$

$$P = \frac{M \cdot v}{9\ 740 \cdot \pi \cdot D} \tag{5-3}$$

$$T = \left(\frac{9\ 600 \cdot D^{0.25}}{v \cdot f^{0.55} \cdot HB^{1.3}}\right)^{8} \tag{5-4}$$

式中 F——切削轴向力，N；

D——钻头直径，mm；

f——每转进给量，mm/r；

M——切削转矩，N·mm；

P——切削功率，kW；

T——刀具耐用度，min；

v——切削速度，mm/min，$v=v_{公称} \cdot k_v$，通常根据钻孔深度 L 与直径 D 的比值考虑修正系数 k_v；

HB——零件的布氏硬度值，通常给出一个范围，如 HB=180～220。对于式(5-1)～式(5-3)取最大值；对式(5～4)取最大硬度值减去硬度差值的 1/3。

当计算出多轴箱上各刀具主轴的轴向切削力 F，再求出多轴加工总的轴向力 $\sum F = F_1 + F_2 + \cdots + F_n$，作为选择进给动力滑台及夹具设计的依据。

当确定了切削转矩 M 以后，便可根据扭转刚度初定出主轴及传动轴直径，计算公式为：

$$d \geqslant B \sqrt[4]{M}\ (\text{mm}) \tag{5-5}$$

式中 M——切削转矩，N·mm；

B——系数，根据主轴或传动轴在 1 m 长度上允许最大扭转角按表选择。

当确定了单轴切削功率 P 后，再求出多轴加工的总切削功率 $P_{总} = P_1 + P_2 + \cdots + P_4$，然后考虑效率，作为选择主传动用动力箱电机的依据。

当确定了刀具耐用度 T 后，可据此检验切削用量及刀具的选择是否合理。

5.3.2.4 选择刀具结构

组合机床采用的刀具主要有简单刀具(标准刀具)、复合刀具及特种刀具三种。根据工艺要求及加工精度的不同，选择刀具结构应注意下述主要问题：

(1) 只要条件允许，为使工作可靠、结构简单、刃磨容易，应尽量选择标准刀具。

(2) 为提高工序集中程度或保证加工精度，可采用先后加工或同时加工两个或两个以上表面的复合刀具。

(3) 选用镗刀和铰刀应遵循以下原则。

组合机床对不同直径孔的精加工，镗削和铰削皆可应用。但由于铰刀不易制成大直径的，所以主要用于直径小于 ϕ80 mm 孔的精加工。由于回转工作台及鼓轮式机床加工时易产生振动，在这类机床上采用镗刀镗孔常会造成工件孔较大的形状误差和表面粗糙度，此时若采用铰刀铰孔则易得到稳定的加工精度，且铰刀装卸、调整方便，耐用度、生产率也高。由于镗刀制造简单、刃磨方便，所以在加工尺寸及位置精度较高的同心孔时或不允许有退刀痕时，只要镗杆刚性较好且容易对刀，应优先考虑用镗刀镗孔。

工艺上有特殊要求时,如孔的加工表面不允许留下退刀痕迹,则要用具有让刀动作的镗刀镗削。

5.3.3 组合机床总体设计——三图一卡

组合机床总体设计即“三图一卡”设计,内容包括:绘制被加工零件工序图、加工示意图和联系尺寸图,编制生产率计算卡。下面以一实例来具体说明三图一卡的设计过程和设计内容。

实例:被加工零件为汽车变速器上盖,图 5-2 为其零件图,零件编号为 QCBSQ。其材料为 HT-200,硬度 HB 为 175～255,质量为 10 kg,加工部位及要求为:

T_1 面上 6 孔,即 2—ϕ8.5H10,表面粗糙度 Ra1.6 μm,4—ϕ8.5,表面粗糙度 Ra6.3 μm;

T_2 面上 5 孔,即 4—M8×1.25 螺纹底孔及 ϕ7 孔,表面粗糙度 Ra6.3 μm 等。

要求生产纲领为(考虑废品及备品率)年产量 6 万件(单班制生产)。

5.3.3.1 被加工零件工序图

1. 被加工零件工序图的作用及内容

被加工零件工序图是根据选定的工艺方案,表示一台组合机床或自动线完成的工艺内容,加工部位尺寸、精度、表面粗糙度及技术要求、加工用定位基准、夹压部位及被加工零件的材料、硬度,质量和在本道工序加工前毛坯或半成品情况的图纸。它是组合机床设计的主要依据,也是制造、使用、检验和调整机床的重要技术文件。图上应表示出:

(1) 被加工零件的形状和轮廓尺寸及与本机床设计有关的部位的结构形状及尺寸。尤其是当须要设置中间导向套时,应表示出零件内部的肋、壁布置及有关结构的形状及尺寸,以便检查工件、夹具、刀具是否发生干涉。

(2) 加工用定位基准、夹压部位及夹压方向。以便依此进行夹具的定位支承(包括辅助定位支承)、限位、夹紧、导向装置的设计。

(3) 本道工序加工部位的尺寸、精度、表面粗糙度、形状位置尺寸精度及技术要求,还包括本道工序对前道工序提出的要求(主要指定位基准)。

(4) 必要的文字说明。如被加工零件编号、名称、材料、硬度、质量及加工部位的余量等。

汽车变速器上盖的被加工零件工序图见图 5-3。

2. 绘制被加工零件工序图的注意事项

(1) 为了使被加工零件工序图清晰明了,一定要突出该机床的加工内容。绘制时,应按一定比例,选择足够视图及剖视,突出加工部位(用粗实线),其他位置用细实线。凡本道工序保证的尺寸、角度等,均应在尺寸数值下方画粗实线,或用黑框格将其框起。加工用定位基准符号用“⌣”或“◆”,夹压位置及方向用符号“⚓”和“⊗”,辅助支承用符号“⚓”表示。

(2) 加工部位的位置尺寸应由定位基准注起。为便于加工及检查,尺寸应采用直角坐标系标注。当定位基准与设计基准不重合时,须按尺寸链对工序尺寸进行换算,标注在工序图中。此外,应将零件图上的位置尺寸公差换算成对称尺寸公差,其公差数值的决定要考虑两方面,一是要能达到产品图纸要求的精度,二是采用组合机床能够加工出来。

(3) 应注明零件加工对机床提出的某些特殊要求。如对多层壁同轴线等直径孔加工,若要求孔表面不留退刀痕迹,则图纸上应注明要求“机床主轴定位,工件(夹具)让刀”。

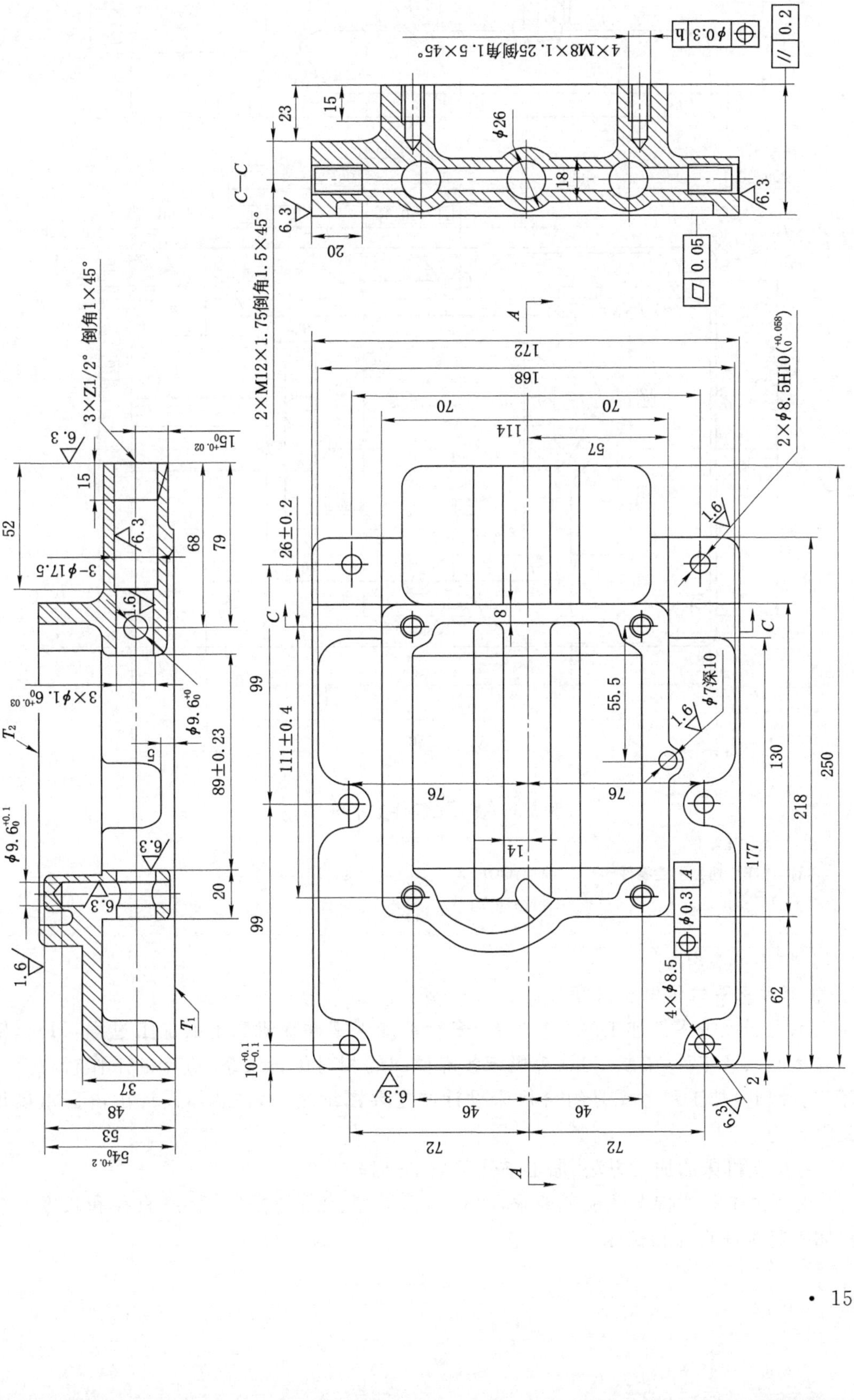

图5-2　汽车变速器上盖零件图

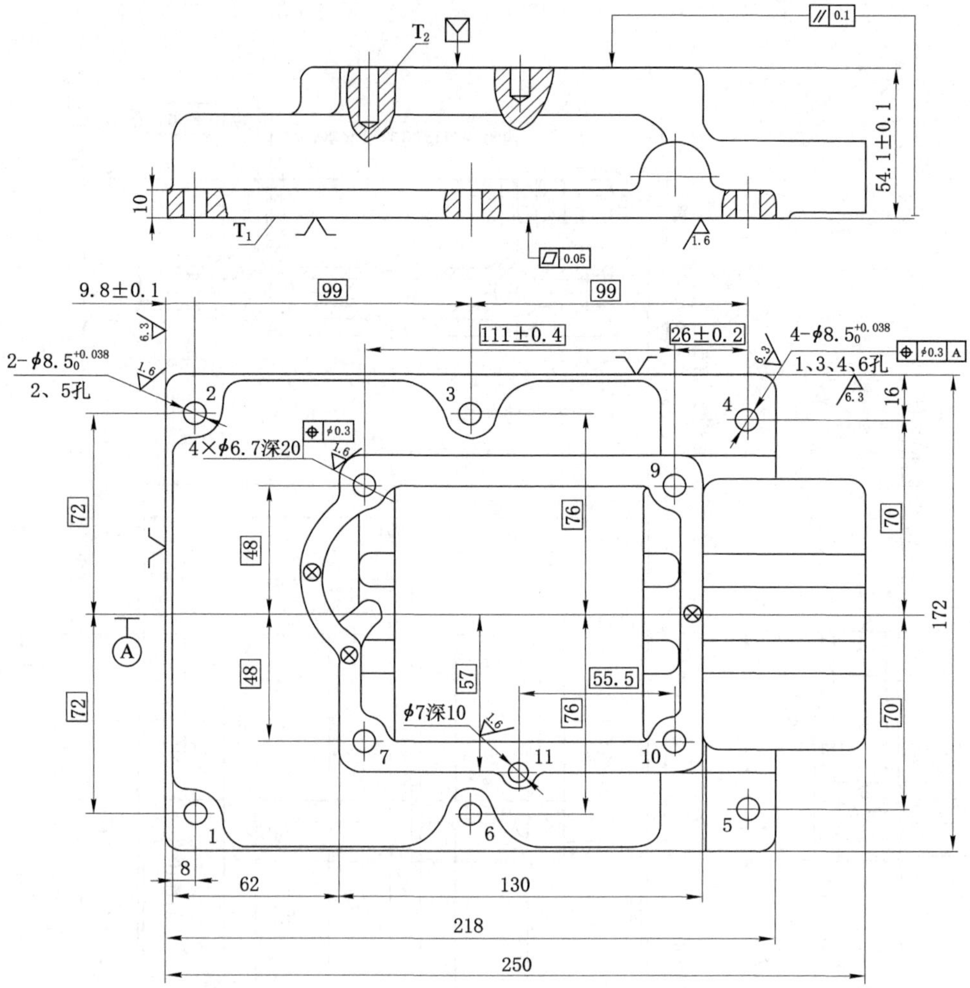

图 5-3　被加工零件工序图

注：1.被加工零件

名称：汽车变速器上盖零件　　编号：QCBSX-11　　硬度：HB175～255

材料：HT-200　　质量：10 kg

5.3.3.2　加工示意图

1. 加工示意图的作用和内容

加工示意图反映零件加工的工艺方案，表示被加工零件在机床上的加工过程，刀具、辅具的布置状况以及工件、夹具、刀具等机床各部件间的相对位置关系，机床的工作行程及工作循环等。因此，加工示意图是组合机床设计的主要图纸之一，在总体设计中占据重要地位。其内容为：

(1) 应反映机床的加工方法、加工条件及加工过程。

(2) 根据加工部位特点及加工要求，决定刀具类型、数量、结构、尺寸(直径和长度)，包括镗削加工时镗杆直径和长度。

(3) 确定主轴的结构类型、规格尺寸及外伸长度。

(4) 选择标准或设计专用的刀杆、浮动卡头、导向装置、攻丝靠模装置、刀杆托架等，并决定它们的结构、参数及尺寸。

(5) 标明主轴、接杆(卡头)、夹具(导向)与工件之间的联系尺寸、配合及精度。

(6) 根据机床要求的生产率及刀具、材料特点等，合理确定并标注各主轴的切削用量。

(7) 确定机床动力部件的工作循环及工作行程。

2. 实例

汽车变速器上盖 11 孔双面钻(铰)的加工示意图(图 5-4)说明如下：

(1) 11 个孔加工方案的确定

① 1、3、4、6、11 孔

因为这几个孔未注公差(自由公差，应为 H12 级精度以下)，表面粗糙度 $Ra6.3\mu m$；查参考资料可知其加工方法应采用“钻”。

② 2 和 5 孔

根据这两个孔的基本尺寸及其公差可知其加工精度应为 H10，可知其加工方法应为“钻、扩”或“钻、铰”，而其表面粗糙度为 $Ra1.6\mu m$，应选择“钻、铰”的加工方法。

③ 7、8、9、10 螺纹孔

7、8、9、10 螺纹孔没有对其精度进行特殊标注，是一般紧固螺纹。这 4 个螺纹孔的加工工艺过程可选择“钻底孔、(导角)、攻丝”。在该组合机床中仅进行螺纹底孔的加工，由于这 4 个螺纹孔的直径为 M8，查“攻螺纹前钻孔用麻花钻直径”，可知钻削的螺纹底孔直径应为 $\phi6.7$ 。

(2) 各主轴切削用量的确定

对于 1、3、4、6 主轴，按照工件的平均硬度($HB=\frac{175+255}{2}=215$)确定切削用量范围：$v=10\sim18\ m/min$，$f=0.10\sim0.18\ mm/r$。

考虑计算后主轴转速接近整十或整百值，因此选 $v=13.35\ m/min$，$f=0.10\ mm/r$，则这几根主轴的转速(n)和单位时间进给量(v_f)分别为

$$n=\frac{1\,000v}{\pi d}=\frac{1\,000\times13.35}{\pi\times8.5}\ r/min\approx500\ r/min$$

$$v_f=nf=500\times0.10\ mm/min=50\ mm/min$$

刀具耐用度为

$$T=\left(\frac{9\,600\cdot D^{0.25}}{vf^{0.55}HB^{1.3}}\right)^8=\left(\frac{9\,600\times8.5^{0.25}}{13.35\times0.1^{0.55}\times228.33^{1.3}}\right)^8=\left(\frac{16\,391.77}{5\,156.68}\right)^8$$

$$=10\,424\ min=174\ h\geqslant4\ h$$

注意：在计算刀具耐用度时，$HB=255-1/3(255-175)=228.33$

因此，上述切削用量的确定合理。

其他轴切削用量确定方法同上。

3. 加工示意图的画法及注意事项

(1) 按比例用细实线绘出工件加工部位和局部结构的展开图。加工表面用粗实线画。为简化设计，相同加工部位的加工示意图，允许只表示其中之一，但必须在主轴上标注轴号。

(2) 通常在加工示意图上，主轴分布可不按真实距离绘制，但当被加工孔间距很小或需

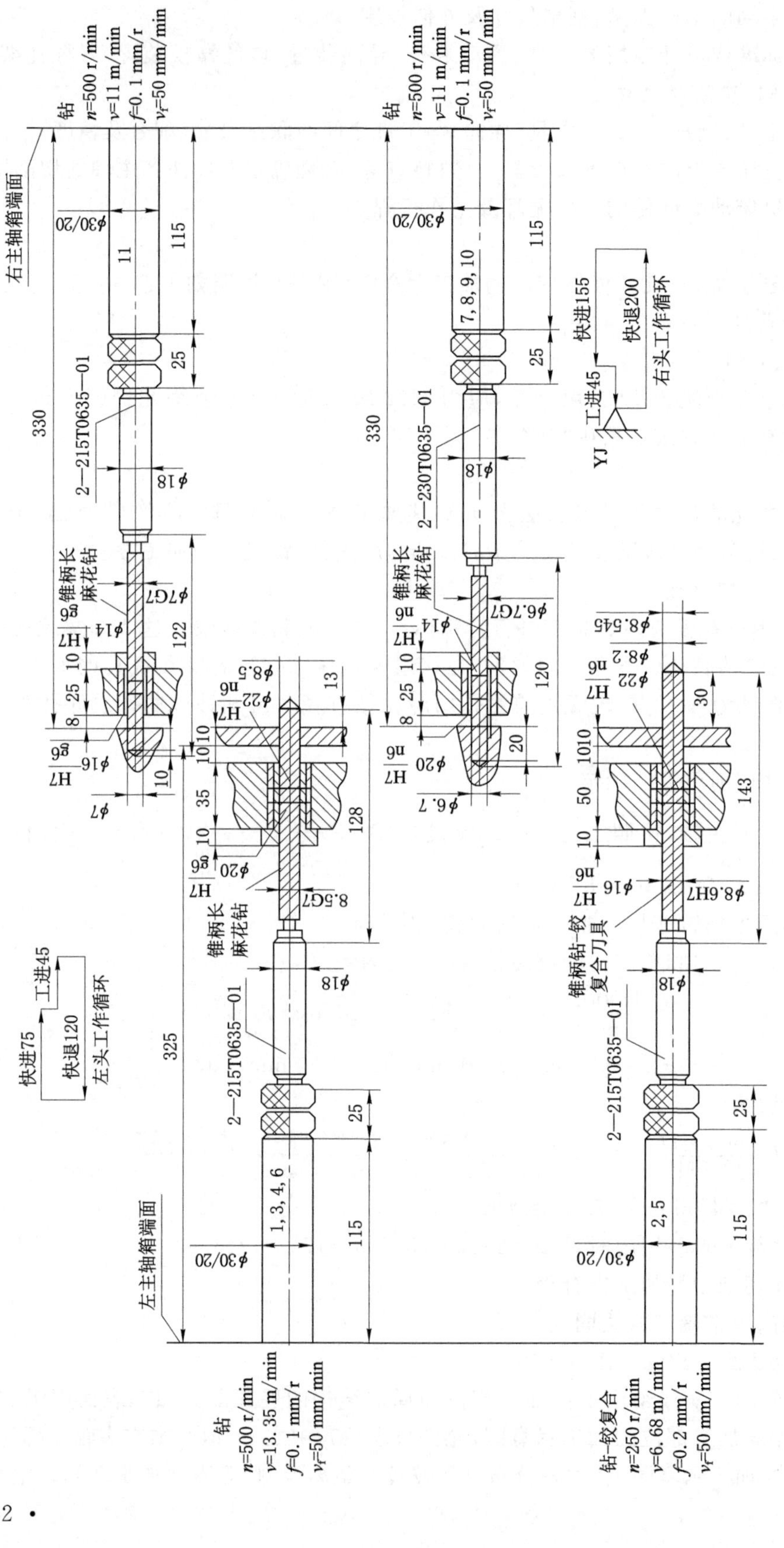

图5-4 汽车变速器上盖11孔双面钻床（铰）加工示意图

设置径向结构尺寸较大的导向装置时，相邻主轴必须严格按比例绘制，以便检查相邻主轴、刀具、辅具、导向等是否干涉。

(3) 主轴应从多轴箱端面画起。除攻丝加工应画加工开始位置以外，一般刀具画加工终了位置。标准的通用结构只画外轮廓，并须加注规格代号。对一些专用结构（如导向、刀杆托架、专用接杆或浮动卡头等），为显示其结构而必须画剖视，并标注尺寸、精度及配合。

4. 选择刀具、工具、导向装置并标注其相关位置及尺寸

(1) 刀具选择

刀具选择要考虑工件加工尺寸精度、表面粗糙度、切屑的排除及生产率要求等因素。

(2) 导向选择

当不采用刚性主轴在组合机床上加工孔时，工件加工表面的尺寸、位置精度主要取决于夹具导向。因此，必须正确选择导向结构，确定导向类型、参数、精度。

导向通常分为两类：刀具导向部分与夹具导套之间既有相对移动又有相对转动的固定式导向；刀具导向部分与夹具导套之间只有相对移动而无相对转动的旋转式导向。旋转式导向相对转动部分通常以各种型式设置在刀杆上则称内滚式旋转导向，若相对转动部分设置在夹具上则称外滚式旋转导向。

导向数量应根据工件形状、内部结构、刀具刚性、加工精度及具体加工情况决定。

通常，钻、扩、铰单层壁小孔或用悬伸量不大的镗杆镗、扩、铰深度不大的大孔时，选取单个导向加工。当在工件铸孔上扩孔时，为加强刀具导向刚性，通常采用双导向加工；当由于工件内部结构限制而使刀杆悬伸较长或扩、铰长孔且位置精度要求较高时，也应考虑布置单个长导向或双导向加工。当镗削大孔或工件多层壁一系列同轴孔时，须根据工件具体结构形状布置双导向或多导向加工。

在某些情况下，钻模板往往不能设置在机床夹具上，而是将它与多轴箱相连接并随之运动，这就是活动钻模板。

组合机床上采用活动钻模板的情况有如下几种：

① 在多工位组合机床上，各工位上加工工序不同，机床工作过程中工件要完成工序间转换运动，若将导向装置设置在机床夹具上并和工件一起做工位转换运动，则同一个导向装置就不能适应各工位上不同直径刀具的需要，此时需将导向装置单独做成活动钻模板并连接在多轴箱上。

② 在单工位组合机床上，当在工件内壁上钻孔时，为使导向套尽可能地靠近加工部位但又不影响工件装卸的方便性，也要采用活动钻模板。

③ 在具有随行夹具输送方式的组合机床自动线上，若要求刀具导向装置尽可能地靠近工件加工部位，又要求不妨碍工件输送，此时往往也需要采用活动钻模板。

活动钻模板与多轴箱的连接方式应根据机床布局、钻模板轮廓尺寸和具体工作要求来选择。大多数活动钻模板与多轴箱浮动连接，即在机床工作时，钻模板与多轴箱之间的距离是可变的。

在机床工作过程中，活动钻模板要同时与刀具、夹具、多轴箱三者发生联系。设计时，必须认真分析被加工零件的工艺特征、精度要求、机床布局形式及各相关部件之间的运动关系。

5. 主轴类型、尺寸、外伸长度的初步确定及接刀杆和浮动卡头选择

通常首先根据进给抗力和主轴-刀具系统结构上的需要确定主轴型式。然后根据选定的切削用量计算出切削转矩 M,查表初定主轴直径,再综合考虑加工精度和具体工作条件,决定主轴外伸部分尺寸(直径比 D/d_1,长度 L)及配套的刀具接杆莫氏锥号。

6. 影响联系尺寸的关键刀具(即其中最长的刀具)的确定

从保证加工终了时多轴箱端面到工件端面间距离尺寸最小来确定全部刀具、接杆(卡头)、导向、刀具托架及工件之间的联系尺寸。其中,须标注主轴端部外径和内孔径(D/d_1)、外伸长度,刀具各段直径及长度,导向的直径、长度、配合,工件至夹具之间须标注工件距导套端面的距离。还须标注刀具托架与夹具之间的尺寸、工件本身及加工部位的尺寸和精度等。

7. 动力部件的工作循环及工作行程的确定

加工时动力部件从原始位置开始运动到加工终了位置又返回到原始位置的动作过程称为动力部件的工作循环。一般包括快速引进、工作进给、快速退回等动作。有时还有中间停止、多次往复进给、跳跃进给、死挡铁停留等特殊要求,这是根据具体的加工工艺需要确定的。

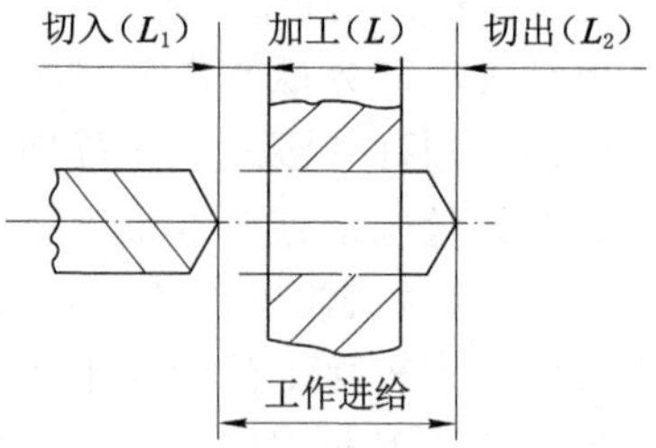

图 5-5　工作进给长度(通孔)

工作行程长度的确定如下:

(1) 工作进给长度 $L_工$

工作进给长度是工作部件按进给速度移动的距离(图 5-5)。

对于通孔加工,工作进给长度 $L_工$ 应等于工件加工部位长度 L(多轴加工时应按最长孔计算)与刀具切入长度 L_1 和切出长度 L_2 之和。

$$L_工 = L_1 + L + L_2 \tag{5-6}$$

切入长度 L_1 应根据工件端面的误差情况在 5～10 mm 之间选择,误差大时取大值。切出长度 L_2,在采用一般简单刀具时,可参考表 5-3 推荐值选取。而在采用复合刀具时,应根据具体情况决定。

表 5-3　切出长度 L_2 的确定

工序名称	切出长度 L_2	工序名称	切出长度 L_2
钻孔	$\frac{1}{3}d+(3\sim8)$	镗孔	5～10
扩孔	10～15	攻丝	$5+L_锥$
铰孔	10～15		

注:d—钻头直径,mm;$L_锥$—丝锥前端锥部长度,mm。

如图 5-6 所示,对于不通孔,工作进给长度

$$L_工 = L_1 + L_2 + L_3$$

式中　L_1——钻头切入长度,一般取 5～10 mm;

L_2——钻孔深度,mm;

L_3——钻尖深度，$L_3=\frac{D}{2}\tan 30°\approx 0.3D$，mm；

D——钻头直径，mm。

(2) 快速退回长度

快速退回长度等于快速引进与工件进给长度之和。快速引进是指动力部件把多轴箱连同刀具从原始位置送进到工作进给开始位置，其长度根据加工具体情况确定。通常，在采用固定式夹具的钻、扩、铰孔组合机床上，快速退回行程长度须保证所有刀具均退至夹具导套内而不影响工件装卸。对于采用移动式或回转式夹具的组合机床，快速退回行程长度须保证把刀具、托架、钻模板及定位销都退离到夹具运动可能碰到的范围之外。

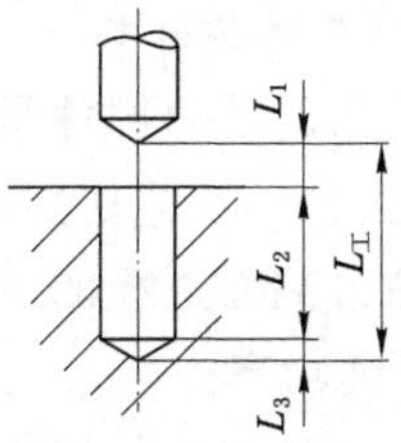

图 5-6　工作进给长度(不通孔)

(3) 动力部件总行程长度

动力部件总行程长度除应保证要求的工作循环工作行程(快速引进＋工作进给＝快速退回)外，还要考虑装卸和调整刀具方便，即考虑前、后备量。即动力部件总行程长度等于快速退回行程长度与前、后备量之和，如图 5-7 所示。

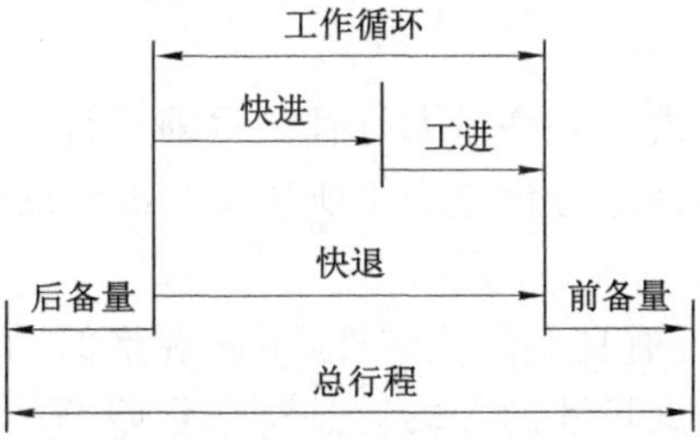

图 5-7　动力部件总行程长度的组成

前备量是指因刀具磨损或补偿制造、安装误差，动力部件尚可向前调节的距离。后备量是指考虑刀具从接杆或接杆连同刀具一起从主轴孔中取出所需要的轴向距离。

当动力部件的总行程确定之后，即可依此作为选择标准动力滑台或设计动力部件的依据。

5.3.3.3　机床联系尺寸图

组合机床联系尺寸图用来表示组合机床的配置形式和总体布局、各部件的轮廓尺寸及相互位置关系、机床最大占地面积等。

1. 机床联系尺寸图的主要内容

机床联系尺寸图的主要内容如下：

(1) 表明机床的配置型式及总体布局。以适当数量的视图(一般为主、左、右视图)按同一比例画出机床各主要组成部件的外形轮廓及相关位置，主视图的选择应与机床实际加工状态一致。

(2) 各部件的外形尺寸、相互联系尺寸及运动尺寸。

(3) 主要专用部件的轮廓尺寸。

（4）各通用部件型号及规格。

（5）电动机型号、功率及转速。

（6）注明机床各部件的分组号。

2. 动力部件的选择

组合机床的动力部件是配置组合机床的基础。它主要包括用以实现刀具主轴旋转主运动的动力箱、各种工艺切削头及实现进给运动的动力滑台。

影响动力部件选择的主要因素为：

（1）切削功率

根据各刀具主轴的切削用量，计算出总切削功率，再考虑传动效率或空载功率损耗及载荷附加功率损耗，作为选择组合机床主传动用动力箱型号规格的依据。

（2）进给力

每种规格的动力滑台有其最大进给力 $F_{进}$ 的限制。选用时，可根据确定的切削用量计算出各主轴的轴向切削合力 $\sum F$，以 $\sum F < F_{进}$ 来确定动力滑台的型号和规格。

（3）进给速度

各种规格的动力滑台都有规定的快速行程速度及最小进给量限制。所选择的快速行程速度应小于动力滑台规定的快速行程速度。

（4）行程

选用动力滑台时，必须考虑其允许最大行程。目前设计的动力滑台有Ⅰ、Ⅱ、Ⅲ三种行程。设计时，所确定的动力部件总行程应小于所选动力滑台的最大行程。

（5）多轴箱轮廓尺寸

为使加工过程中动力部件有良好的稳定性，不同规格的动力滑台与何种规格的动力箱配套使用，其上能安装多大轮廓尺寸的多轴箱是有一定限制的。设计时可查组合机床通用部件相应标准的推荐值。

（6）动力滑台的精度

动力滑台共有 3 个精度等级，“M”表示精密级，“G”表示高精度级，型号尾部无符号为普通精度级。可根据加工精度要求，经济合理地选用动力滑台。

综合考虑上述因素，根据具体加工要求，正确合理选择动力部件——动力滑台和动力箱，并以其为基础进行通用部件配套。

3. 实例

下面讨论汽车变速器上盖的双面钻、铰组合机床动力部件及其配套通用部件型号的确定。

（1）左侧动力部件及其配套通用部件型号的确定

① 1、3、4、6 主轴：

切削力：

$$F_{1,3,4,6} = 26Df^{0.8}\mathrm{HB}^{0.6} = 26 \times 8.5 \times 0.1^{0.8} \times 255^{0.6} = 973.38\ (\mathrm{N})$$

切削转矩：

$$\begin{aligned} M_{1,3,4,6} &= 10D_{1,3,4,6}^{1.9} \cdot f_{1,3,4,6}^{1.8} \cdot \mathrm{HB}_{1,3,4,6}^{0.6} \\ &= 10 \times 8.5^{1.9} \times 0.1^{0.8} \times 255^{0.6} = 2\,569.33\ (\mathrm{N \cdot mm}) \end{aligned}$$

切削功率：

$$P_{1,3,4,6}=\frac{Mv}{9\ 740\pi D}=\frac{2\ 561.2\times 13.35}{9\ 740\pi\times 8.5}=0.13\ (\mathrm{kW})$$

② 2、5 轴(按钻 $\phi 8.5$ 的孔计算)：

切削力：

$$F_{2,5}=26Df^{0.8}\mathrm{HB}^{0.6}=26\times 8.5\times 0.2^{0.8}\times 255^{0.6}=1\ 694.88\ (\mathrm{N})$$

切削转矩：

$$\begin{aligned}M_{2,5}&=10D_{1,3,46}^{1.9}\cdot f_{1,3,4,6}^{0.8}\cdot \mathrm{HB}_{1,3,4,6}^{0.6}\\&=10\times 8.5^{1.9}\times 0.2^{0.8}\times 255^{0.6}=4\ 473.46\ (\mathrm{N\cdot mm})\end{aligned}$$

切削功率：

$$P_{2,5}=\frac{Mv}{9\ 740\pi D}=\frac{4\ 538.78\times 6.68}{9\ 740\pi\times 8.5}=0.12\ (\mathrm{kW})$$

③ 左多轴箱所需的总进给力 $\sum F_{左}$ 和总功率 $\sum P_{左}$

$$\sum F_{左}=4\cdot F_{1,3,4,6}+2\cdot F_{2,5}=4\times 973.38+2\times 1\ 694.88=7\ 283.28\ (\mathrm{N})$$

$$\sum P_{左}=4\cdot P_{1,3,4,6}+2\cdot P_{2,5}=4\times 0.13+2\times 0.12=0.76\ (\mathrm{kW})$$

考虑效率问题，选取的动力箱的功率 $P_{左\mathrm{D}}\geqslant\frac{\sum P_{左}}{\eta}=\frac{0.76}{0.8}=0.95\ (\mathrm{kW})$，查表可选择 1DT20 或更大的动力箱；但由于所选择的动力箱应与液压滑台配套，而根据总进给力查表，液压滑台应选 1HY25，故选 1DT25 的动力箱和 1HY25 的液压滑台。再具体一些，按照行程(根据后面的联系尺寸图中左多轴箱的总行程 250 mm)，应选择液压滑台 1HY25I 液压滑台。

右侧动力部件及其配套通用部件型号的确定同上。

(2) 联系尺寸图应考虑的主要问题

通常在画出被加工零件工序图、加工示意图，并初选动力部件及与其配套的通用部件之后，绘制联系尺寸图。对于机床的某些重要尺寸也应在画联系尺寸图之前的方案设计阶段初步确定，如机床的装料高度 H，多轴箱轮廓尺寸及夹具轮廓尺寸等。尤其对于加工精度要求较高、比较复杂的组合机床，往往需要预先画出夹具方案的详细草图，以确定其主要轮廓尺寸。所以，总体设计更确切地说是包括夹具方案草图设计在内的四图一卡设计。

下面以汽车变速器上盖双面钻、铰组合机床联系尺寸图的绘制为例进行具体讨论。

① 夹具轮廓尺寸的确定

这里所要确定的夹具轮廓尺寸主要是指夹具底座的长×宽×高。这些尺寸的确定，除了首先必须考虑工件的形状、轮廓尺寸、具体结构外，还须考虑能够布置下保证加工要求的定位、限位、夹紧机构、导向系统(镗模、导向套等)，并要考虑夹具底座与机床其他部件(如中间底座)连接、固定所需要的尺寸。

长度方向的尺寸，要考虑模架的厚度，厚度一般可取 150～200 mm。宽度方向的尺寸是工件宽度尺寸、工件与模架之间的距离和模架厚度之和，再加上为了补偿毛坯铸造误差需要留的 10～20 mm 余量。此外，夹具体底部有凸缘，以便容纳紧固螺栓、螺母和定位销，凸缘每边大约为 45～50 mm。

夹具底座高度的确定，既要满足装料高度的要求，也要满足夹具刚度的要求。

② 机床装料高度 H

装料高度一般是指工件安装基准面至地面的垂直距离。我国过去设计组合机床一般取装料高度 $H=850$ mm。根据我国具体情况，对于一般立式及卧式组合机床、流水线和自动线，一般 H 在 850～1 060 mm 之间选取，推荐采用 1 060 mm；对于鼓轮式组合机床，由于结构关系一般取 $H=1\ 200\sim1\ 300$ mm，此时需加脚踏垫板，以便操作者装卸工件和操纵调整机床、刀具方便；对一些中小型零件加工的自动线，应考虑自动排屑装置的安排，特别是随行夹具从机床下方返回（从底座中间通过）的自动线设计，机床装料高度一般应提高到 1 000 mm 左右。

图 5-8 所示为一台卧式组合机床的联系尺寸简图，图 5-9 所示为有关多轴箱轮廓及主要尺寸图（被加工零件轮廓用点划线、多轴箱轮廓尺寸用粗实线表示）。由此可以看出，装料高度可以用如下两公式进行计算：

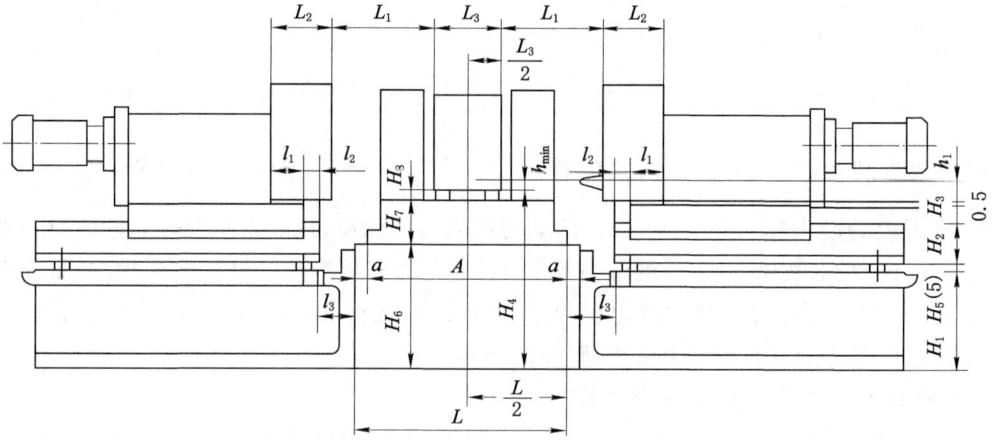

图 5-8　卧式组合机床的联系尺寸图(简图)

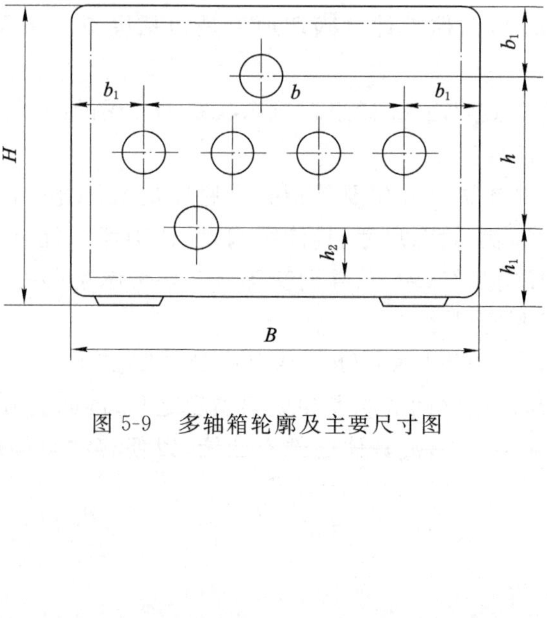

图 5-9　多轴箱轮廓及主要尺寸图

$$H_4 = H_1 + H_5 + H_2 + H_3 + 0.5 + h_1 - h_{min} \tag{5-7}$$

$$H_4 = H_6 + H_7 + H_8 \tag{5-8}$$

式中　H_4——装料高度，可取 850～1 060 mm，推荐取 1 060 mm；

h_1——多轴箱最低主轴高度，mm；

H_1——侧底座高度，一般为 560 mm；

H_2——滑座高度，mm；

H_3——滑座上导轨平面至滑台体上平面的距离，mm；

H_5——调整垫的厚度，一般为 5 mm；

0.5——多轴箱体底平面至滑台体上平面间的间隙，0.5 mm；

h_{min}——工件上最低孔到工件安装基准面的垂直距离(工件最低孔位置)，mm；

H_6——中间底座高度，mm；

H_7——夹具底座高度，mm；

H_8——支承块或支承钉高度，mm。

卧式组合机床多轴箱 h_1 的尺寸，还受箱体内油面高度的限制。如果 h_1 太小，即主轴接近箱体底面，箱内的润滑油将沿主轴漏出；若 h_1 取得太大时，则主轴偏在多轴箱的上部位置，使整个机床的总体布置很不匀称，同时使滑台的受力情况不好。因此，h_1 与主轴外伸部分内、外圆直径大小有关，常用推荐值 $h_1 > 85$～120 mm。

③ 中间底座轮廓尺寸

中间底座的轮廓尺寸要满足夹具在其上面连接安装的需要，要考虑动力部件处于加工终了位置时，多轴箱与夹具外轮廓间应有便于机床调整、维修的距离。为便于切屑及冷却液回收，中间底座周边须有足够宽度的沟槽，即要保证图 5-8 所示的尺寸 a 足够。

初定出中间底座的长、宽、高尺寸后，应优先在通用部件标准中选用尺寸与之相近的标准中间底座以简化设计。

④ 多轴箱轮廓尺寸

标准的通用钻、镗类多轴箱的厚度有两种尺寸规格，卧式为 325 mm，立式为 340 mm。为此绘制机床联系尺寸图时，主要需确定多轴箱的宽度 B 和高度 H 及最低主轴高度 h_1。

根据图 5-9，多轴箱宽度 B、高度 H 的大小主要与被加工零件孔的分布位置有关，可按下式确定：

$$B = b + 2b_1 \tag{5-9}$$

$$H = h + h_1 + b_1 \tag{5-10}$$

式中　b——工件在宽度方向相距最远的两孔距离，mm；

b_1——最边缘主轴中心距箱外壁的距离，mm；

h——工件在高度方向相距最远的两孔距离，mm；

h_1——多轴箱最低主轴高度，mm。

b 和 h 为已知尺寸。为保证多轴箱有排布齿轮的足够空间，推荐 $b_1 \geqslant 70$～100 mm。

(3) 联系尺寸图(图 5-10)的画法和步骤

① 画主视图

主视图的图形布置应与实际机床工作位置一致，并应选择适当的比例。先用双点划线或细实线画出被加工零件的长与高轮廓。

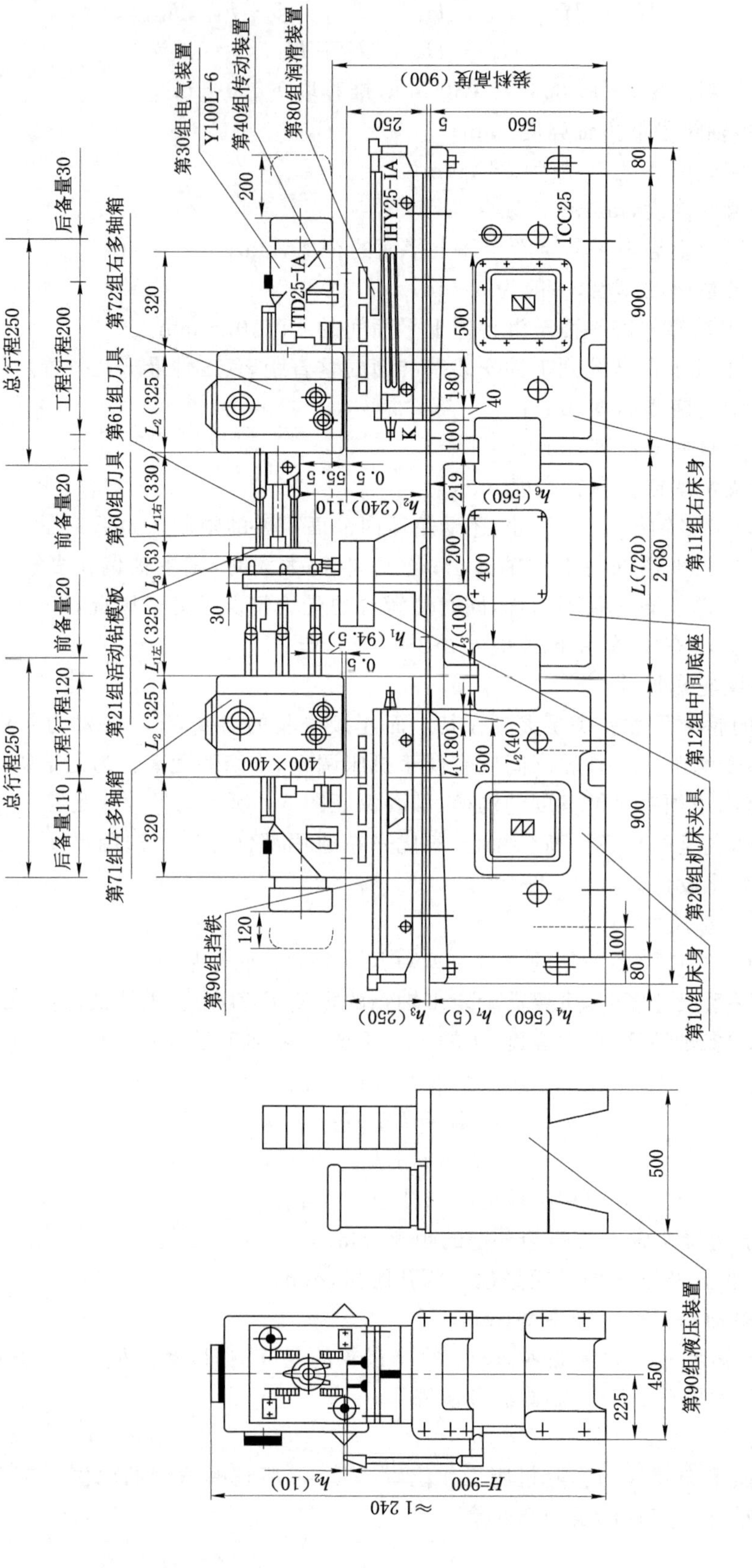

图5-10　组合机床的联系尺寸图

中间底座长度尺寸 L 经计算确定后，必须根据夹具底座长度尺寸 A 及其在中间底座上的相对安装位置来检查尺寸 a 的大小是否合适。

通常，当机床不采用切削液时，a 尺寸最小可取 10～15 mm；当机床采用切削液时，要考虑中间底座周边应有一定宽度的回收冷却液及排屑沟槽，a 尺寸一般不应小于 70～100 mm。对一些结构复杂的组合机床，为调整、维修和对刀方便，a 尺寸还须根据具体情况加大。

② 画左(或右)视图

这部分任务的重点在于表达清楚组合机床各部件在宽度方向的轮廓尺寸及相关位置，配合主视图完成联系尺寸图所应该表达的内容。

③ 联系尺寸图应注明的状态和尺寸

a. 完整、恰当地标注机床各主要组成部件的轮廓尺寸及相关联系尺寸，应使机床在长、宽、高三个方向的尺寸链封闭。

b. 应表示清楚运动部件的原点、终点状态及运动过程情况(可用工作循环图表示)，以确定机床最大轮廓尺寸。

c. 应注明工件、夹具、动力部件、中间底座对称中心线间的位置关系。特别是当工件加工部位对工件中心不对称和有某些具体要求时，动力部件相对夹具，夹具相对中间底座也就不对称，此时应注明它们相互偏置的尺寸。

d. 应注明电动机的型号、功率、转速及所选标准通用部件的型号规格和其主要轮廓尺寸，并对组成机床的所有部件进行分组编号。

5.3.3.4 机床生产率计算卡

组合机床生产率计算卡是表示机床每小时生产率与负荷率的表格。它是根据加工示意图所确定的工作循环、工作行程、切削用量、动力部件的快速及工进速度等编制出来的，用以反映机床的加工过程、完成每一动作所需的时间、切削用量、机床生产率及机床负荷率等。通过生产率计算卡的编制可以分析所制定的机床方案是否满足生产要求及使用是否合理。

1. 单件加工时间 $T_{单}$

单件加工时间是指所设计机床加工1个工件的加工工时。它是以工件在机床上进行本工序加工所占机动时间和辅助时间最长的动力部件作为计算基础的。单件时间可按下式确定：

$$T_{单}=t_{切}+t_{辅}=\left(\frac{L_1}{v_{f1}}+\frac{L_2}{v_{f2}}+t_{停}\right)+\left(\frac{L_{快进}+L_{快退}}{v_{fs}}+t_{移}+t_{装卸}\right)(\text{min}) \tag{5-11}$$

式中 L_1、L_2——刀具第Ⅰ、第Ⅱ工作进给行程长度，mm；

v_{f1}、v_{f2}——刀具第Ⅰ、第Ⅱ工作进给量，mm/min；

$t_{停}$——当加工沉孔、止口、锪窝、倒角、光整表面时，动力滑台在死挡铁上的停留时间，通常指刀具在加工终了时无进给状态下旋转 5～10 r 所需时间，min；

$L_{快进}+L_{快退}$——动力部件快进、快退行程长度，m；

v_{fs}——动力部件快速行程速度。用机械动力部件时，取 5～6 m/min；用液压动力部件时，取 3～10 m/min。

$t_{移}$——直线移动或回转工作台进行一次工位转换的时间，一般可取 0.1 min；

$t_{装卸}$——工件装卸(包括定位、夹压及清除铁屑等)时间,它取决于工件质量大小、装卸是否方便及工人的熟练程度。根据各类组合机床的统计,一般取 0.5～1.5 min。

2. 机床生产率与负荷率

(1) 实际生产率、理想生产率和负荷率的关系

假设组合机床实际生产率为 Q_1,由于组合机床工作过程中偶然事故以及操作人员的自然需要等还需要一些时间,因此,机床实际可能生产率 Q_1 应低于机床理想生产率 Q,即

$$Q_1 = \eta_{负} Q \tag{5-12}$$

或

$$\eta_{负} = \frac{Q_1}{Q} \times 100\% \tag{5-13}$$

式中 $\eta_{负}$——组合机床负荷率,一般为 75%～90%。

(2) 理想生产率 Q

理想生产率 Q 是指所设计机床每小时实际可以生产的零件数量。即

$$Q = \frac{60}{T_{单}} \quad (件/h) \tag{5-14}$$

(3) 实际生产率 Q_1

实际生产率 Q_1 是指完成年生产纲领 A(包括备品及废品率在内)所要求的机床生产率。它与全年工时总数 K 有关,一般情况下,单班制生产 K 取 2 350 h,两班制生产 K 取 4 600 h,则

$$Q_1 = \frac{A}{K} \quad (件/h) \tag{5-15}$$

如果计算出机床实际生产率不能满足理想生产率要求,即 $Q > Q_1$,则必须重新选择切削用量或修改机床设计方案。

3. 生产率计算卡的一般格式

机床生产率计算卡是按一定格式要求编制的反映零件在机床上的加工过程、工作时间、机床生产率、机床负荷率的简明表格。在对多面加工的组合机床进行生产率计算卡进行计算和填写时,应以加工单件零件时所用时间最长的那个面为准。表 5-4 为右多轴箱的生产率计算卡。

计算卡中加工长度、工作行程、切削用量等数据信息可以从加工示意图中查找,每分钟进给量即为进给速度 $v_f = fn$,机动时间即为工进时间,$t_{工} = \frac{工进行程}{进给速度}$。

表 5-4 机床生产率计算卡(按右多轴箱)

被加工零件	图号						毛坯种类			铸件		
	名称	汽车变速器上盖					毛坯重量					
	材料	HT20-40					硬度			HB175～255		
工序名称		钻、铰连接螺栓孔及螺纹底孔					工序号					
序号	工步名称	被加工零件数/个	加工直径/mm	加工长度/mm	工作行程/mm	切削速度/(m/min)	每分钟转速/(r/min)	每转进给量/(mm/r)	每分钟进给量/(mm/min)	工时/min		
										机动时间	辅助时间	共计
1	装入工件	1									0.5	0.5
2	工件定位、夹紧				10						0.002	0.002
3	右动力部件快进				155				5 000		0.031	0.031
4	右动力部件工进		ϕ6.7	20(盲孔)	45	10.52	500	0.1	50	0.90		0.90
5	死挡铁停留										0.02	0.02
6	右动力部件快退				200				5 000		0.04	0.04
7	松开工件				10			50			0.002	0.002
8	卸下工件										0.5	0.5
备注	本机床装卸工件时间取为 1 min						单件总工时			0.90	1.095	1.995
							机床实际生产率 Q_1			$Q_1=\frac{A}{K}=\frac{6\times10^4}{2\ 350}=25.53$(件/h)		
							机床理想生产率 Q			$Q=\frac{60}{T_{单}}=\frac{60}{1.995}=30$(件/h)		
							负荷率 $\eta_{负}=\frac{Q_1}{Q}$			$\eta_{负}=\frac{Q_1}{Q}\times100\%=85\%$		

5.4 组合机床多轴箱设计

多轴箱是组合机床上的一个重要组成部件，其主要作用是用来安装主轴、传动轴及齿轮等。驱动轴(动力头输出或电动机轴)的运动通过多轴箱内一系列传动轴与齿轮传给各主轴，使主轴获得所需的转速和转向。多轴箱可装在动力头或动力箱上，也可直接装在滑台或床身上。

每个多轴箱都是针对被加工工件在一定工序上的工艺要求而专门设计的，因而每个多轴箱的主轴数量、位置及各轴的转速，都是随着被加工工件及其加工工艺的不同而改变的，所以多轴箱是专用部件。但是，多轴箱内的零件——主轴、中间传动轴、齿轮等，都是标准化的通用部件，设计时可以根据要求直接选用。多轴箱的箱体、前盖、后盖、顶盖及侧盖的形状及尺寸也都有标准规格，可做成通用化的铸件。

5.4.1 通用多轴箱的组成及其通用零件

1. 多轴箱的组成

通用多轴箱主要由箱体、主轴、传动轴、齿轮、轴套和附加机构等组成，其结构如图 5-11

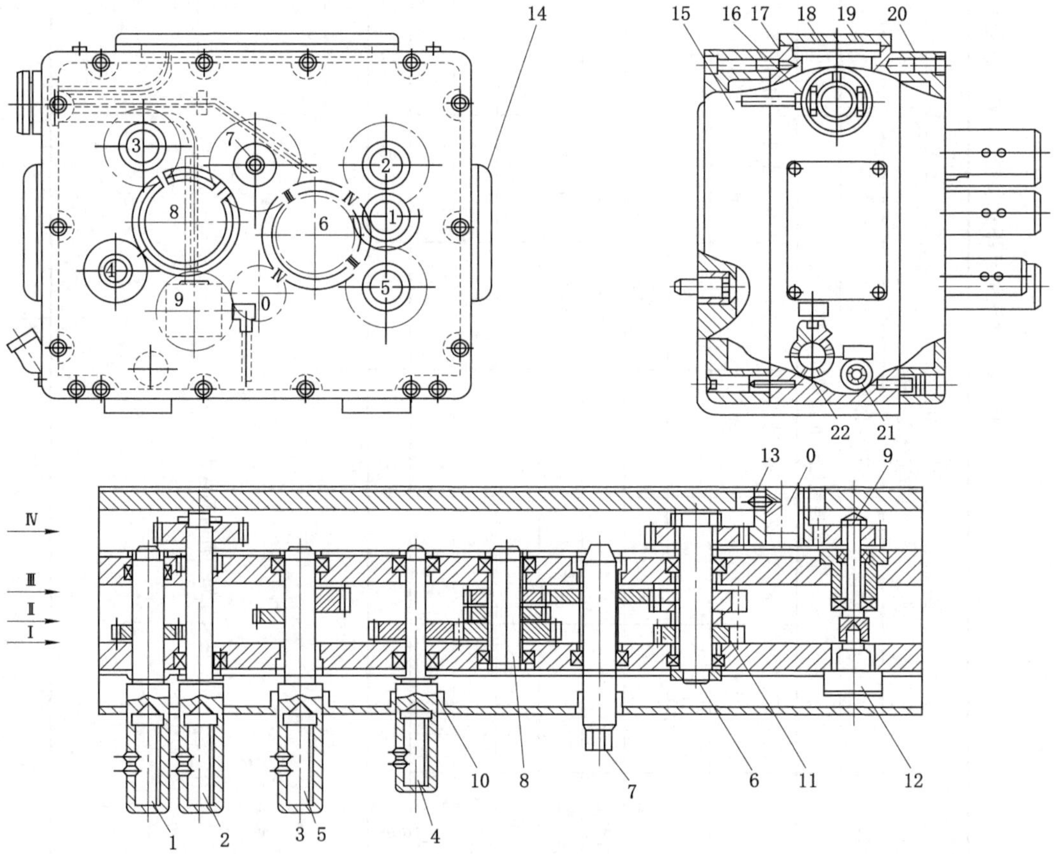

0—输入轴；1～5—主轴；6—传动轴；7—手柄轴；8—传动轴；9—油泵轴；10—防油套；11—传动齿轮；12—油泵；13—齿轮；14—侧盖；15—后盖；16—分油器；17—中间箱体；18—上盖；19—油盘；20—前盖；21—排油塞；22—注油杯。

图 5-11 大型通用多轴箱基本结构

所示。箱体类零件包括侧盖 14、后盖 15、多轴箱体 17、前盖 20、上盖 18 等。通常，卧式多轴箱的厚度为 325 mm，立式多轴箱的厚度为 340 mm。传动类零件包括主轴 4、传动轴 6、手柄轴 7(供更换、调整刀具和多轴箱装配及维修检查主轴精度时回转主轴用)、传动齿轮 11、动力箱或电机齿轮 13 等。

润滑和密封元件包括防油套 10、叶片油泵 12、分油器 16、注油杯 22、排油塞 21 和油盘 19(立式多轴箱不用)等。

在多轴箱中间箱体可安排厚度为三排 24 mm 的齿轮或两排 32 mm 厚的齿轮；在多轴箱中间箱体后壁与后盖之间可安排一或两排齿轮。

通用多轴箱基型后盖厚度为 90 mm，如只在动力箱输出轴和多轴箱输入轴安排第Ⅳ排齿轮，可选用厚度为 50 mm 的后盖，此时后盖窗孔应加以扩大。

2. 多轴箱的通用零件

大型通用多轴箱箱体大小，根据宽×高尺寸不同，有多种规格，其具体形状和尺寸，应按标准选择，见表 5-5。

表 5-5 通用箱体的系列尺寸

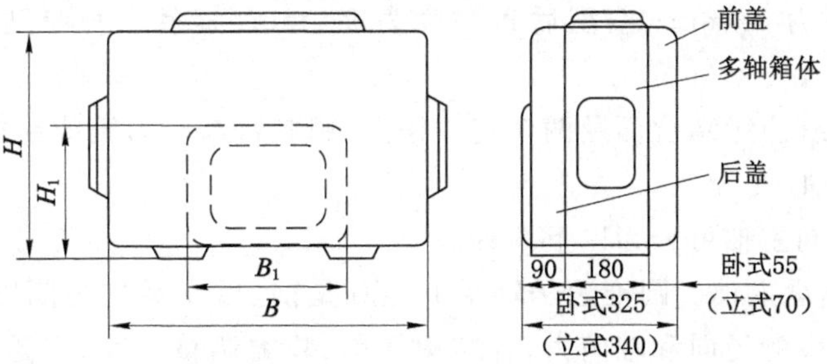

多轴箱宽度 B/mm	相应滑台台面宽度/mm					
	250	320	400	500	630	800
	多轴箱高度 H/mm					
320	250					
	320					
400	250	320				
	320	400				
	400					
500	250	320	400			
	320	400	500			
	400	500				
630		320	400	500		
	320	400	500	630		
	400	500	630			

表 5-5(续)

多轴箱宽度 B/mm	相应滑台台面宽度/mm					
	250	320	400	500	630	800
	多轴箱高度 H/mm					
800			400	500	630	
		400	500	630	800	
		500	630	800		
1 000				500	630	800
			500	630	800	1 000
			630	800	1 000	
1 250					630	800
				630	800	1 000
				800	1 000	1 250

通用多轴箱箱体厚度为 180 mm，卧式多轴箱前盖厚度为 55 mm(基型)，立式多轴箱前盖，兼作油池，加厚为 70 mm，基型后盖厚度为 90 mm，其余三种厚度的后盖为 50 mm、100 mm、125 mm。

后盖的后面上有凸缘结合面及两个定位销孔，用螺钉与动力箱或动力头相连接。

(1) 钻削类主轴

按支承型式不同主轴可分为以下 3 种。

① 圆锥滚子轴承主轴。圆锥滚子轴承的主轴是前、后支承均为圆锥滚子轴承的主轴。这种支承可承受较大的径向和轴向力，且结构简单、装配调整方便，广泛用于扩、镗、铰孔和攻螺纹等加工，当主轴进退两个方向都有轴向切削力时常用此种结构。

② 球轴承主轴。球轴承主轴是前支承为推力球轴承和向心球轴承、后支承为向心球轴承或圆锥滚子轴承的主轴。因推力球轴承设置在前端，能承受单方向的轴向力，适用于钻孔主轴。

③ 滚针轴承主轴。滚针轴承主轴是前、后支承均为推力球轴承和无内圈滚子轴承的主轴。当主轴间距较小时采用。

按与刀具的连接是浮动连接还是刚性连接，钻削类主轴又分为短主轴和长主轴。主轴箱前盖外伸长度为 75 mm(立式为 60 mm)的圆锥滚子轴承主轴称为短主轴，采用浮动卡头与刀具浮动连接配以加长导向或双导向，用于镗、扩、铰孔等工序。

(2) 攻丝主轴

攻螺纹类主轴按支承型式分为以下两种：

① 前、后支承均为圆锥滚子轴承的主轴。

② 前、后支承均为推力球轴承和无内圈滚子轴承的主轴。

(3) 传动轴

传动轴的材料一般用 45 钢，调质处理用 T215，滚针传动轴用 20Cr 钢，渗碳淬火。

① 单列圆锥滚子轴承传动轴。该传动轴简称滚锥传动轴。滚锥传动轴是传动主轴或

其他传动轴用的。

② 滚针轴承传动轴。该传动轴简称滚针传动轴。其作用也是传动主轴或其他传动轴用的。

③ 埋头式传动轴。该传动轴的作用与上述两种传动主轴相同，但这种传动轴的一端埋在主轴箱体的前壁内。采用这种传动轴可以避免箱体前壁上的润滑油泵体与传动轴的螺帽相碰。

④ 手柄轴。手柄轴是用于装卸和调整刀具时传动主轴的。它的结构与传动轴结构的不同之处仅在于手柄轴的端部为正六边形螺母，并伸出多轴箱前盖外，以备套上手柄之用。也可以用手柄轴代替一根传动轴。

⑤ 油泵传动轴。当用第Ⅳ排齿轮来带动润滑油泵时，需要应用这种传动轴。如果用第Ⅰ排齿轮来带动润滑油泵时，则传动齿轮直接装在油泵轴上。

(4) 通用齿轮

通用齿轮有三种，即传动齿轮、动力箱齿轮和电机齿轮。材料均采用 45 钢，热处理为齿部高频淬火。

5.4.2 多轴箱的设计步骤和内容

多轴箱是组合机床的重要部件之一，它关系到整台机床质量的好坏。目前多轴箱设计有一般设计法和电子计算机辅助设计法两种，以下主要介绍一般设计法。

一般设计法的顺序是：绘制多轴箱设计原始依据图，确定主轴结构、轴颈尺寸及齿轮模数；拟定传动系统；计算主轴、传动轴坐标；绘制坐标检查图；绘制多轴箱总图、零件图及编制组件明细表。

5.4.2.1 绘制多轴箱设计原始依据图

根据组合机床的三图一卡可绘制多轴箱设计原始依据图。其主要内容如下：

(1) 根据机床联系尺寸图，绘制主轴箱外形图，并标注轮廓尺寸及动力箱驱动轴的相对位置尺寸。

(2) 根据联系尺寸图和加工示意图，标注所有主轴位置尺寸及工件与主轴、主轴与驱动轴的相关位置尺寸。在绘制主轴位置时，要特别注意：主轴和被加工零件在机床上是面对面安放的，因此，主轴箱主视图上的水平方向尺寸与零件工序图上的水平方向尺寸正好相反。

(3) 根据加工示意图标注各主轴转速及转向，主轴逆时针转向(面对主轴看)可不标，只标注顺时针转向。

(4) 列表标明工件材料、加工表面要求，并注明各主轴的工序内容、切削用量及主轴外伸尺寸。

(5) 标明动力部件型号、功率 P(kW)、转速 n(r/min)和其他主要参数及性能参数等。

图 5-12 所示为前面汽车变速器上盖孔加工组合机床的左多轴箱设计原始依据图。较简单的主轴箱可不画原始依据图。

注：(1) 被加工零件编号及名称：QCBSX-11 汽车变速器上盖。材料及硬度：HT-200，HB175～255。

(2) 主轴外伸尺寸及切削用量(略)。

(3) 动力部件：1TD25-ⅠA，电动机：Y90L-6 型，功率：$P=1.1$ kW，转速：$n=910$ r/min，输出转速：615 r/min，输出轴距箱底面距离为 100 mm，其他尺寸可查动力箱联系尺寸图。

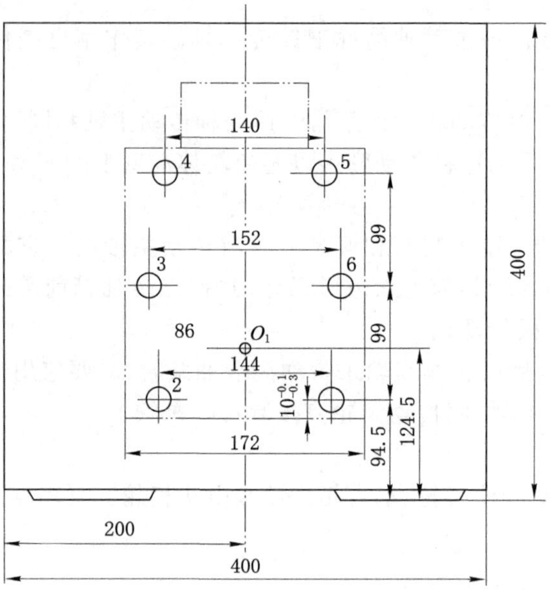

图 5-12 多轴箱设计原始依据图

5.4.2.2 主轴、齿轮的确定及动力计算

(1) 主轴结构型式的确定

主轴结构型式由零件加工工艺决定，并应考虑主轴的工作条件和受力情况。轴承型式是主轴部件结构的主要特征，如进行钻削加工的主轴，轴向切削力较大，最好用推力球轴承承受轴向力，而用向心球轴承承受径向力。又因钻削时轴向力是单向的，因此推力球轴承安排在主轴前端即可。主轴结构型式的选择，除考虑轴承之外，还应考虑轴头结构。

短主轴采用浮动卡头与刀具连接，以长导套或双导套导向，常用于镗削，有时扩、铰工序也采用。长主轴其轴头内孔较长，可增大与刀具尾部连接的接触面，因而增强刀具与主轴的连接刚度，减少刀具前端下垂。可用标准导套导向，用于钻、扩、铰等工序。钻、扩、镗、铰的主轴，轴头用圆柱孔与刀具连接，用单键传转矩，固定螺钉作轴向定位。

(2) 主轴直径和齿轮模数的初步确定

主轴直径按主轴类型及外伸尺寸可初步确定。传动轴的直径也可参考主轴直径大小初步选定，待齿轮传动系统设计完后再验算某些关键轴颈。

齿轮模数 m(单位 mm)一般用类比法确定，也可按公式估算，再通过类比确定。估算公式为：

$$m \geqslant (30 \sim 32)\sqrt[3]{\frac{P}{Z \cdot n}}$$

式中 P——齿轮传递功率，kW；

Z—— 一对齿轮中小齿轮的齿数；

n——小齿轮的转速，r/min。

目前大型组合机床通用多轴箱中常用的齿轮模数有 2、2.5、3、3.5、4 等几种，为了便于组织生产，在同一多轴箱中齿轮模数最好不多于两种。

(3) 多轴箱的动力计算

多轴箱的动力计算，应包括计算多轴箱所需功率和进给力两项。

多轴箱所需要的功率，应等于切削功率、空载消耗功率及与负载成正比的附加功率之和，即：

$$P_{主} = P_{切} + P_{空} + P_{附}$$

式中　$P_{主}$——多轴箱总功率；

$P_{切}$——各主轴切削功率的总和；

$P_{空}$——各轴空载消耗功率的总和；

$P_{附}$——各轴附加功率的总和。

由于动力滑台在实现进给运动过程中既要克服切削力，又要克服滑台移动引起的摩擦阻力，因此动力滑台的最大进给力应大于各主轴切削产生的轴向力的总和。

5.4.2.3　多轴箱传动系统的设计与计算

多轴箱的传动系统设计，就是通过一定的传动件把动力箱输出轴(亦称多轴箱驱动轴)传进来的动力和转速按要求传动给各主轴。传动系统设计的好坏，将直接影响多轴箱的质量、通用化程度、设计和制造工作量的大小以及成本的高低。

1. 对多轴箱传动系统的一般要求

设计传动系统，应在保证主轴强度、刚度、转速和转向的前提下，力求使主要传动件(主轴、传动轴、齿轮等)的规格少，数量少，体积小。因此，在设计传动系统时，要注意下面几点：

(1) 各主轴的转向必须相同。标准刀具一般均为右旋，所以主轴的旋转方向都应是逆时针方向(从主轴前端看)。驱动轴的方向，当采用动力箱(装在机械或液压滑台上)或采用电机直接装在多轴箱上时，可任意选择，因为电动机的方向可以改变；当采用动力头(自驱式)时，规定为逆时针方向。

(2) 一般情况下，尽量不采用主轴带动主轴的方案，因为这会增加主动主轴的负荷。如遇到主轴分布密集而切削负荷又不大时，为了减少中间轴，也可用一根主轴带1～2根或更多根主轴的传动方案。

(3) 尽可能使一根传动轴多带几根主轴，这样可以减少齿轮和传动轴的数量。

选择传动轴的位置时，最好使被传动的主轴在传动轴周围对称分布，这样可使作用在传动轴上的径向力相互抵消一些，减轻作用于传动轴上的弯曲力。

当几个齿轮同时啮合，中心距不符合标准啮合中心距时，可采用变位齿轮的办法来解决。

(4) 尽可能采用逐级降速的传动，这样可使传动链中前面几根轴的转速较高。在传递一定的功率时，转速越大，转矩 M 就越小，因而传动件可以选得小些。粗加工主轴上的齿轮，应尽可能靠近前支承，以减少主轴的扭转变形。精加工主轴上的齿轮应尽可能远离前支承，以减少主轴端部弯曲变形对加工精度的影响。

(5) 齿轮排数可按下面方法安排

① 不同轴上齿轮不相碰，可放在箱体内同一排上。

② 不同轴上齿轮与轴或轴套不相碰，可放在箱体内不同排上。

③ 齿轮与轴相碰，可放在后盖内。

(6) 驱动轴直接带动的传动轴数不要超过两根，否则会给装配带来困难；

(7) 如遇粗、精加工合一的多轴箱，最好从动力箱驱动齿轮开始分两条传动路线，以免影响加工精度。

对于大型通用多轴箱的设计，当齿轮排数Ⅰ～Ⅳ排不够用时，可以增加排数，比如，在原来Ⅰ排齿轮的位置上安装两排薄齿轮，或在箱体与前盖之间增设0排齿轮。

2. 主轴分布类型及传动系统设计

(1) 主轴分布类型

组合机床加工的零件是多种多样的，结构也各不相同，但零件上孔的分布大体可归纳为几种类型。所以，多轴箱中主轴的分布也可分为下列几种类型：

① 同心圆分布。图5-13中主轴1、2、3、4和主轴5、6、7、8、9、10、11、12都是典型的同心圆分布，可分别用一根中间传动轴带动，由其上的一个或几个(不同排数)齿轮来带动各主轴。

② 直线分布。图5-14中主轴1、2、3、4和5、6、7分别为直线分布。对此类主轴可在两主轴中心连线的垂直平分线上设传动轴，由其上一个或几个齿轮带动各主轴。图5-15(a)所示为用1根传动轴上的2排齿轮传动3根主轴，图5-15 (b)所示为用1根传动轴上的2排齿轮传动4根主轴。

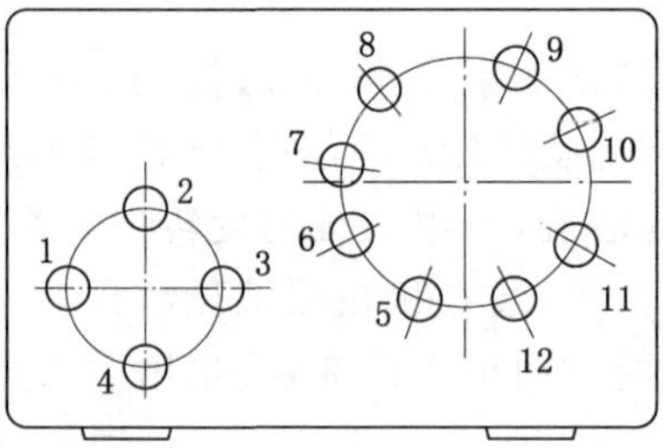

图5-13　主轴同心圆分布

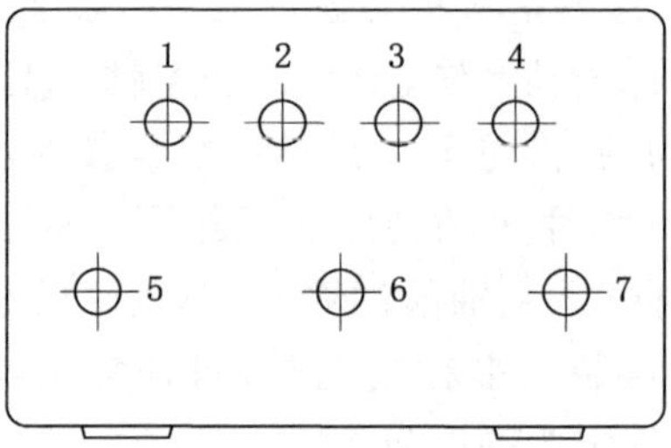

图5-14　主轴直线分布

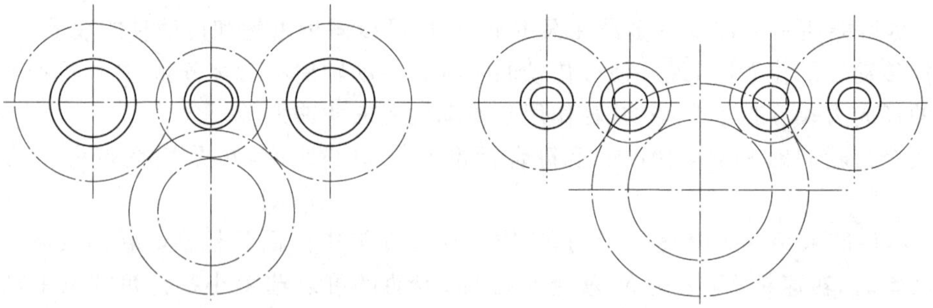

(a) 用1根传动轴上的2排齿轮传动3根主轴

(b) 用1根传动轴上的2排齿轮传动4根主轴

图5-15　直线分布主轴传动方案

③ 任意分布。可将靠近的主轴分别组成同心圆或直线分布。只有相距较远的主轴才单独处理。

(2) 传动系统设计注意问题

① 将主轴划分为各种分布类型，尽可能使之形成同心圆分布，用一根中间传动轴带多根主轴。

② 确定驱动轴的转速、转向及其在多轴箱上的位置。驱动轴的旋转方向可任意选择，驱动轴转速由动力箱型号定。其水平方向位置一般在多轴箱中心，垂直方向由动力箱定。

③ 用最少数量的齿轮和中间传动轴把驱动轴和各主轴连接起来。

当主轴数量不多，分布又比较分散时，可以从驱动轴开始，分几路单独和各主轴联系；当主轴数量较多且较分散时，可先将比较接近的主轴分成几组，然后从主轴布置起，最后连到驱动轴上。

④ 多轴箱的变速和操纵。为了适应工艺要求，有时多轴箱中也采用变速机构，其变速机构包括交换齿轮、滑移齿轮、电磁离合器等。大型通用多轴箱一般都有一个调整手柄轴，用于对刀，调整或装配维修时检查主轴精度等。为了扳动省力轻便，手柄轴转速尽量高些，手柄轴位置应靠近工人操作位置，其周围应有较大空间，保证回转时手柄不碰主轴。

⑤ 润滑油泵的安排。油泵轴的位置要尽可能靠近油池，离油面高度不大于 400～500 mm，油泵轴的转速须根据工作条件而定，主轴数目多，油泵转速应选得高些。当用 R12-1 型叶片泵时，油泵转速可在 400～800 r/min 范围内选择。

为了便于维修，油泵齿轮最好布置在第Ⅰ排，油泵安装在前盖内，在前盖上与油泵相对的位置开一窗口，以便于油泵的清洗。如受结构限制，也可放在第Ⅳ排。

油泵的安置要使其回转方向保证进油口到排油口转过 270°。

3. 传动系统设计举例

这里以前述汽车变速器上盖钻孔多轴箱传动系统为例说明其设计过程。该多轴箱中 3、4、5、6 轴可看作同心圆分布，用一根中间传动轴 14 传动，1、2 轴看作直线分布，用一根中间传动轴 15 传动，再由一根中间传动轴 13 传动 14、15 轴，轴 13 用齿轮与驱动轴连接，主轴分布如图 5-16 所示。

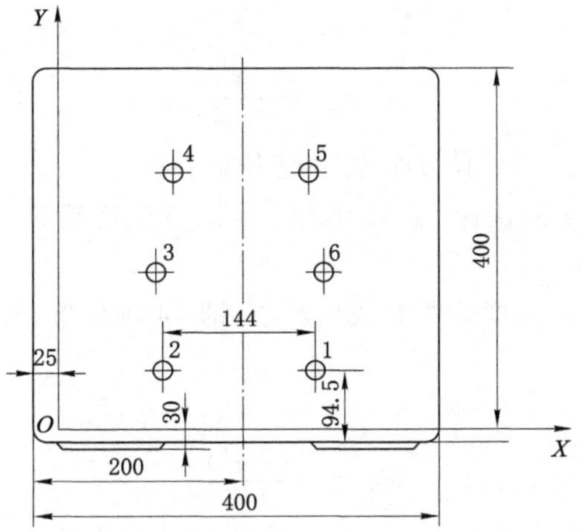

图 5-16　钻孔多轴箱主轴分布图

(1) 已知各主轴转速及驱动轴到主轴之间的传动比。

$$n_1 = n_3 = n_4 = n_6 = 500 \text{ r/min}$$

$$n_2=n_5=250\ \mathrm{r/min}$$

驱动轴 $n_{o_1}=520\ \mathrm{r/min}$

各主轴总传动比

$$i_{o_1\text{-}1,3,4,6}=\frac{500}{520}=\frac{1}{1.04}$$

$$i_{o_1\text{-}2,5}=\frac{250}{520}=\frac{1}{2.08}$$

(2) 各轴传动比分配。因为要求主轴上齿轮不过大,所以最后一对齿轮取升速。

$$i_{14\text{-}3,4,6}=1.41$$

3、4、6 轴转速为 5 轴的 2 倍,因此取

$$i_{14\text{-}5}=\frac{1}{1.41}$$

同理取

$$i_{15\text{-}1}=1.41$$

$$i_{15\text{-}2}=\frac{1}{1.41}$$

O_1-14、15 轴的传动均用降速,这时

$$\left.\begin{aligned}&i_{o_1\text{-}1,3,4,6}=\frac{500}{520}=\frac{1}{1.04}\\&i_{o_1\text{-}1,3,4,6}=i_{o_1\text{-}14}\cdot i_{14\text{-}3,4,6}\end{aligned}\right\}\Rightarrow i_{o_1\text{-}14}=i_{o_1\text{-}1,3,4,6}/i_{14\text{-}3,4,6}=\frac{1}{1.04\times1.41}=\frac{1}{1.47}$$

同理:

$$i_{14\text{-}5}=\frac{1}{1.41}$$

又因降速不大,可取

$$i_{o_1\text{-}13}\approx1$$

则

$$i_{13\text{-}14,15}\approx\frac{1}{1.47}$$

(3) 确定中间传动轴 13、14、15 的位置并配各对齿轮。

① 确定中间传动轴 14 的位置,配 14 轴与 3、4、5、6 轴连接的 z_1/z'_1,z_2/z'_2,z_3/z'_3 及 z_4/z'_4 4 对齿轮。

在 3、4、5、6 轴中用几何作图法粗略找出圆心,即 14 轴位置,首先量出 R_1,根据半径 R_1 配对各齿轮。

$R_1=88$,取 $m=2$,则

$$88=\frac{2(z+z')}{2}$$

得

$$z_1+z'_1=z_2+z'_2=z_3+z'_3=88$$

$$\frac{z_1}{z'_1}=\frac{z_2}{z'_2}=\frac{z_3}{z'_3}=1.41$$

解得

$$z_1=z_2=z_3=51$$

$$z'_1=z'_2=z'_3=37$$

又

$$z_4+z'_4=88$$

$$\frac{z_4}{z'_4}=\frac{1}{1.41}$$

解得

$$z_4=36$$

$$z'_4=52$$

② 确定中间传动轴 15 的位置，配 15 轴与 1、2 轴连接的 z_5/z'_5 及 z_6/z'_6 两对齿轮。取 15 轴与驱动轴 O_1 同轴线，则 15 轴与 1、2 轴的中心距 R 近似为 78。

取 $m=2$，得

$$z_5=46, z'_5=32, z_6=33, z'_6=45$$

③ 确定中间传动轴 13 的位置，配 13 轴与 O_1、14、15 轴连接的 z_7/z'_7，z_8/z'_8，z_9/z'_9 三对齿轮。

因为 14 轴与 15 轴之间的距离 $=Y_{14}-Y_{15}=208.575\ 758-94.5\approx114.08$（$Y_{14}$、$Y_{15}$ 在后面的作坐标计算中可计算）。

假设使 13 轴位于 14 轴与 15 轴之间距离的中点，则 13 轴到 14 轴与 15 轴之间的距离均为 57.04。

由于驱动轴上的齿轮的模数只能是 3 或 4，而齿轮的齿数最小是 21，所以 13 轴与 15 轴（及驱动轴）之间距离最小为 $\frac{(21+21)\times3}{2}=63$ mm，现取 64.5，则 13 轴与 15 轴（及驱动轴）之间距离应为 $114.08-63=51.08$，因此

取 $z_7=z_{驱}=22$，$z'_7=21$，$m=3$，则

$$\frac{z_7}{z'_7}=\frac{22}{21}=1.05\approx1$$

$$z_8=21, z'_8=31, m=2$$

$$i_{13\text{-}14}=\frac{21}{31}=\frac{1}{1.48}\qquad i_{13\text{-}15}=\frac{25}{38}=\frac{1}{1.52}$$

$$z_9=25, z'_9=38,$$

与前面所设计 $x_{13\text{-}14,15}=\frac{1}{1.47}$ 近似。

(4) 验算各主轴转速。

如按上述所选用的齿轮传动计算，得各主轴转速偏低，现改用

$$i_{O_1\text{-}13}=\frac{22}{21}=\frac{z_7}{z'_7}$$

则可得较满意的结果。

验算如下：

$$n_1=520\times\frac{22}{21}\times\frac{25}{39}\times\frac{43}{35}=429\ (\text{r/min})$$

$$n_2=520\times\frac{22}{21}\times\frac{25}{39}\times\frac{30}{42}=249\ (\mathrm{r/min})$$

$$n_3=n_4=n_6=520\times\frac{22}{21}\times\frac{21}{31}\times\frac{51}{37}=509\ (\mathrm{r/min})$$

$$n_5=520\times\frac{22}{21}\times\frac{21}{31}\times\frac{36}{52}=255\ (\mathrm{r/min})$$

以上各主轴的理论转速、实际转速及转速相对损失率$\left(\left|\frac{\text{实际转速}-\text{理论转速}}{\text{理论转速}}\right|\times100\%\right)$见表5-6。

表 5-6　1～6 轴转速情况

主轴号	理论转速/(r/min)	实际转速/(r/min)	转速相对损失率/%
1	500	502	0.4
2	250	256	2.4
3	500	509	1.8
4	500	509	1.8
5	500	509	1.8
6	250	255	2

可见，各主轴的转速相对损失率均小于 5%，满足组合机床主传动系统的设计要求。主轴箱传动系统的传动路线如图 5-17 所示。

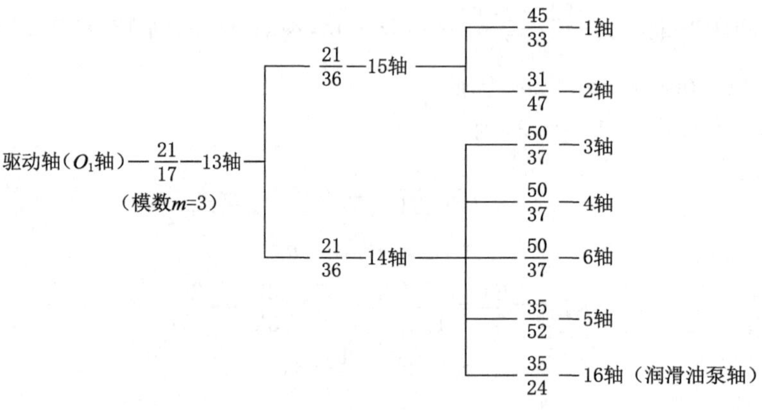

图 5-17　主轴箱传动系统的传动路线

(5) 用中间传动轴 13 兼作调整手柄轴，其转速如下：

$$n_{13}=520\times\frac{21}{17}=642\ (\mathrm{r/min})$$

13 轴转速较高，操作省力，位置适合，可满足要求。

(6) 采用 R12-2 型叶片泵，16 轴为叶片泵轴，由中间传动轴 14 经一对齿轮传动。

$$n_{\text{泵}}=520\times\frac{21}{17}\times\frac{21}{36}\times\frac{35}{24}=546\ (\mathrm{r/min})$$

$n_{泵}$ 在 400～800 r/min 范围之内，满足要求。

5.4.2.4　多轴箱坐标计算

坐标计算是组合机床多轴箱设计中的一个特殊问题。坐标计算就是根据已知的驱动轴和主轴的位置及传动关系，计算出中间传动轴的坐标，以便在绘制多轴箱体零件加工图时，将各孔的坐标尺寸完全标注出来，并用以绘制坐标检查图，作为对传动系统设计的全面检查。

1. 加工基准坐标架的选择及确定各主轴坐标

为了便于多轴箱体的加工，设计时，必须选择基准坐标架。通常采用直角坐标系，用 XOY 表示，常采用下述两种方法：

(1) 坐标架原点选在定位销孔上[图 5-18(a)]，用立式坐标镗床加工多轴箱体上的孔系比较方便，此种方法适用于不以底面作为安装基面的多轴箱。

(2) 坐标架的横轴（X 轴）选在箱体底面，纵轴（Y 轴）通过定位销孔[图 5-18(b)]，常用于在卧式坐标镗床上加工多轴箱体的孔系。这是因为坐标架的 X 轴与多轴箱底面重合，则工艺基准与设计基准统一，可减少因基准转换引起的加工误差。

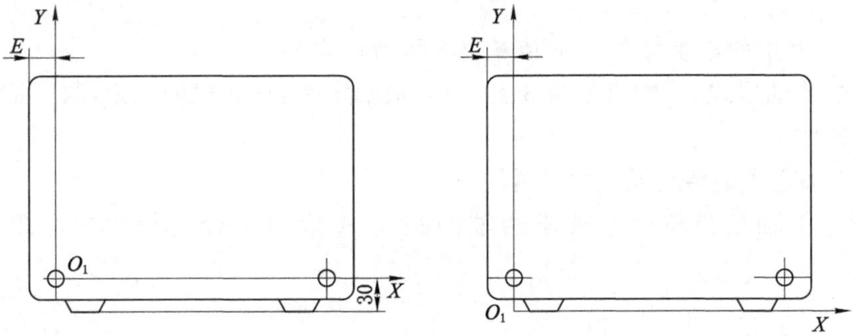

图 5-18　基准坐标系选择

多轴箱中定位销到多轴箱侧壁的距离（E）值，当多轴箱宽度 $B \leqslant 500$ mm 时，$E=25$ mm，当多轴箱宽度 $B>500$ mm 时，$E=50$ mm。

(3) 坐标原点确定以后，便可根据多轴箱设计原始依据图，在基准坐标架 XOY 上注出各主轴及驱动轴的坐标。钻孔加工多轴箱各主轴坐标见表 5-7 及图 5-19。

表 5-7　主轴坐标值

0 销		10 销		1 轴		2 轴		3 轴	
X_0	Y_0	X_{10}	Y_{10}	X_1	Y_1	X_2	Y_2	X_3	Y_3
0	0	350	0	247	64.5	103	64.5	99	163.5
4 轴		5 轴		6 轴		O_1			
X_4	Y_4	X_5	Y_5	X_6	Y_6	X_{O1}	Y_{O1}		
105	262.5	245	262.5	251	163.5	175	94.5		

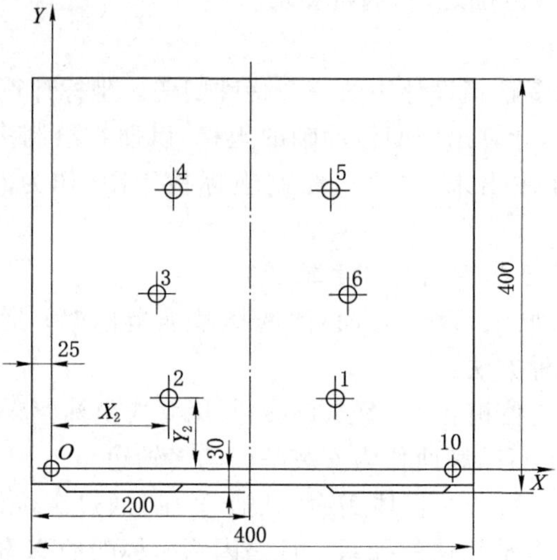

图 5-19　主轴坐标图

2. 选择计算用的小坐标架 xoy 计算中间传动轴坐标

传动轴的传动形式，一般可分为 3 类：与 1 根轴定距，与 2 根轴定距，与 3 根轴等距。其计算方法分述如下：

(1) 与 1 轴定距的传动轴坐标计算

传动轴与 1 轴按齿轮啮合要求两轴的距离 A 应与啮合齿轮的中心距 R 相等，见图 5-20。

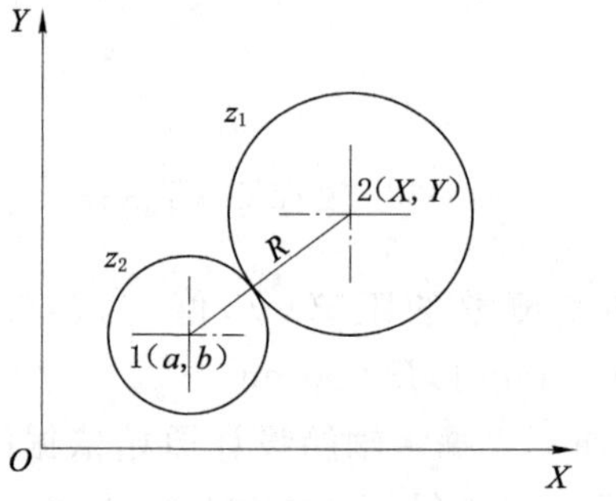

图 5-20　与 1 轴定距的传动轴坐标计算

图中 1 轴为已知轴，坐标 a、b 为定值，计算 2 轴坐标。

$$R=\frac{m(z_1+z_1')}{2}$$

且
$$(X-a)^2+(Y-b)^2=R^2$$

式中有 X、Y 两个未定值，可先设一个值求另一值。

(2) 与 2 根轴定距的传动轴坐标计算

当传动轴需要与两根轴定距，其坐标可根据两已知轴的坐标和两对齿轮啮合的中心距计算求得，如图5-21所示。

(3) 与3根轴等距的传动轴坐标计算

当传动轴需要与3根轴等距，其坐标可根据3根已知轴的坐标和3对齿轮的中心距求得，各轴分布见图5-22。根据几何关系，选左下侧轴作为坐标原点，求解传动轴坐标。

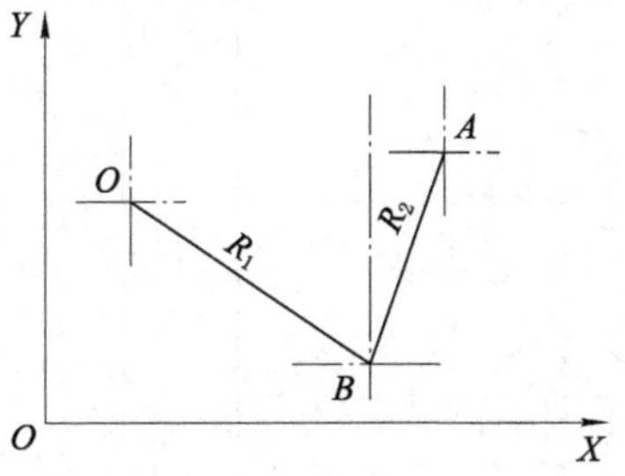

图5-21 与2根轴定距图

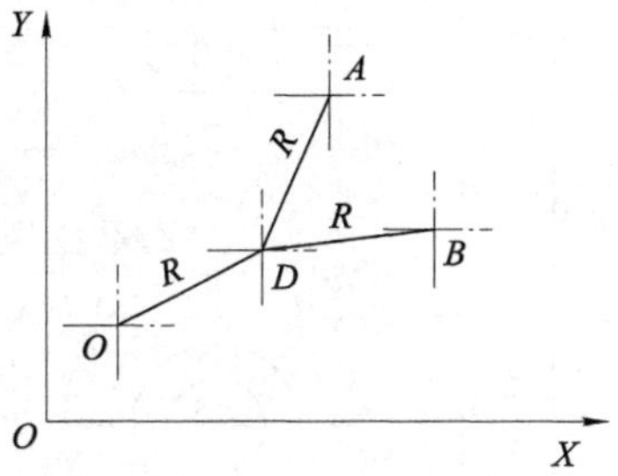

图5-22 与3根轴等距图

3. 验算中心距误差

多轴箱箱体零件上的孔系是按计算的坐标加工的。而装配时，要求两轴上的齿轮能正常啮合，因此必须验算根据坐标计算确定的两轴坐标中心距 A 是否符合两轴间啮合齿轮(考虑变位)要求的中心距 R。R 与 A 的差值为 δ，即

$$\delta=R-A$$

验算标准为：中心距允差 $\delta\leqslant(0.001\sim0.009)$ mm。

5.4.2.5 绘制多轴箱坐标检查图

在完成坐标计算工作后，需绘制坐标及传动关系检查图，用以全面检查传动系统的正确性。坐标检查图绘制顺序及要求是：

① 绘出主轴箱轮廓尺寸和坐标系 XOY。

② 按计算出的坐标值绘制各主轴、传动轴轴心位置及主轴外伸部分直径，并注明轴号及主轴、驱动轴、液压泵轴的转速和转向等。

③ 用点划线绘制出各齿轮的分度圆，注明各齿轮的排数、齿数、模数及变位齿轮的变位量。

④ 为了醒目和易于检查，可用不同颜色细线条画出轴承、隔套、主轴防油套的外径、附加机构的外廓及其相邻轴的螺母外径。

检查图绘好后，根据各零件在空间的相对位置逐排检查有无碰撞干涉现象，检查图绘好后再次复查主轴与被加工孔的位置是否一致。图5-23所示为实例的多轴箱坐标检查图。

5.4.2.6 绘制多轴箱总图及零件图

1. 多轴箱总图设计

通用主轴箱总图设计包括绘制主视图、展开图，编制装配表，制定技术条件等部分。

(1) 主视图和侧视图

主视图主要表明多轴箱主轴位置及齿轮传动系统、齿轮齿数、模数及所在排数、润滑系统等。因此，绘制主视图就是在设计的传动系统图上标出各轴编号，画出润滑系统，标注主轴、传动轴、油泵轴、驱动轴的转速、油泵轴转向、驱动轴转向及坐标尺寸，最低主轴高度尺寸

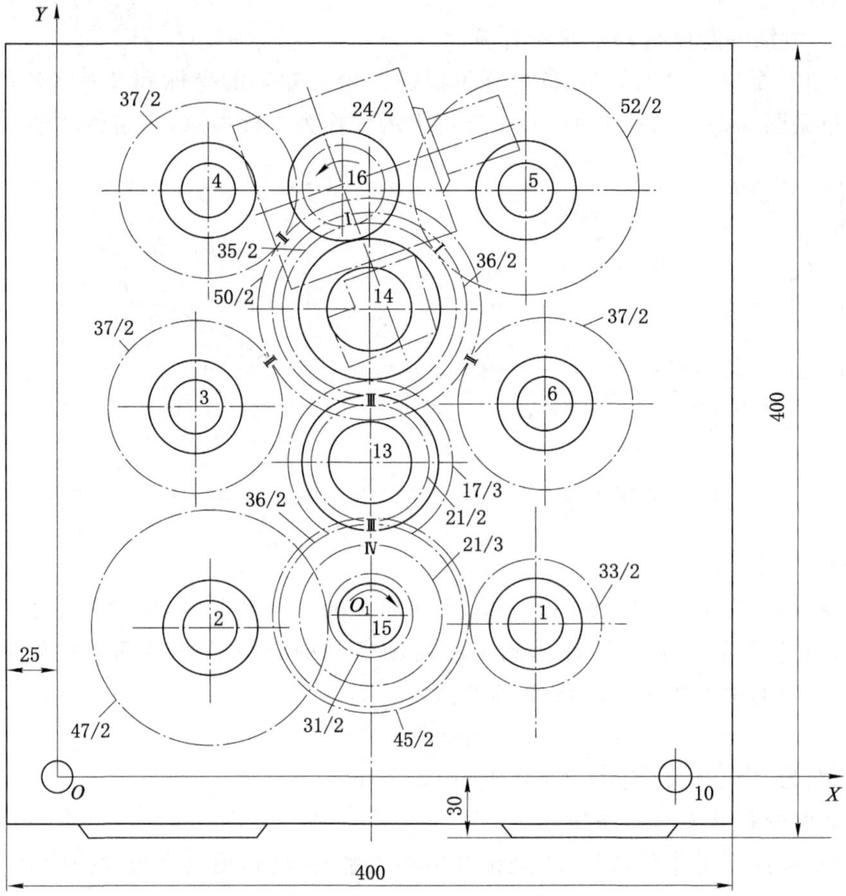

图 5-23　多轴箱坐标检查图

及箱体轮廓尺寸等，并标注部件号。

设计润滑系统时，卧式多轴箱箱体中的三排齿轮是用油盘润滑的，后盖内第Ⅳ排齿轮，则单独引油管润滑。此外，分油器的位置要选择在靠操作者一侧，以便观察和检查油泵工作情况。

(2) 展开图

组合机床通用多轴箱与普通机床变速箱相比，一方面主轴多，齿轮啮合关系比较复杂；另一方面多轴箱中各主轴和传动轴及轴上的零件大多是通用化，且排列是有规则的，因此，除很简单的多轴箱外，一般采用简化的展开图并以装配表相配合来表达多轴箱的装配结构(图 5-24)。其内容和画法简述如下：

① 展开图主要表示各轴的装配关系，包括主轴、传动轴、驱动轴、手柄轴、油泵轴及其上相应的齿轮、隔套、防油套、轴承或油泵等机件形状和安装的相对位置。图中各零件的轴向尺寸和径向尺寸(齿轮除外)要按比例画出，各轴径向和展开顺序可以不按传动关系绘制，但必须注明齿轮排数、轴的编号及直径和规格。

展开图中需绘制油管，一般卧式组合机床有四根油管，其作用分别是：吸油，把箱体底部

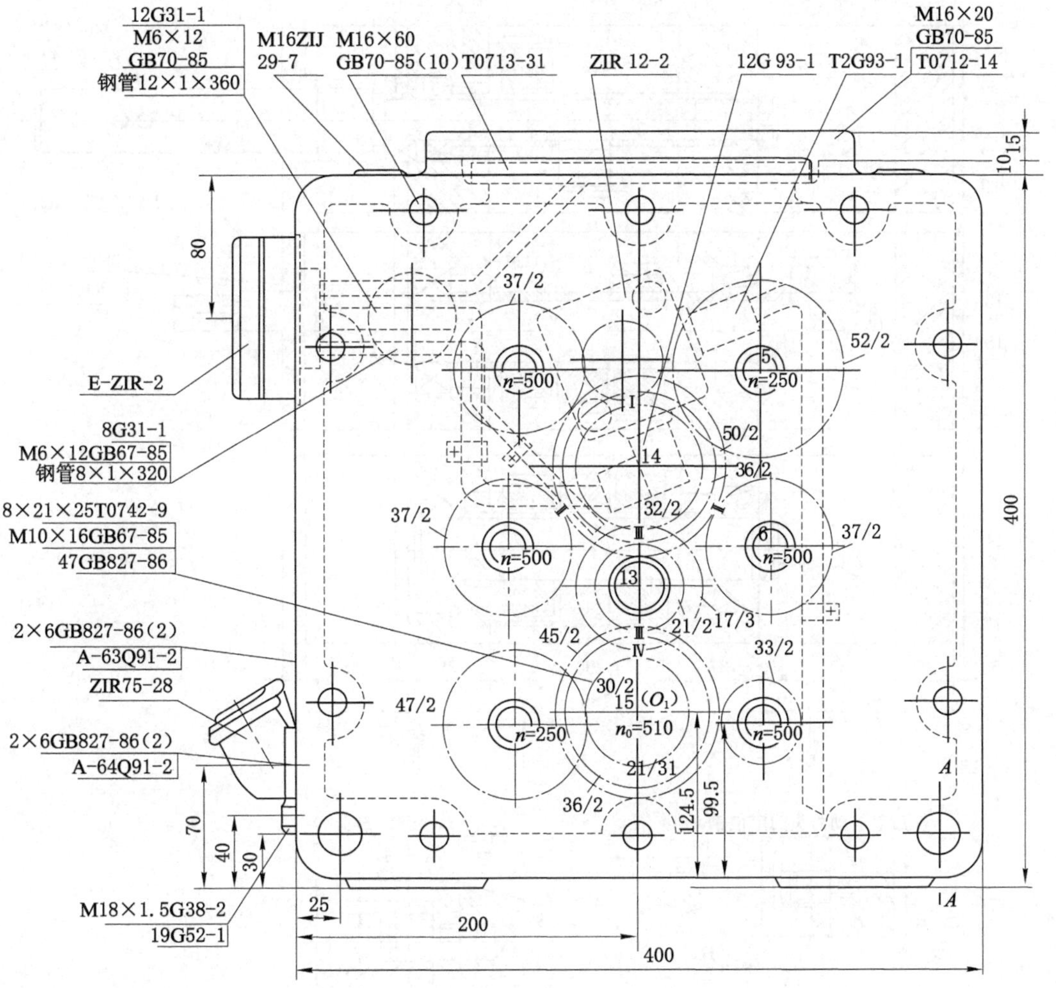

12G31-1
M6×12
GB70-85
钢管12×1×360
M16ZIJ
29-7
M16×60
GB70-85(10)T0713-31
ZIR 12-2
12G 93-1
T2G93-1
M16×20
GB70-85
T0712-14
E-ZIR-2
8G31-1
M6×12GB67-85
钢管8×1×320
8×21×25T0742-9
M10×16GB67-85
47GB827-86
2×6GB827-86(2)
A-63Q91-2
ZIR75-28
2×6GB827-86(2)
A-64Q91-2
M18×1.5G38-2
19G52-1
37/2
n=500
52/2
n=250
50/2
36/2
32/2
37/2
n=500
37/2
n=500
21/2
17/3
45/2
33/2
30/2
15(O1)
47/2
n=250
n0=510
n=500
21/31
36/2
124.5
99.5
80
400
70
40
30
25
200
400
A

图 5-24　多轴箱装配图

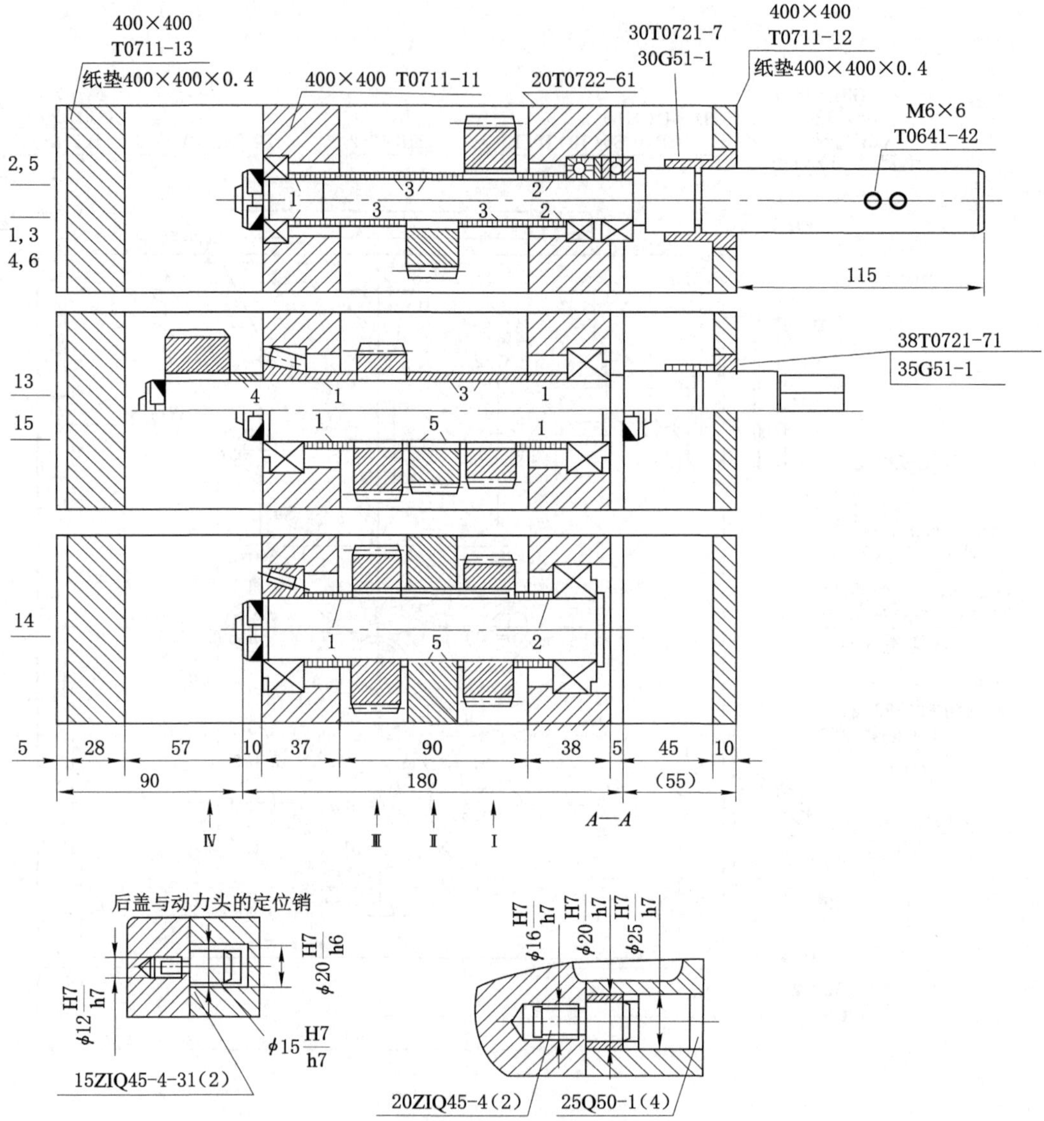
400×400
T0711-13
纸垫400×400×0.4
400×400 T0711-11
20T0722-61
30T0721-7
30G51-1
400×400
T0711-12
纸垫400×400×0.4
M6×6
T0641-42
2,5
1,3
4,6
115
38T0721-71
35G51-1
13
15
14
5
28
57
10
37
90
38
5
45
10
90
180
(55)
Ⅳ
Ⅲ
Ⅱ
Ⅰ
A—A
后盖与动力头的定位销
$\phi 20\frac{H7}{h6}$
$\phi 12\frac{H7}{h7}$
$\phi 15\frac{H7}{h7}$
15ZIQ45-4-31(2)
$\phi 16\frac{H7}{h7}$
$\phi 20\frac{H7}{h7}$
$\phi 25\frac{H7}{h7}$
20ZIQ45-4(2)
25Q50-1(4)

图 5-24 (续)

的油吸入油泵;把油泵中的油输送至分油器;分油器中的油部分输送至配油盘,用于润滑箱体内前三排的轴和齿轮等;分油器中的油部分输送至后盖与箱体之间,用于润滑第四排轴和轴上的齿轮等。

② 对结构相同的同类型主轴,传动轴可只画一根,在轴端注明相同轴的轴号即可。对于轴向装配结构基本相同,只是齿轮大小及排列位置不同的两根或两组轴,可以合画在一起,即轴心线两边各表示一根或一组轴。这种简便画法可提高组合机床设计速度。

③ 展开图上应完整标注多轴箱的三大箱体厚度尺寸及箱壁和内腔联系尺寸、主轴外伸长度及内外径。总图上还应有局部剖视,表明动力箱与后盖及前后盖与箱体间的定位结构 。

(3) 主轴和传动轴装配表

多轴箱中的零件数量很多,规格不一,把每根轴(主轴、传动轴、油泵轴)和齿轮套等基本零件的型号规格、尺寸参数和数量及标准件、外购件等按轴号配套,用装配表表示,这样使图表对照清晰易看,节省设计时间,方便装配。

(4) 多轴箱技术条件

多轴箱装配表和技术条件见参考文献。

2. 多轴箱主要零件设计

多轴箱总图设计中,大多数零件选用通用件、标准件和外购件。需要设计的零件图只是变位齿轮、专用轴、套及箱体补充加工图,此外还要编制多轴箱零件明细表。

第6章　机械制造物流系统设计

6.1　概述

机械制造系统中的物流是指从原材料和毛坯进厂开始，经过储存、加工、装配、检验、包装，直至成品和废料出厂，物料在仓库、车间、工序之间流转、移动和储存的全过程，是生产的基本活动之一。由于物流过程必然占用一定的资金，因此物流就是资金的流动，库存是资金的积压。合理优化物流系统配置将有助于减少生产成本，加快资金周转，提高企业的综合经济效益。

物流系统涉及的内容很多，如物流系统规划、设备、控制和管理等内容。由于篇幅所限，本章主要介绍物流系统基本原理，机械制造过程物流系统送料、卸料所涉及的上下料装置，机床间工件传送装置，自动化立体仓库等内容。机械制造过程自动化与物流系统如图 6-1 所示。

(a)

(b)

图 6-1　机械制造过程自动化与物流系统

6.1.1　物流系统设计的意义

制造业中的单件小批生产企业约占 75%，而在众多的中小型企业的生产过程中，从原材料入厂，经过冷热加工、装配、检验、油漆、包装等各个生产环节，到成品出厂，按国内的统计，工件机床作业仅占 5%左右，95%左右的时间处于储存、装卸、等待或出运状态。德国波鸿鲁尔大学的马斯贝尔格教授在对斯图曼和库茨的企业的生产周期进行调研分析后得出了如下结论:“在生产周期中,工件有85%的时间处于等待状态,另外5%的时间用于运输和检测,只有10%的时间用于加工和调整;在一般情况下,通过改进加工过程最多再缩短生产周期的3%~5%”。

由此可见,提高机床的自动化程度和加工效率,对缩短生产周期是很有限的,更为有效的是向非机床作业(占95%)或者称工件处于等待的时间(占85%)去要效益。据统计,在总经营费用中,20%~50%是物料搬运费用,合理的物流设计可使这项费用至少减少10%~30%,有人把物流比作企业利润的第三源泉,即在降低生产成本和销售成本的同时,也要着眼于降低企业的物流成本。

科学合理的物流系统是企业技术先进程度的标志之一,目前我国企业物流不合理的现象普遍存在,如搬运路线迂回、搬运机具落后、毛坯和在制品库存量大、资金周转率低等。合理进行物流系统的设计,可以在不增加或少增加投资的条件下,取得明显的技术经济效益。

6.1.2 现代物流系统的特点、构成及功能

1. 现代物流系统的特点

物流系统担负运输、储存、装卸物料等任务。物流系统与生产制造的关系,如同人体中血液循环系统与内脏器官的关系一样,物流不仅是各生产环节形成有机整体的纽带,也是生产过程维持延续的基础。落后的物流系统制约生产的高速发展。现代物流系统的主要特点如下。

(1) 采用现代化的物流装备。如采用自动化立体仓库、自动导引小车、自动上下料装置、中转运输装备等快速、高效的自动化物流装备。现代物流系统以半自动化或自动化操作为主。

(2) 计算机管理。由于现代化制造系统结构复杂、物流路线复杂、信息量大、实时性要求高等特点,采用计算机对物流系统进行动态管理和优化,可以使物流系统与生产、销售等系统有机地联系,以提高物流系统的整体运行效益。

(3) 系统化与集成化。现代物流系统作为一个有机整体,要从系统化和集成化的角度进行设计、分析、研究和改进,力求系统的优化和高效。

2. 现代物流系统的基本构成

现代物流系统一般由管理层、控制层和执行层三大部分组成。

(1) 管理层。它是一个计算机物流管理系统,是物流系统的中枢,主要进行作业调度、库存管理、统计分析等信息处理和决策性操作。

(2) 控制层。主要接受管理层的指令,控制物流装备完成指令所规定的任务,并将物流系统运行信息反馈给管理层,为物流系统的决策提供依据。

(3) 执行层。由自动化的物流装备组成,包括立体仓库、运输装备、机床上下料装置、缓冲站等。

根据管理层、控制层和执行层的不同分工,物流对各个层次的要求也是不同的。对管理层的要求是具有较高的智能,对控制层的要求是具有较好的实时性,对执行层的要求是具有较高的可靠性。

3. 现代物流系统的功能

(1) 实现原材料、毛坯、外购件、在制品、产品、工艺装备的储存及搬运,做到存放有序,

存入、取出容易。

(2) 采用合理的自动化上下料机构,以缩短机床的辅助时间,提高劳动生产率。

(3) 实现工序间中间工位和缓冲工作站的在制品储存,保证生产的连续进行。

(4) 采用自动化物流装备,以减少工件在工序间的无效等待时间。

(5) 通过各类物流装备的调度及控制,实现物料运输方式和路径的优化。

(6) 实现物流系统的检测和监控。

6.1.3 物流系统设计应满足的要求

物流系统的合理化设计是企业向生产组织和管理要效益的重要措施,因此物流系统设计应满足以下方面。

(1) 物流系统运行应安全、可靠、快速。要求合理设计物流运输通道和合理配置物流装备,同时还应配置良好的管理系统。

(2) 物流系统要有一定的柔性,即灵活性、可变性及可重组性。这样可以保证物流系统适应多品种、小批量生产,不会因产品更新而报废原来的物流系统,稍作调整或部分补充即可迅速地重组成新的物流系统;也不会因某些装备故障停机时使生产中断,物料流动路线可灵活地进行变动使生产继续下去。

(3) 流动路线尽可能短,保证物流的高效,也节省物流系统建设的投资。减少物流的迂回、交叉、往返等无效搬运。

(4) 合理规划物流系统的流动速度,尽可能减少在制品积压,缩短物料的停滞等待时间,加强库存管理和生产计划管理,尽量实现“零库存生产”。

(5) 毛坯、在制品、产品的储存量,应能保证三班制时无人或少人运行时的需要,或能保证易损坏装备在快速排除故障时间内生产还能继续进行。

6.2 机械制造物流系统总体设计

6.2.1 生产物流系统的布置方式

6.2.1.1 布置方式

制造业企业总体布置和各种生产设施、辅助设施的合理配置是企业物流合理化的前提,根据不同的生产要求,生产制造系统的物流布置采用不同的布置方式。常用的布置方式有:按工艺原则布置、按成组原则布置、按产品原则布置和按项目布置。

1. 按工艺原则布置

按工艺原则布置是将具有相同或类似工艺能力的机床集中在一起,例如,将所有的车床放在一起组成车工车间或车工班组,将所有的铣床放在一起组成铣工车间或铣工班组等。这类布局方式中,机床大多采用通用型,以适应不同零件的要求。一个零件的加工按照工艺要求进入不同的功能车间或功能班组,物流线路根据零部件不同变化较大,物流装备只能选用一些通用的工具,如叉车、手推车等,物流运行的效率较低,导致零件在整个生产系统中停留较长的时间和需要大的仓库。

2. 按成组原则布置

依据成组技术原理,机床按照成组工艺分组,每一组设备可以用来生产一个零件族的零件。对于一个采用成组布局的生产系统，工艺路径通常限制在一个组内，使工艺规划和生产调度可以针对特定成组布局子系统独立考虑，从而简化管理工作，一个零件的加工过程物流在组内进行。与功能布置相比，成组布置物流路线较短，生产率高。

3. 按产品原则布置

这类方式中，机床按照工艺要求的顺序排列，一个零件的生产过程被分解成若干个工序安排到每台机床上，工件在机床之间的移动通常依靠运输系统，也可通过手工搬运，主要是看生产批量的大小和投资规模。该布置方式一般适用于大批大量生产。按照流水线的柔性来分，可以将其分为三种类型，它们的物流路线比成组布置还要短，效率更高。

(1) 单一产品线：在线上只能生产一种产品或零件，适用于单一产品的企业。

(2) 成批产品线：一次只能生产一种产品，当一种产品的任务完成后，可通过调整生产线（若需要），生产其他种类的产品，对于中等批量的产品，从经济性考虑，人们不希望建立多条生产线，而是用一条生产线生产多种产品。

(3) 混合产品线：同时在一条生产线上生产多种产品，不同产品混合在一起流出生产线，而不是一批一批地按不同产品流出。不需要调整生产线就可以生产不同种类的产品，只是所用工具有差别，该生产线柔性好，但生产组织与规划较复杂。

4. 按项目布置

这类布局中，产品位置是固定不动的，所有的装备、材料、人员等都围绕产品进行布局，如飞机生产采用这种布局，原因是产品太大或太重。这类布置的物料移动少、人员和设备的移动增加。

6.2.1.2　不同布置方式比较

上述四种布置方式的特点比较如表 6-1 所示，每种布置方式均有适宜的应用条件。

表 6-1　不同布置类型特点比较

布置类型	按工艺原则布置	按成组原则布置	按产品原则布置	按项目布置
物流时间	长	短	短	中
在制品库存量	高	低	低	中
产品柔性	高	中—高	低	高
机器利用率	中—低	中—高	高	中
加工对象路径	不固定	固定	固定	无路径
单位产品成本	高	较低	低	
设备投资规模	小	中	大	—

6.2.2　生产车间物流布局类型

无论采用哪种物流布置方式，都要考虑物料、信息、人员流动的模式。选择物流形式的重要因素是入口（接受地点）和出口（发送地点）的位置，同时还要考虑外部运输条件、建筑物的轮廓尺寸、生产流程的特点和生产线的长度、通道的设置等因素。图 6-2 所示为五种基本的车间物流形式。

图 6-2(a)所示为直线形，是最简单的物流形式，适用于入口和出口在不同的位置，且车

间较长，或生产过程比较简单，或只有少量零部件和少量生产装备的情况。

图 6-2(b)所示为 L 形，适用于现有设施或建筑物不允许直线流动的情况。

图 6-2(c)所示为 U 形，适用于入口与出口在车间的同一侧，或生产线比实际可安排的距离长的情况。

图 6-2(d)所示为环形，适用于要求物料返回到起点的情况。

图 6-2(e)所示为 S 形，适用于生产线比实际可安排的距离长，在一个经济的面积内安排较长的生产线的情况。

实际物流规划也可能是上述基本形式的组合。一个有效而合理的物流规划取决于部门内部有效而合理的物流，而部门内部有效而合理的物流取决于各作业单位有效而合理的物流。因此，物流规划是一个分级规划过程。上述的车间物流形式同样也适用于工厂的总体布局。

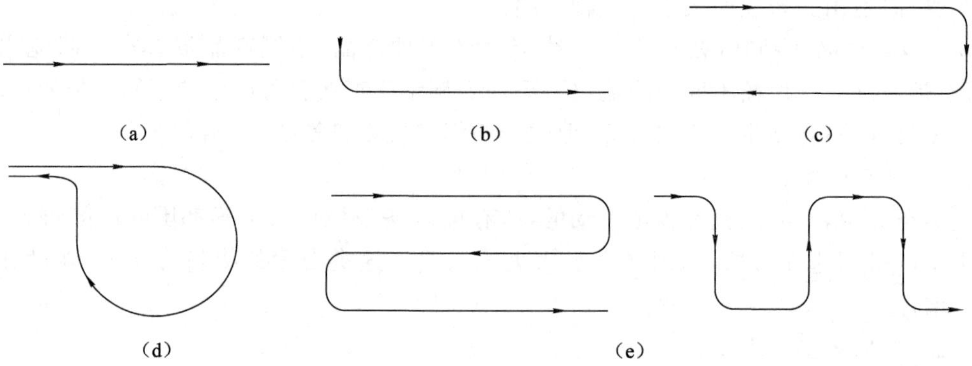

图 6-2 车间物流布局形式

6.3 机床上下料装置

机床的上下料是指将毛坯送到正确的加工位置，将加工好的工件从机床上取下的过程。按自动化程度，机床的上下料装置分为人工上下料装置和自动上下料装置两类。人工上下料通常借助传送滚道或起重机等设施，通过人工操作进行机床的上下料。这类操作需要较长时间，耗费体力，主要适用于单件小批量生产或大型的、外形复杂的工件。在大批量生产中，为了缩短上下料时间，提高劳动生产效率，降低工人的劳动强度，通常采用自动化的上下料装置，如料仓式、料斗式、上下料机械手或机器人等。

6.3.1 机床上下料装置概述

1. 机床上下料装置的作用

(1) 提高劳动生产率和设备利用率

据统计，大型零件的上下料辅助时间占整个生产辅助时间的 50%～70%，中小零件的上下料辅助时间占整个生产辅助时间的 20%～70%，实现上下料的自动化可以减少生产辅助时间，从而提高劳动生产率和设备利用率。

(2) 减轻工人劳动强度

上下料的自动化可以减轻工人的手工操作劳动强度，改善劳动条件。

(3) 减少生产事故的发生

据有关部门资料统计，多数生产事故都发生在上下料过程中，自动上下料，减少人的参与，可以减少生产事故的发生。

(4) 为实现自动化生产创造条件

机床上下料自动化是实现整个生产自动化的必然要求，没有机床上下料自动化，就无法实现生产过程全自动化。

2. 机床上下料装置的分类

(1) 按毛坯形式分类

按毛坯形式不同，机床上下料装置有板料、卷料、条料、件料上料装置。板料、卷料、条料毛坯的自动上料装置，由于毛坯料形状简单、结构单一，已成为冲剪设备自动机床的组成部分。件料毛坯外形、形状差异较大，故件料自动上下料装置类型较多，结构差异大。

(2) 按结构形式和自动化程度分类

按结构形式和自动化程度不同，机床自动上下料装置可分为料仓式上料装置、料斗式上料装置和工业机械手上下料装置。

① 料仓式上料装置。料仓式上料装置是一种半自动上料装置，需要人工定期将一批工件按规定方向和位置依次排列在料仓里，由送料器自动地将工件送到机床夹具中。

② 料斗式上料装置。料斗式上料装置是全自动上料装置，工人将一批工件倒入料斗中，料斗的定向机构能将杂乱无章的工件自动定向，按规定方位整齐有序排列，以一定的生产节拍自动送到加工位置上。

③ 工业机械手上下料装置。工业机械手比料斗式或料仓式灵活，适用于体积大、结构复杂的单件毛坯或劳动条件较恶劣的场合，广泛应用于柔性制造系统。

6.3.2 料仓式上料装置

当工件的尺寸较大，而且形状复杂难以自动定向时，可采用料仓式上料装置。料仓式上料装置主要用于大批量生产，所运输的工件可以是锻件、铸件或由棒料加工而成的毛坯件或半成品。由于料仓式上料装置需要手工加料，对于加工时间较短的工件，人工加料将使工人十分紧张，影响劳动生产率。因此，料仓式上料装置适用于加工时间较长的工件，便于实现一人多机床操作，这样可以明显地提高劳动生产效率。

料仓式上料装置主要由料仓、隔料器、上料器等几部分组成。

图 6-3 所示为典型的料仓式上料装置。工件由人工装入料仓 4，当机床进行加工时，上料器 8 退到图示的最右位置，隔料器 5 被上料器 8 上的销钉带动逆时针方向转动，其上部的工件便落在上料器 8 的接收槽中。在工件加工完毕后，夹料筒夹 2 松开，卸料杆 1 将工件从筒夹中顶出，工件即落入导出槽 9 中。送料时上料器 8 向左移动将工件送到主轴前端对准夹料筒夹 2，随后上料杆 3 将工件推入夹料筒夹 2。夹料筒夹 2 将工件夹紧后，上料器和上料杆都向右退开，工件开始加工。当上料器 8 向左上料时，隔料器 5 在弹簧 6 的作用下顺时针方向旋转到料仓下方，将工件拖住以免落下。工件用完时，自动停车装置 7 动作，使机床停车。

1. 料仓

料仓用于存储工件，料仓的大小取决于工件的尺寸及工作循环的长短。为了使工人能

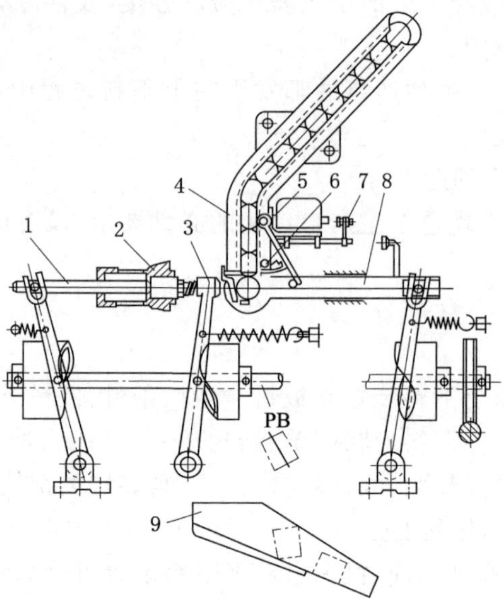

1—卸料杆；2—夹料筒夹；3—上料杆；4—料仓；5—隔料器；6—弹簧；7—自动停车装置；8—上料器；9—导出槽。

图 6-3　料仓式上料装置

同时看管多台机床，工件的存储量应能保证机床连续工作 10～30 min。根据工件形状、尺寸和存储量的大小及上料机构的配置方式的不同，料仓具有不同的结构形式。

(1) 靠毛坯自重进行送进的料仓

这类料仓靠毛坯自身的重力驱动着毛坯的导向槽滑落到上料器中。它分为槽式、斗式和管式料仓三种。

① 槽式料仓。槽式料仓的基本类型按工件运动特性可分为滑动式和滚动式，按料仓形状可分为直线型和曲线型；按料仓结构又可分为开式和闭式。

② 斗式料仓。槽式料仓的一个缺点是储料数量有限，而斗式料仓占地较小，储料较多。工件在斗式料仓中整齐排列堆积时，常常会在内部互相堆积而形成"拱桥"，使得工件被卡住不能下落。为了保证上料装置能够连续地正常工作，常在这种料仓中设置搅动器，用以破坏"拱桥"。

图 6-4 所示为斗式料仓的常见形式。

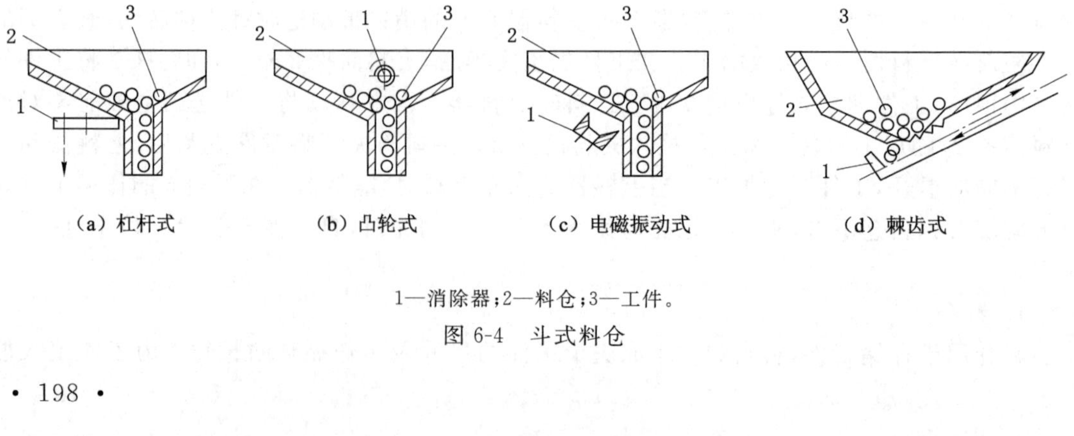

(a) 杠杆式　(b) 凸轮式　(c) 电磁振动式　(d) 棘齿式

1—消除器；2—料仓；3—工件。

图 6-4　斗式料仓

③ 管式料仓。管式料仓有柔性和刚性两类，柔性管式料仓用弹簧钢丝绕成，可以弯曲变形，用于连接有相对运动的部件。根据需要，管式料仓可以设置成直立管式，也可以设置成弯管形式。在设计或选用管子时，应使料管内径大于工件的外径，弯曲管道的最小曲率半径要保证不卡住工件。此外，直径较大的管式料仓，可在管壁开观察槽，以观察工件下落情况，及时排除卡住、挤塞等故障。

(2) 强制送进的料仓

当毛坯的质量较轻，不能保证靠自重可靠地落到上料器中，或毛坯的形状较复杂不能靠自重送料时，可采用强制送进的料仓。图 6-5 所示为这类常用料仓的示意图。

图 6-5(a)所示为重锤式送料。重锤 3 拉动滑块 1，使工件或料盒 2 移动进行送料。

图 6-5(b)所示为链式送料。它可以做连续传送或间歇传送。装料机构 5 应根据工件 4 的形状设计。它适用于复杂的轴类工件。

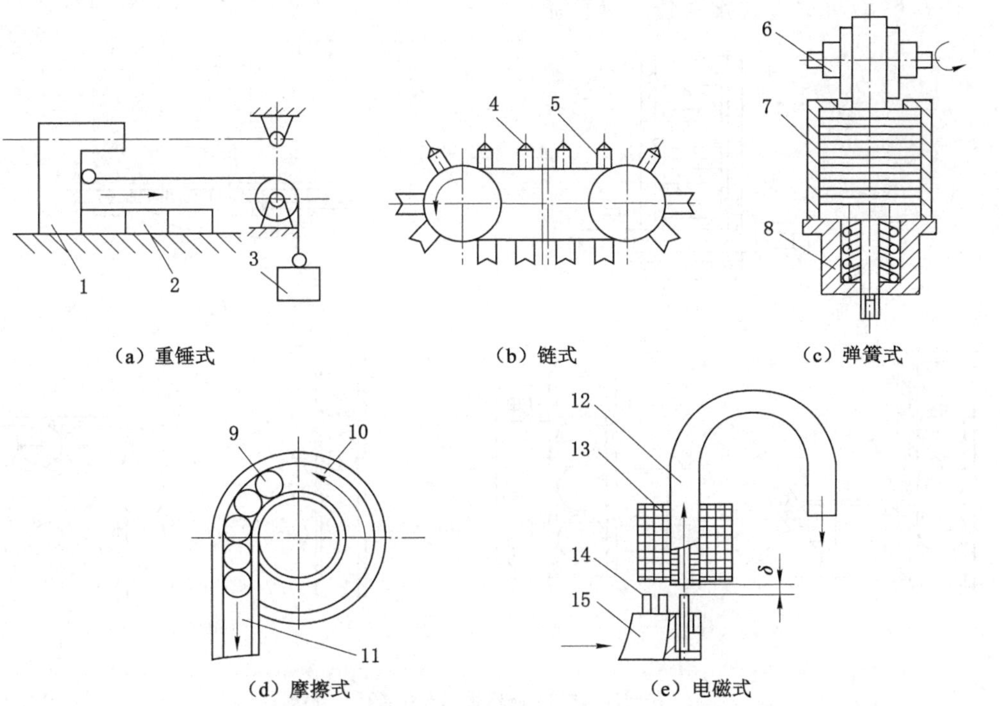

1—滑块；2—料盒；3—重锤；4，7，9，14—工件；5—装料机构；6—橡皮滚子；
8—弹簧；10—转盘；11—料道；12—输料管；13—线圈；15—料仓。

图 6-5　外力送料的料仓类型

图 6-5(c)所示为弹簧式送料。工件 7 靠弹簧 8 向上顶起，靠旋转的橡皮滚子 6 的摩擦使工件沿水平方向送出。它适用于厚度小于 1 mm 的片状工件。

图 6-5(d)所示为摩擦式送料。它是靠工件 9 与转盘之间的摩擦力，将工件送出料道 11 的。

图 6-5(e)所示为用电磁式送料。插在料仓 15 内的工件 14，在驱动机构的作用下，按箭头方向做步进运动，被送至输料管 12 下方。这时，电气线路在凸轮控制下向线圈 13 通脉冲电流而产生磁场，将工件吸入输料管内。断电后，工件在惯性力作用下，继续运动而送出输

料管，进行上料。它适用于小而轻的磁性材料工件。

2. 隔料器

隔料器的作用是把待加工的毛坯（通常是一个）从料仓中的许多毛坯中隔离出来，使其自动地进入上料器。比较简单的上料装置中，隔料器直接将毛坯送到加工位置，即隔料器兼有上料器的作用。当毛坯质量较大或垂直料槽中毛坯数量较多时，为了避免毛坯的全部质量都压在送料器中，要设置独立的隔料器，如图 6-6 所示。

图 6-6(a)所示为利用直线往复式送料器的外圆柱表面进行隔料。

图 6-6(b)所示为由气缸 1、弹簧 4 及隔料销 2、3 组成的隔料器。气缸驱动销 2，销 2 在弹簧 4 的作用下，插入料槽将工件挡住。当气缸 1 驱动销 2 插入料槽将第二个工件挡住时，销 2 的前端顶在方铁 5 上，推动销 3 退出料槽，放行第一个工件。

图 6-6(c)所示为边杆往复销式隔料器。

图 6-6(d)所示为牙轮旋转式隔料器。

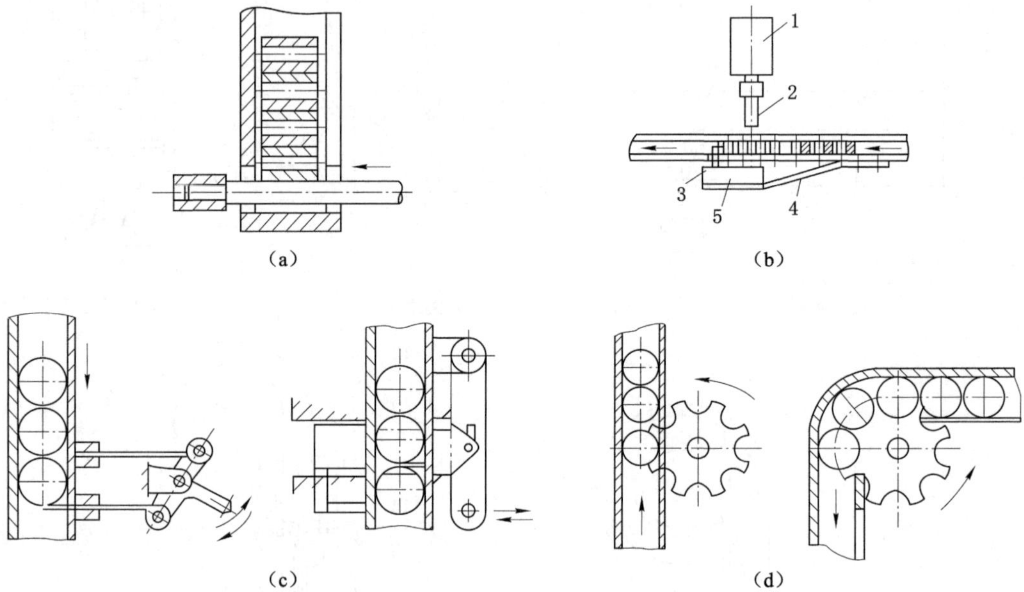

1—气缸；2，3—隔料销；4—弹簧；5—方铁。

图 6-6 隔料器

3. 上料器

上料器是把料仓经输料槽送来的毛坯，送到机床加工位置的装置。图 6-7 所示为几种典型的上料器。

图 6-7(a)所示的料仓本身就起到了上料器的作用。当料仓自水平位置摆动到倾斜位置时，其外弧面起隔料的作用，挡住料槽中的毛坯，而料仓最下部毛坯的轴线正好和主轴中心线重合，由顶料杆将其顶出料仓，放到机床主轴的夹具中。待顶料杆退回后，料仓即摆回原来的水平位置，料槽中的毛坯即往料仓补充。这类料仓上料器做往复运动，因其惯性较大，生产率受到一定限制。

图 6-7(b)所示的上料器有容纳毛坯的槽，接受从料仓落下的毛坯。当上料器往左运动

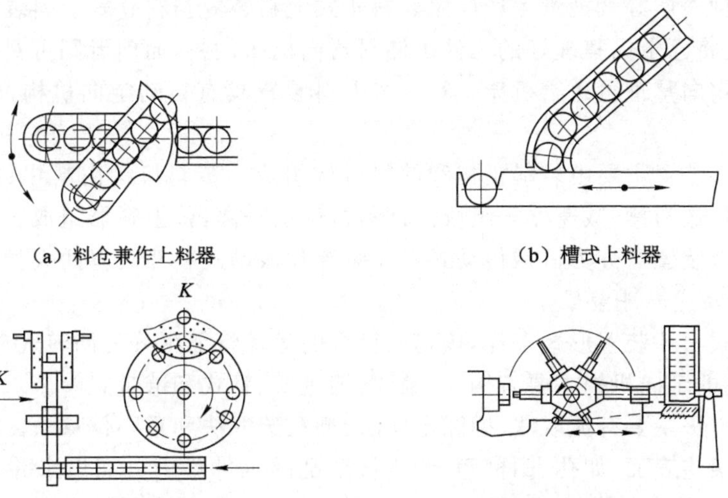

(a) 料仓兼作上料器　　(b) 槽式上料器

(c) 圆盘式上料器　　(d) 转塔刀架兼作上料器

图 6-7　几种典型的上料器

时，该毛坯即被推到机床加工位置。此时料仓中其他毛坯被上料器的上表面隔住。由于槽式上料器做往复运动，生产率也受到一定限制。

图 6-7(c)所示的上料器中的圆盘朝一个方向连续旋转，毛坯从料仓送入圆盘的孔中，由圆盘带到加工位置，加工完毕后工件又被推出。圆盘式上料器的生产率较前两种高，广泛应用于磨床上料。

图 6-7(d)所示为转塔自动车床，料仓固定在转塔刀架右方。转塔刀架的一个刀具孔中装有接收器。顶杆将料仓最下方的毛坯送给接收器，转塔刀架转位 180°，便将毛坯对准主轴轴线，转塔刀架再向左移动，即将毛坯送入主轴的夹紧筒夹孔内。

4. 上料杆和卸料杆

上料杆主要用来将毛坯件推入加工位置。卸料杆也称推料杆，主要用来将加工好的工件推出加工位置。上料杆在送进毛坯的过程中，需要控制毛坯送进位置的精度。一般有两类方式：第一类方式采用挡块来限制毛坯送进的位置，第二类方式是靠上料杆的行程使毛坯顶到所要求的位置上。上料杆行程的准确性决定了毛坯送进的准确度。

卸料杆也有两种类型，即带弹簧和固定长度的卸料杆。带弹簧的卸料杆装在筒夹内部，当上料杆磨皮顶入筒夹孔中时，毛坯靠在卸料杆上并将卸料杆往里推，压缩弹簧。加工完毕后，筒夹松开，在弹簧复位力作用下卸料杆将毛坯推出。固定长度式卸料杆是一根装在主轴内的杆子，可做往复直线运动。当毛坯被送入时，杆子后退，毛坯加工完毕后，筒夹松开，杆子把工件推出，然后回到原位。

5. 分路器和合路器

分路器是当一台上料机构需向两个以上工位或两台以上机床供料时，将一路工件分为几路的装置，合路器则反之。

6.3.3　料斗式上料装置

料斗式上料装置主要用于形状简单、尺寸较小的毛坯件的上料，广泛地应用于各种标准件厂、工具厂、钟表厂等大批量生产厂家。料斗式上料装置与料仓式上料装置的主要不同点在于，后者只是将已定向整理好的工件由储料器向机床供料，而前者则可对储料器中杂乱的工件进行自动定向整理再送给机床。料斗式上料装置具有自动定向机构，能实现上料过程完全自动化。

料斗式上料装置主要由装料机构和储料机构组成。装料机构由料斗、搅动器、定向器、剔除器、分路器、送料槽、减速器等组成。储料机构由隔离器、上料器组成。

料斗式上料装置可分为机械传动式料斗装置和振动式料斗装置两大类。

1. 机械传动式料斗装置

机械传动式料斗装置形式多样，按定向机构的运动特征可分为回转式、摆动式和直线往复式等，所采用的定向机构主要有钩式、销式、圆盘式、管式和链带式等。

工件定向方法主要有抓取法、槽隙定向法、型孔选取法和重心偏移法。抓取法用定向钩子抓取工件的某些表面，如孔、凹槽等，使之从杂乱的工件堆中分离出来并定向排列。槽隙定向法用专门的定向机构搅动工件，使工件在不停的运动中落进沟槽或缝隙，从而实现定向。型孔选取法利用定向机构上具有一定形状和尺寸的孔穴对工件进行筛选，只有位置和截面与型孔对应的工件，才能落入孔中而获得定向。重心偏移法是对一些在轴线方向重心偏移的工件，使其重端倒向一个方向实现定向。

(1) 回转式料斗装置

回转式料斗有叶轮式、盘式和旋转管式等多种形式。图 6-8 所示为一种利用叶轮排放工件的料斗，该装置不适用于易变形的工件，而适用于只有一个布置特性、尺寸较大但形状简单的工件。叶轮 2 主动面的外侧须根据工件的几何形状设计。叶轮转动时，其主动面随机性接触料斗 1 中位置正确的工件 3，通过叶轮 2 的转动将工件带到滑轨释放。料斗的容量取决于填料高度、叶轮转速和主动面的大小。

(2) 摆动式料斗装置

摆动式料斗有中心摆动式和扇形块摆动式料斗等形式。中心摆动式料斗如图 6-9 所示，摆板 2 围绕支点 3 摆动，姿势正确的工件被摆板上的料铲引入输料槽 4 中，不正确排列的工件回收到锥形料仓中，摆板的摆动由凸轮或曲柄驱动。该料斗适用于球形、圆柱、螺栓和销钉等工件的定向上料过程。

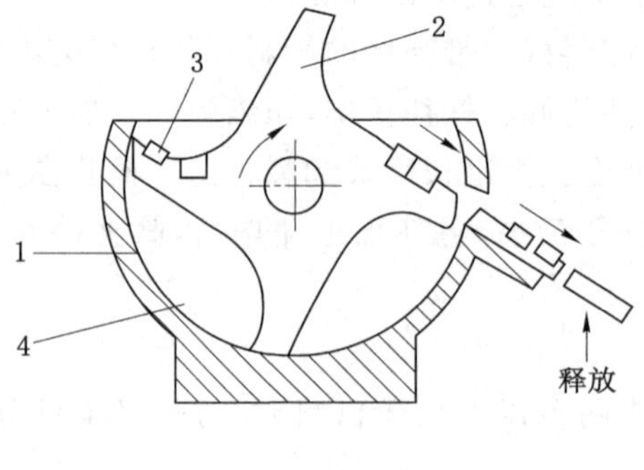

1—料斗；2—叶轮；3—工件；4—滑轨。

图 6-8 叶轮式料斗

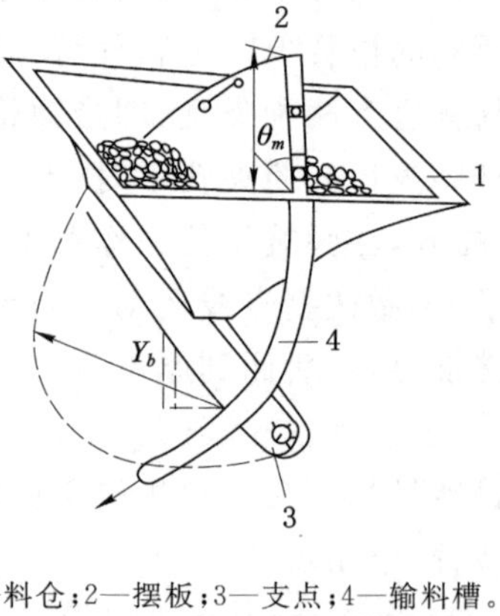

1—料仓；2—摆板；3—支点；4—输料槽。

图 6-9 中心摆动式料斗

(3) 直线往复式料斗装置

直线往复式料斗多为带式传送，如图 6-10 所示。传送带主动轮 7 安装于料斗中，传送带 4 上的输送及分类条 3 带有一定的斜度并用铆钉连接在传送带上。从料斗 2 中提取一批工件，在移出料斗时，位置不当的工件将重新落入料斗中。这种装置适用于简单圆形平面件的大量输送。

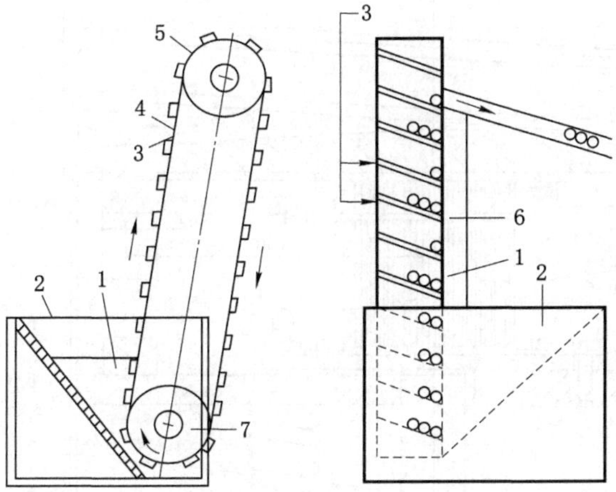

1—工件；2—料斗；3—输送及分类条；4—传送带；5—输送轮；6—限制面；7—主动轮。

图 6-10　直线往复式料斗

2. 振动式料斗装置

振动式料斗装置借助于电磁力产生的微小振动，依靠惯性力和摩擦力的综合作用驱使工件向前运动，并在运动过程中自动定向。

振动式料斗的优点是：

(1) 送料和走向过程中没有机械搅拌、撞击和强烈的摩擦作用，因而工作平稳。

(2) 结构简单，易于维护，经久耐用。

(3) 适用性强，送料速度可任意调节。

其缺点是：

(1) 工作过程中噪声较大，不适于传送大型工件。

(2) 料斗中不洁净，会影响送料速度和工作效果。

(3) 对具有一定黏着力或细小散体颗粒状造成的料斗污浊清理困难，往往导致送料速度和工作效率下降。

图 6-11 所示为一种典型的振动式料斗自动上料装置。圆筒形料斗由内壁带螺旋送料槽的圆筒①和底部呈倒锥形的筒底 2 组成，料斗底部用三个连接块 3 分别与三个板弹簧 4 连接，板弹簧呈倾斜安装。当整个圆筒做扭转振动时，工件沿着螺旋形送料槽逐渐上升，并在上升过程中进行定向，自动剔除位置不正确的工件。上升的工件最后从料斗上部的进口进入送料槽。

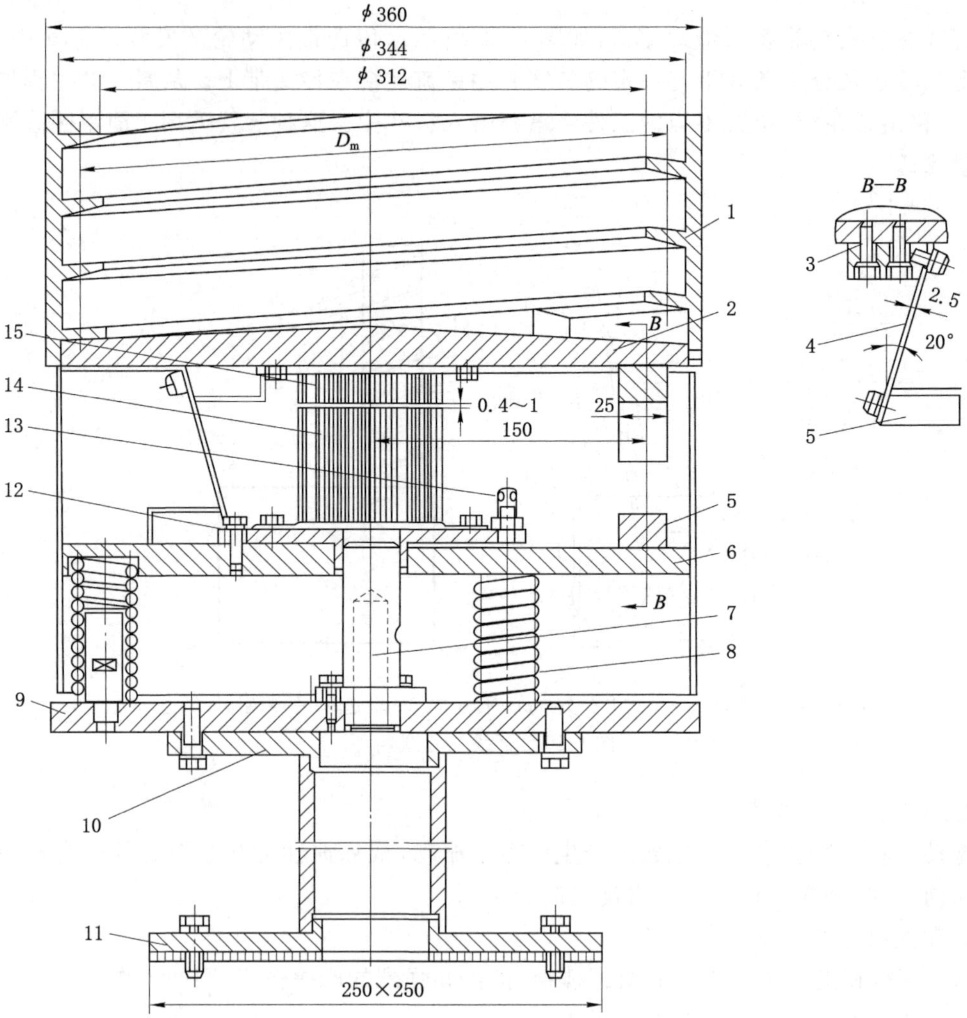

1—圆筒；2—筒底；3，5—连接块；4—板弹簧；6—底盘；7—导向轴；8—弹簧；9—支座；10，11—支架；12—支承盘；13—调节螺钉；14—铁芯线圈；15—衔铁。

图 6-11 振动式料斗

6.3.4 机械手上下料装置

机械手是一种能够模仿人手的某些工作机能，抓取和搬运工件，或完成某些劳动作业的机械化、自动化的装置。自动线上的机械手能完成简单的抓取、搬运工作，尤其适合几何形状不规则、不对称的工件，通过选取合适的手爪，可选用较少的抓取和输送基准面而保持上下料及输送的稳定性和可靠性。机械手上下料装置示意图如图 6-12 所示。

工业机械手由主体、驱动系统和控制系统三个基本部分组成，常用其臂部的运动形式进行分类，包括如下几类：

(1) 直角坐标型，其臂部沿三个直角坐标系移动；

(2) 圆柱坐标型，其臂部可做升降、回转和伸缩动作；

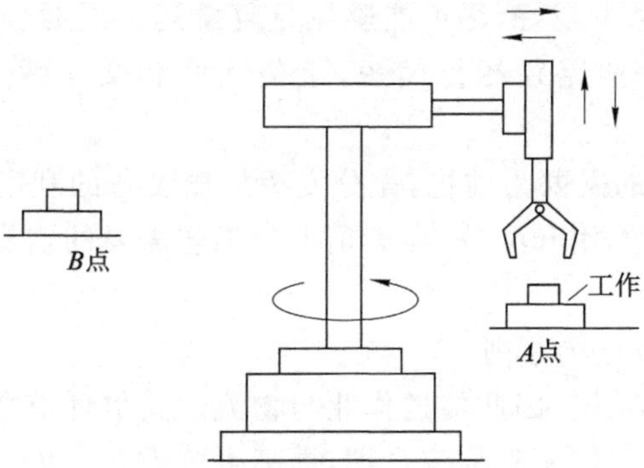

图 6-12　工业机械手上下料装置示意图

(3) 球坐标型,其臂部能回转、俯仰和伸缩。

(4) 关节型,其臂部装配有多个转动关节,较为灵活。

6.4　物料传送装置

6.4.1　物料传送装置概述

物料传送装置用于物料在加工设备之间或加工设备与仓储装备之间的传输,是机械加工生产线的重要组成部分。在生产线设计过程中,可根据工件或刀具等被传输物料的特征参数和生产线的生产方式、类型及布局形式等因素,进行传送装置的设计或选取。

1. 物料传送装置的分类

物料传送装置的结构形式与工件的结构形状和尺寸、自动生产线的加工设备及布置、加工工艺特点等因素有关。按照传送方法的不同,物料传送装置可分为 3 种类型。

(1) 重力传送装置

重力传送装置是利用提升机构或机械手将工件提到一定高度后,工件在斜置的料槽中靠重力自上而下滚动或滑动落下实现传送的装置(如滚动式或滑动式输料槽等),适用于外形简单的中小型回转体工件的传送。工件的形状和尺寸等因素的影响会产生工件堵塞、失去定向或跳出输送槽等现象。这类传送装置结构简单,但是可靠性低。

(2) 强制传送装置

强制传送装置是将工件放置在一个利用动力驱动做单向封闭循环运动的输送带上(如链条式输送带等),利用工件与输送带的摩擦力传送工件,适用于大中型工件或外形较复杂工件的输送,可靠性高。

(3) 步伐式传送装置

步伐式传送装置是将工件放置在一个做直线往复运动的传送部件上,利用做往复运动部件的一个运动循环规律(步伐长度)将工件传送一个固定的长度。其适用于箱体或复杂件等的输送,如托盘式、弹簧棘爪式传送装置等。

2. 物料传送设计原则

(1) 减少环节,简化作业流程

物料传送不仅不增加货物的价值和使用价值,相反还会产生附加成本和增加货物的破损可能性,因此作业环节越少越好,尽可能避免重复搬运。同时要注意工步间、工序间的衔接,做到作业的连续性,作业路径尽量缩短,避免迂回和交叉运行,按生产工艺流程组织作业。

(2) 以满足生产工艺的需要为前提,充分发挥机械设备的利用率

物料传送机械设备的选用和配备,在满足生产工艺需要的前提下,要考虑各种设备的充分利用。

(3) 贯彻系统化、标准化的原则

物料传送本身是一个系统,因此传送作业与物流的其他环节之间,传送作业与生产工艺各工序、工步之间要协调,才能做到物流合理,提高生产效益。传送的工艺、装备、设施,货物的单元、运载工具、存储装置,信息流各种形式,组织管理方式乃至标志、用语等都应当标准化、系列化、通用化,这是实现物料传送作业现代化的前提。

(4) 步步活化,省力节能

在传送过程中,后一步比前一步更便于作业时称为活化;物料传送的工序、工步应设计得使物料的活动性指数提高(至少不降低),叫作步步活化。另外,还应采取节省劳动力和降低能耗的措施。

6.4.2 传送装置

物流系统中最常用的物料传送装置是输送机,输送机系统多采用滚道式输送机、带式输送机、链式输送机和悬挂式输送机。输送机具有能连续输送和输送效率高的优点,但输送机占地面积较大,根据工艺需求对输送机进行工程安装后其布置不易改变。

1. 滚道式输送机

滚道式输送机是一种结构简单、使用最广泛的输送装备,它由一系列以一定间距排列的滚子组成(图 6-13),用于传送成件货物或托盘货物。按照输送方向及生产工艺要求,滚道式输送机可以布置成各种线路,如直线的、转弯的和具有各种过渡装置的交叉路线等。为了将工件从一个输送机转移到另一个输送机上,需要在输送机的交叉处设置滚子转盘机构,即转向机构,如图 6-14 所示。

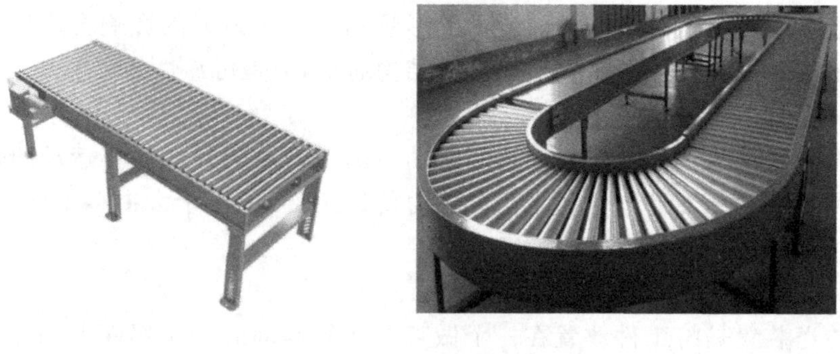

图 6-13 滚道式输送机

滚道式输送机的驱动装置可以是牵引式的或是机械传送式的。牵引式的驱动装置一般用于轻型的工作条件,可以采用链条、胶带或绳索。对于繁重的工作类型,可以采用刚性的机械传动式驱动装置。滚道式输送机按滚子是否具有驱动装置,可分为无动力式和动力式两类。

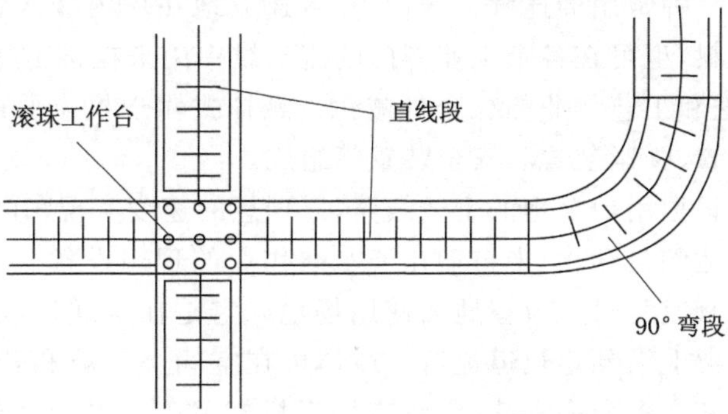

图 6-14　输送机布置线路

2. 带式输送机

带式输送机是靠输送带的运动来输送物料的传送机，如图 6-15 所示。输送带绕过传动滚筒首尾相连并张紧，当驱动装置带动传动滚筒旋转时，传动滚筒与输送带之间的摩擦力驱动输送带载着物体运动。带式输送机的输送能力大，运距大，可输送的物料品种多，结构比较简单，营运费用较低。带式输送机主要由机架、输送带、托辊、滚筒、张紧装置、传动装置等组成。它可以使物料在一定的输送线上，从最初的供料点到最终的卸料点间形成一种物料的输送流程。它既可以进行碎散物料的输送，也可以进行成件物品的输送。除进行纯粹的物料输送外，还可以与各工业企业生产流程中的工艺过程的要求相配合，形成有节奏的流水作业运输线。

图 6-15　带式输送机

3. 悬挂式输送机

悬挂式输送机是利用连接在牵引链上的滑架在架空轨道上运行以带动承载件传送物品的输送机，如图 6-16(a)、(b)所示。架空轨道可在车间内根据生产需要灵活布置，构成复杂的输送线路。

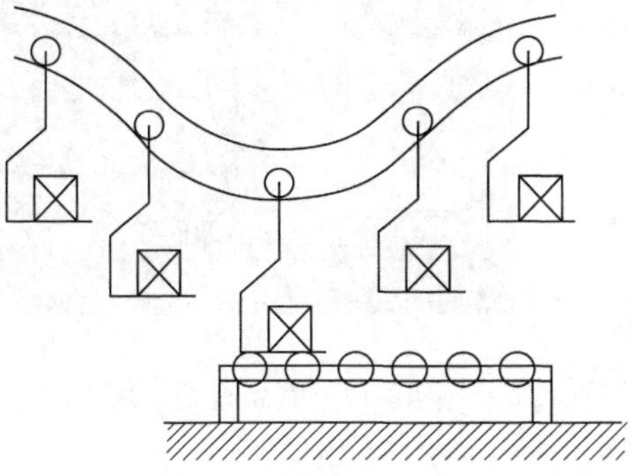

(a) 示意图

(b) 布置图

图 6-16　悬挂式输送机

悬挂式输送机是一种常用的连续输送设备，可连续地在厂内输送各种成件物品和装在容器或包内的散装物料，也可在各个工业部门的流水线中用来在各工序间输送工件，完成各种工艺过程，实现输送和工艺作业的综合机械化。悬挂式输送机主要由牵引链条、滑架、吊具、架空轨道、驱动装置、张紧装置和安全装置等组成。

悬挂式输送机是根据用户合理的工艺线路，以理想的速度实现车间内部、车间与车间之间连续输送成件物品达到自动化、半自动化流水线作业的理想设备。它可在三维空间任意布置，能起到在空中的储存作用，节省地面使用场地。它是在空间连续输送物料的设备，物料装在专用箱体或支架上沿预定轨道运行。线体可在空间上下坡和转弯，布局方式实用灵活，占地面积小，因此被众多商家青睐，广泛应用于机械、汽车、电子、家用电器、轻工、食品、化工等行业大批量流水生产作业中。

根据悬挂式输送机的吊重能力，可将其分为轻型和重型两类。单点吊重在 0～100 kg 内的归为轻型悬挂式输送机；单点吊重在 100～1 000 kg 内的归为重型悬挂式输送机。根据输送工艺和流程，可将其分为普通型和积放型输送机，普通型能实现对工件的调动，可根据工艺要求实现转弯、升降和调整流程速度等；积放型悬挂式输送机能根据不同的需要，实现对工件的自动堆积、摘卸、复位等复杂的工艺流程。

悬挂式输送机有以下一些特点：

(1) 单机输送能力大，可采用很长的线体实现跨厂房输送。

(2) 结构简单、可靠性高，能在各种恶劣环境下使用。

(3) 造价低、耗能少、维护费用低，可大大减少使用成本。

6.4.3 自动运输小车

自动运输小车分为有轨和无轨两大类，是先进制造系统中机床间传送物料与工具的重要装备。

1. 有轨自动运输小车

有轨自动运输小车(rail guided vehicle，RGV)又叫有轨穿梭小车，沿直线导轨运动，机床和辅助装备在导轨一侧，安放托盘或随行夹具的台架在导轨的另一侧，如图 6-17 所示。

RGV 采用直流或交流伺服电动机驱动，由生产系统的中央计算机控制。当 RGV 接近指定位置时，由光电装置、接近开关或限位开关等传感器识别减速点和准停点，向控制系统发出减速和停车信号，使小车准确地停靠在指定位置上。小车上的传动装置将托盘台架或机床上的托盘或随行夹具拉上小车，或将小车上的托盘、随行夹具送给托盘台架或机床。

图 6-17　有轨自动运输小车

RGV 适用于运送尺寸和质量均较大的托盘、随行夹具或工件，而且传送速度快、控制系统简单、成本低廉、可靠性高。其缺点是一旦将导轨铺设好，就不便改动；另外其转换的角度不能太大，多采用直线布置。

2. 无轨自动运输小车

无轨自动运输小车，也称为自动导向小车(automated guided vehicle，AGV)，AGV 是现代物流系统的关键装备，它装备有电磁或光学自动导引装置，能够沿规定的导向路径行驶在某一位置并自动进行货物的装载、自动行走到另一位置、自动完成货物的卸载，是具有安全保护及各种移载功能的全自动运输装置。

图 6-18(a)所示为一种 AGV 的结构示意图，AGV 主要由车体、电源与充电装置、驱动装置、转向装置、控制系统、通信装置和安全装置等组成。图 6-18(b)为实际应用中的 AGV。

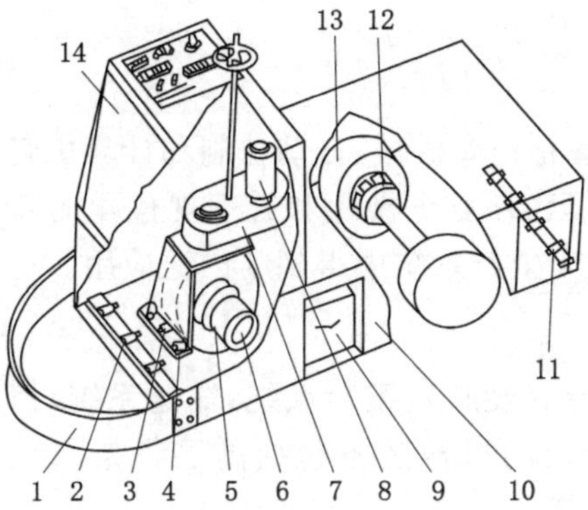

(a) 结构示意图

(b) 应用示意图

1—安全挡圈；2，11—认证线圈；3—失灵控制线圈；4—导向探测线圈；5—驱动轴；6—驱动电动机；7—转向机构；8—转向伺服电动机；10—车架；12—制动用电磁离合器；13—后轮；14—操纵台。

图 6-18 无轨自动运输小车

(1) 车体

车体由车架、减速器、车轮等组成。车架由钢板焊接而成，车体内主要安装有电源、驱动和转向等装置，以降低车体重心。车轮由支承轮和方向轮组成。

(2) 电源和充电系统

通常采用 24 V 或 48 V 的工业蓄电池作为电源，并配有充电装置。

(3) 驱动装置

驱动装置由电动机、减速器、制动机、车轮、速度控制等部分组成。制动器的制动力由弹簧弹力产生，制动力的松开由电磁力实现。

(4) 转向装置

AGV 转向装置通常有铰轴转向式和差动转向式两种。

(5) 控制系统

控制系统可以实现小车的监控，通过通信系统接收指令和报告运行状况，并可以实现小车编程。

(6) 通信装置

通信装置一般有两类通信方式，即连续方式和分散方式。连续方式是通过射频或通信电缆收发信号。分散方式是在预定地点通过感应光学的方法进行通信。

(7) 安全装置

安全装置有接触式和非接触式两类。接触式安全装置常用安全挡圈,并通过触动微动开关感知外部的故障信息。接触式安全装置结构简单、安全可靠,但只能适用于速度低、质量小、制动距离较短的小型 AGV。非接触式安全装置采用超声波、红外线、激光等多种形式进行阻碍探测,测出小车和障碍物之间的距离,当该距离小于某一段设定值时,通过警灯、蜂鸣器或其他音响装置进行报警,并实现 AGV 减速或停止运行。

AGV 按照导引方式可以分为电磁导引、光学导引、磁带导引、超声导引、激光导引、视觉导引等方式。

6.5 自动化仓库

自动化立体仓库是一种设置有高层货架,并配备有仓库机械、自动控制和计算机管理系统,在不进行直接人工搬运与操作的情况下,实现搬运、存取机械化和管理现代化的新型仓库,具有占地面积小、存储量大、周期快等优点,在现代生产系统中得到了广泛应用。

6.5.1 自动化立体仓库的构成

自动化立体仓库系统一般由存储系统(厂房和配套设施)、搬运系统、输送系统、消防系统、电控系统和计算机管理系统等组成。而其中涉及的机械装备包括高层货架、托盘(货箱)、堆垛机、出入库装卸站、输送机和安全保护装置等。

1. 货架

在自动化仓库中,货架指专门用于存放成件物品的保管设备。按货架形式不同其可分为通道式、密集型、旋转式货架三种;按货架高度不同可分为高层(>15 m)、中层(5～15 m)、低层(<5 m)货架;按货架的载重量不同可分为轻型货架(每层货架的载重量小于150 kg)、中型货架(每层货架的载重量为150～500 kg)和重型货架(每层货架的载重量大于500 kg)。

(1) 重力式货架。它是利用存储货架的自动重力达到在储存深度方向上使货物运动的存储系统,多用于拣选系统中。

(2) 贯通式货架。它采用货格货架,且必须为作业机械安排工作巷道,因而降低了仓库单位面积的库容量。

(3) 悬臂式货架。它又称为树枝形货架,由中间立柱向单侧或双侧伸出的悬臂组成。一般用于储存长、大件货物和不规则形状货物。

(4) 阁楼式货架。该货架可充分利用仓储空间,适用于库房较高、货物较轻、人工存取且储货量大的情况,特别适用于现有旧仓库的技术改造,提高仓库的空间利用率。

(5) 移动式货架。它是将货架本体放置在轨道上,在底部设有行走轮或驱动装置,靠动力或人力驱动使货架沿轨道横向移动。

(6) 旋转式货架。它可以将货架上的货物送到拣送点,再由人或机械将所需货物取出,所以其拣货路线短,操作效率高。

作为主要的承重结构,货架必须具有足够的强度和稳定性,即在正常工作条件下和在特殊的非工作条件下都不至于被破坏。同时,作为一种设备,货架还必须具有一定的精度和在最大工作载荷下有限的弹性变形。

2. 托盘和货箱

托盘和货箱也称为工位器具。托盘或货箱的基本功能是装物料，同时还要便于叉车及各堆垛机的叉取和存放。托盘多由钢、木或塑料制成。常用托盘包括单面型托盘、箱式托盘及轮式托盘等，如图 6-19 所示。

（a）单面型托盘　　（b）箱式托盘　　（c）轮式托盘

图 6-19　托盘结构

3. 堆垛机

堆垛机是随着自动化仓库的出现而发展起来的专用起重机，通常由电力驱动，可自动或手动操作，实现货物搬运、举升，是自动化仓库中最重要的存取作业机械。

巷道式堆垛机的主要用途是在高层货架的巷道内来回穿梭运行，将位于巷道口的货物存入货格，或取出货格内的货物运送到巷道口。堆垛机按其结构形式分为单立柱堆垛机和双立柱堆垛机，按有无导轨一般分为有轨巷道式堆垛机和无轨巷道式堆垛机。在自动化仓库中运用的主要作业设备包括有轨堆垛机、无轨堆垛机和普通叉车，见图 6-20，主要性能比较见表 6-2。

（a）普通叉车　　（b）有轨堆垛机　　（c）无轨码垛机

图 6-20　堆垛机

表 6-2 各种设备性能比较

设备名称	巷道宽度	作业高度/m	作业灵活性	自动化程度
普通叉车	最大	<5	任意移动,非常灵活	一般为手动,自动化程度较低
无轨巷道式堆垛机	中	5~12	可服务于两个以上的巷道,并完成高架区以外的作业	可以进行手动、半自动、自动及远距离集中控制
有轨巷道式堆垛机	最小	>12	只能在高层货架巷道内作业,必须配备出入库设备	可以进行手动、半自动、自动及远距离集中控制

6.5.2 自动化仓库的工作过程

下面以图 6-21 所示的四层货架的自动化仓库为例,介绍其工作过程。

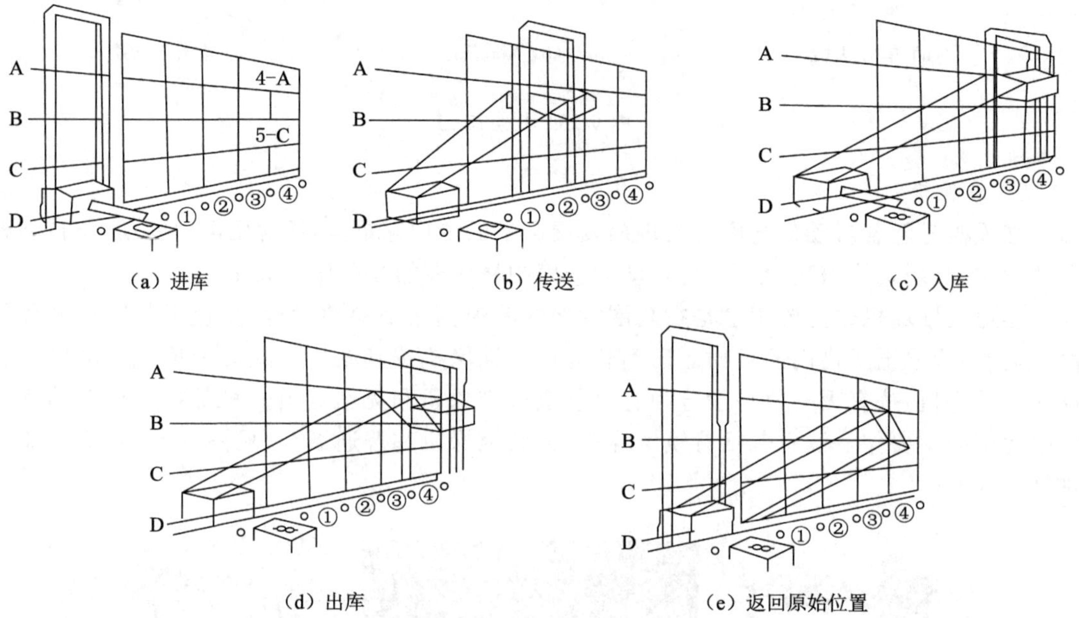

图 6-21 自动化仓库工作原理

(1) 堆垛机停在巷道起始位置,待入库的货物放置在出入库装卸站上,由堆垛机的货叉将其取到装卸托盘上,如图 6-21(a)所示。将该货物存入的仓位号及调出货物的仓位号一并从控制台输入计算机。

(2) 计算机控制堆垛机在巷道起始位置,装卸托盘沿堆垛机沿直导轨升降,自动寻址向存入仓位行进,如图 6-21(b)所示。

(3) 装卸托盘到达存入仓位前,即图中的第四列第四层,装卸托盘上的贷叉将托盘上的货物送进存入仓位,如图 6-21(c)所示。

(4) 堆垛机行进到第五列第二层,到达调出仓位,货叉将该仓位中的货物取出,放在装卸托盘上,如图 6-21(d)所示。

(5) 堆垛机带着取出的货物返回起始位置,货叉将货物从装卸托盘送到出入库装卸站,如图 6-21(e)所示。

重复上述动作，直至暂无货物调入、调出的指令后，堆垛机就近停在某一位置待命。

6.5.3　仓库自动化系统的设计

仓库的自动化系统一般分为管理级、监控级、控制级和设备级且呈分层分布式设计，系统的主体包括高层货架、巷道式堆垛机和计算机系统。

1. 自动化仓库的设计原则

自动化仓库在设计时需遵循以下原则：

(1) 总体规划原则

总体规划就是进行整个系统的各方面统筹，对该系统进行物流、信息流、能量流的分析，以便更加高效、准确地实现物流的流通与资金的周转。

(2) 最小移动距离的原则

该原则可保持各项基本操作的最佳经济距离。物料与人员的流动需尽量节省距离，提高效率，降低物流成本。

(3) 直线前进的原则

直线前进即物料的搬运与存储需要按照自然直线顺序逐步进行，避免迂回、倒流。

(4) 充分利用空间、场地的原则

在水平方向、垂直方向上要合理规划空间，充分利用场地特点，对设备的安放、人员的操作空间、物料的运输空间予以合理的安排。

(5) 生产力均衡原则

要合理规划设备与工作站及储料站之间的均衡性，使整个仓库处于一个合理的速度运行。

(6) 可靠性原则

设备运行过程中要进一步提高整体的运行稳定性与可靠性，保证生产过程的顺利进行。

(7) 柔性化的原则

仓库要具有一定的柔性，利于设备的技改与更新，同时可适用于不同结构及材质的物料仓储需求。

(8) 人机安全性原则

要保证人员操作的安全性以及机器设备运行安全性的需求，且要考虑人机工程学问题。

2. 自动化仓库系统的设计过程

自动化仓库系统设计过程主要包括如下几个步骤：

(1) 需求分析

在这一阶段里要提出问题，确定设计目标，并确定设计标准。通过调研搜集设计依据和数据，找出各限制条件并进行分析。还应考虑工作的可行性、时间进度、组织措施及影响设计过程的其他因素。

(2) 确定货物单元形式及规格

列出所有可能的货物单元形式和规格，并进行合理选择。

(3) 确定自动化仓库的形式、作业方式和机械设备参数

确定仓库形式，一般多采用单元货架式仓库。对于品种不多而批量较大的仓库，也可以采用重力式货架仓库或者贯通式仓库。根据工艺要求决定是否需要拣选作业，如果需要拣

选作业，则需确定拣选作业方式。

立体仓库的起重设备有很多种，它们各有特点。在设计时，要根据仓库的规格、货物形式、单元载荷和吞吐量等选择合适的设备，并确定它们的参数。对于起重设备应根据货物单元的质量选定起重量，并根据出入库频率确定各机构的工作速度。对于输送设备，则根据货物单元的尺寸选择输送机的宽度，并恰当地确定输送速度。

(4) 建立模型

所谓建立模型，主要是指根据单元货物规格来确定货架整体尺寸和仓库的内部布置。

① 确定货位尺寸和仓库总体尺寸。自动化仓库的货架由标准的部件构成，在正确地安装完成之后，它能满足所有负载、允许的偏差和其他工程要求。在立体仓库设计中，恰当地确定货位尺寸是一项极其重要的内容，它直接关系到仓库面积和空间利用率，也关系到仓库能否顺利地存取货物。货位尺寸取决于在货物单元四周需留出的尺寸和货架构件的有关尺寸。对自动化仓库来说，这些净空尺寸的确定应考虑货架、起重设备的运行轨道，以及仓库地坪的制造、安装和施工精度，还和起重搬运设备的停车精度有关。

② 确定仓库的整体布置。货位数取决于有效空间和系统需求量。一般情况下，每两排货架为一个巷道，根据场地条件可以确定巷道数。

(5) 确定工艺流程并核算仓库工作能力

① 立体仓库的存取模式。在立体仓库中存取货物的基本模式包括单作业模式和复合作业模式。单作业模式就是堆垛机从巷道口取一个货物单元送到选定的货位，然后返回巷道口，或者从巷道口出发到某一个给定的货位取出一个货物单元送到巷道口。组合作业模式就是堆垛机从巷道口取一个货物单元送到选定的货位，而后转移到另一个给定货位，取出其中的货物单元，送到巷道出口。应尽量采用复合作业模式，以提高其效率。

② 核算出、入库作业周期。仓库总体尺寸确定之后要核算货物出、入库平均作业周期，以检验是否满足系统要求。

(6) 提出对土建及公用工程的设计要求

根据自动化仓库的工艺流程要求确定货架的工艺载荷，提出对货架的精度要求；提出对地基基础的均匀沉降要求；确定对采暖、通风、照明防火等方面的要求。

(7) 选定控制方式和仓库管理方式

① 选定控制方式。根据作业形式和作业量的要求确定堆垛机的控制方式，控制方式可分为手动控制、半自动控制和全自动控制。出、入库频率比较高，规格比较大的仓库，使用全自动控制方式可以提高堆垛机的作业速度，提高仓库的生产率和运行准确性。

② 选择管理方式。随着信息技术的发展，采用计算机对仓库进行管理，并在线调度堆垛机和各种运输设备的作业。计算机管理是效率比较高、效果比较好的管理方式。

(8) 提出自动化设备的技术参数和配置

根据设计确定自动化设备的配置和参数。例如，确定选择什么样的计算机主频速度、内存容量、硬盘容量、系统软件和接口能力等，以及确定选择堆垛机的速度、高度、电动机功率和调速方式等。

3. 几种典型的自动化系统结构

(1) 集中控制方式

对于较小的仓库系统，实时控制易于实现，图 6-22 所示为一种典型的集中控制系统。

通过中心控制室的监控系统，执行仓库的基本管理，如发出存货控制、货物入库及载运，同时执行仓库设备和储存货物的管理等指令。该方式使用的设备较少，物理上容易实现，但对设备的可靠性要求高，因为一旦设备发生故障，将影响整个系统的运行。

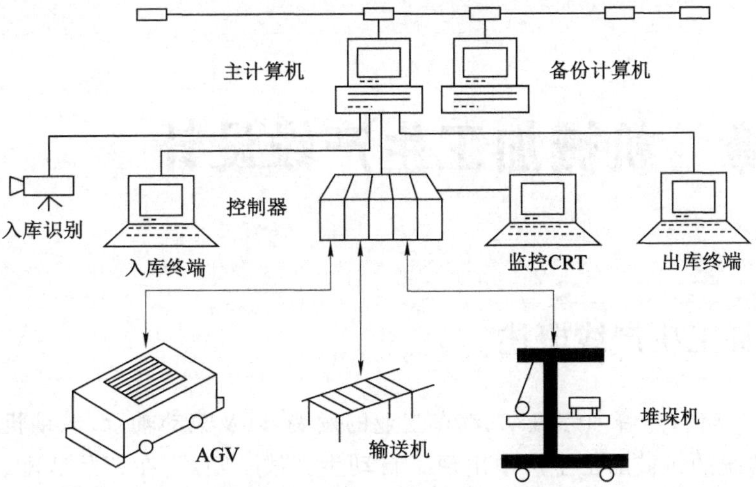

图 6-22　集中控制系统实例

为了提高系统的可靠性，可以采取几种措施，一种是硬件冗余措施，另一种是采用功能强、可靠性高的 PLC，同时在软件设计上也采取提高可靠性的多种措施。

（2）分层分布控制方式

分层分布控制系统中主计算机通过控制器分别控制着输送机控制器、堆垛机控制器、AGV 控制器。其优点在于系统功能分散在多台控制主机上，当某台设备发生故障时，其他设备的运行效果不受影响。此种仓库控制方式往往适用于大规模控制场合。

第7章　机械加工生产线设计

7.1　机械加工生产线概述

20 世纪 20 年代，随着内燃机车、汽车工业的发展，以及滚动轴承、电动机等机电产品的广泛应用，在传统的机械加工生产中出现了自动生产线。随后，在产品装配、铸造、锻压、焊接、冶金等制造产业中也出现了自动化生产和装配线。随着市场竞争的加剧及产品需求多样化的发展，以高精度、高生产率、柔性化且短周期为加工工艺特点的数控加工中心及其自动化生产线系统正成为机械加工生产线的新趋势。

7.1.1　机械加工生产线基本组成

对于一些加工工序较多的工件，为保证加工质量、提高生产率和降低成本，往往把加工装备按照一定的顺序依次排列，并采用一些输送装置与辅助装置将它们连接成一个整体，使之能够完成工件的指定加工过程，这类生产作业线称为机械加工生产线。

机械加工生产线是按劳动对象专业化组织起来的，完成一种或几种同类型机械产品的生产组织形式。它拥有完成该产品加工任务所需的加工装备，并按生产线上多数产品或主要产品的工艺路线和工序来配备、排列。这种生产组织形式一般要求产品的结构和工艺具有一定的稳定性，在成批和大量生产条件下都可以采用。

机械加工生产线分为流水线和自动线两类。自动线是在流水线的基础上，采用控制系统，将各台机床之间的工件输送、转位、定位和夹紧，以及辅助装置动作均实现自动控制，并按预先设计的程序自动工作的生产线。

根据被加工工件的具体情况、工艺要求、工艺过程、生产率和自动化程度等因素，机械加工生产线的结构及其复杂程度常有较大的差别，但不论其复杂程度如何，机械加工生产线一般由加工装备、工艺装备、输送系统、辅助系统和控制系统 5 个基本部分组成，如图 7-1 所示。

7.1.2　机械加工生产线的类型

机械加工生产线根据不同的特征有不同的分类方法，按工件外形和加工过程中工件运动状态、工艺设备、设备连接方式和生产品种可做如下分类。

1. 按工件外形和工件运动状态分类

(1) 旋转体工件加工生产线。这类生产线主要用于加工轴、盘和环形工件，加工过程中

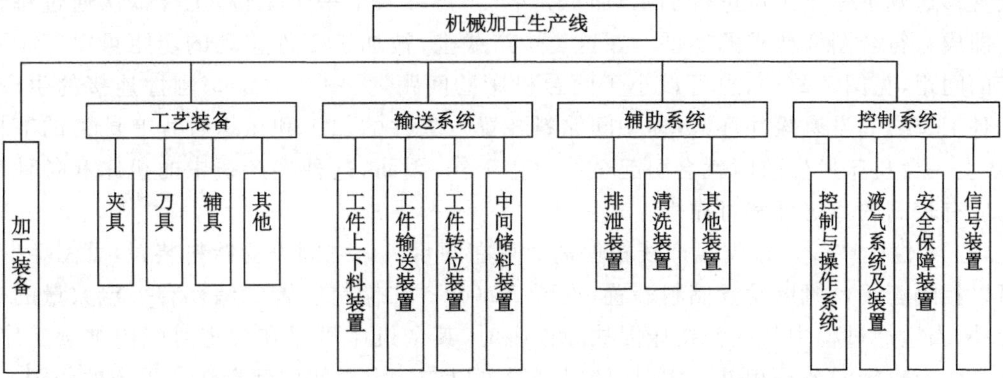

图 7-1　机械加工生产线基本组成

工件旋转。典型工艺是车或磨内、外圆，内、外槽，内、外螺纹和端面。

(2) 非旋转体工件加工生产线。这类生产线主要用于加工箱体和杂类工件，加工过程中工件往往固定不动。典型工艺是钻孔、扩孔、镗孔、铰孔、铣平面和铣槽。

2. 按生产品种分类

(1) 单一产品生产线。这类生产线由具有一定自动化程度的高效专用加工装备、工艺装置、输送装备和辅助装备等组成。按产品的工艺流程布局，工件沿固定的生产路线从一台设备输送到下一台设备，进行加工、检验、清洗等。这类生产线效率高，产品质量稳定，适用于大批量生产。但其专用性强，投资大，不易进行改造以适应其他产品的生产。

(2) 成组产品可调生产线。这类生产线由按成组技术设计制造的可调的专用加工装备组成。按成组工艺流程布局，具有较高的生产效率和自动化程度，用于结构和工艺相似的成组产品的生产。这类生产线适用于批量生产，当产品更新时，生产线可进行改造或重组以适应产品的变化。

3. 按工艺设备类型分类

(1) 通用机床生产线。这类生产线建线周期短、成本低，多用于加工盘类、轴、套、齿轮等中小旋转体工件。

(2) 组合机床生产线。这类生产线由各种组合机床连接而成。它的设计、制造周期短，工作可靠，因此，这类生产线有较好的使用效果和经济效益，在大批量生产中得到广泛应用。

(3) 专用机床生产线。这类生产线主要由专用机床构成，设计制造周期长、投资较大，适用于加工结构特殊、复杂的工件或产品结构稳定的大量生产类型。

(4) 柔性制造生产线。这类生产线由高度自动化的多功能柔性加工设备(如数控机床、加工中心等)、物料输送系统和计算机控制系统等组成。这类生产线的设备数量较少，在每台加工设备上，通过回转工作台和自动换刀装置，能完成工件多方位、多面、多工序的加工，以减少工件的安装次数，减小安装定位误差。这类生产线主要用于中小批量生产，加工各种形状复杂、精度要求高的工件，特别是能迅速灵活地加工出符合市场需要的一定范围内的产品，但建立这种生产线投资大、技术要求高。

4. 按设备连接方式分类

(1) 刚性生产线。这类生产线中没有储料装置，被加工工件在某工位完成加工后，由输送装置移送到下一个工位进行加工，加工完毕后，再移入下一个工位，工件依次通过每个工位后即成为符合图样要求的零件。在这类生产线上，被加工工件移动的步距可以等于两台机床的间距，见图 7-2(a)，也可以小于两台机床的间距，见图 7-2(b)。刚性连接的生产线，由于各工位之间没有缓冲环节（即中间储料装置），工件的加工和运送过程有严格的节拍要求，线上一台机床发生故障就会引起全线停止工作，因而，这种生产线中的机床和各种辅助装置应有较高的稳定性和可靠性。

(2) 柔性生产线。这类生产线根据需要可在两台机床之间设置储料装置，见图 7-2(c)，也可以相隔若干台机床设置储料装置，见图 7-2(d)。在储料装置中储存有一定数量的被加工工件，当生产过程中某一台机床因故障停机时，其余机床可以在一定时间内继续工作；或当前后两台机床的节拍相差较大时，储料装置可以在一定时间内起着调节平衡的作用。

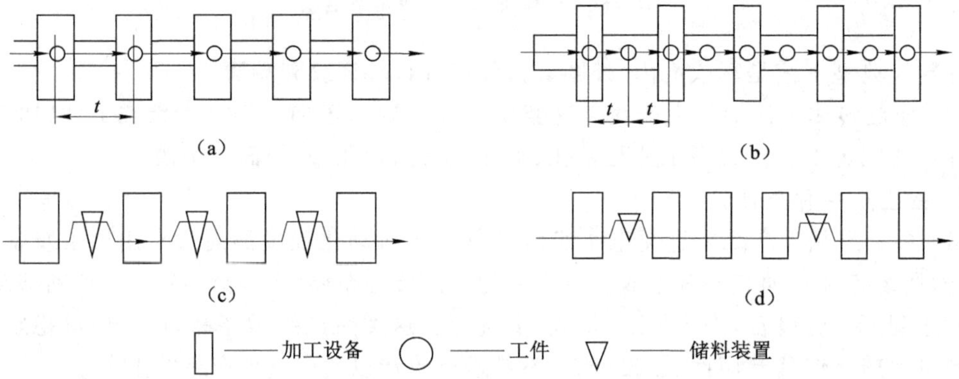

图 7-2 刚性生产线和柔性生产线

5. 按工件的输送方式分类

(1) 直接输送生产线。这类生产线上工件由输送装置直接带动，输送基面为工件上的某一表面。加工时，工件从生产线的起始端送入，完成加工后从生产线的末端输出，如图 7-3所示。

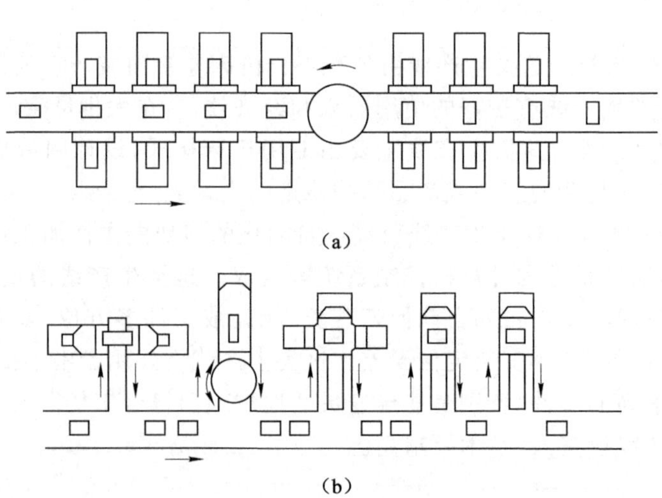

图 7-3 直接输送生产线

(2) 带随行夹具生产线。这类生产线将工件安装在随行夹具上，由主输送带将随行夹具依次输送至各个工位，完成工件的加工。加工完成后，随行夹具由返回输送带将其送回到主输送带的起始端，如图 7-4 所示。

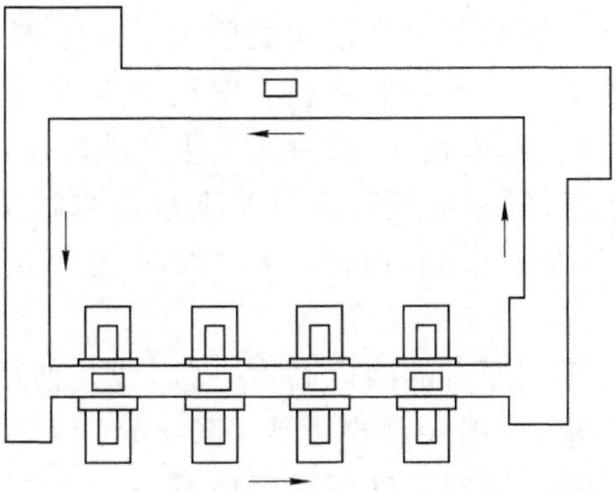

图 7-4　带随行夹具生产线

7.1.3　影响机械加工生产线方案的主要因素

1. 工件的几何外形及外形尺寸

工件的形状对生产线输送方式有很大的影响。外形规则的箱体件，如气缸体、气缸盖等都具有较好的输送基面，可采用直接输送方式。如果工件外形尺寸较小，为减少机床数量，可在一个工位上同时加工几个零件，如气缸体、气缸盖的端面加工的生产线，多采用双工位顺序加工。对于无良好输送基面的工件，可采用随行夹具式生产线，如传动叉、转向节、连杆等。

2. 工件的工艺及精度要求

完成平面加工的生产线，相对于孔加工的生产线来说，要复杂得多，对生产线的结构影响很大。有时为了实现多个平面的粗、精加工，工件需多次翻转，从而增加了生产线的辅助设备。同时，为保证铣削工序与其他机床的节拍相同，要增加铣削的工件数，或采用支线形式，使生产线的结构变得复杂。

当工件加工精度较高时，为减少生产线停车调整时间，常采用备用机床在生产线内平行排列。有时由于生产率的需要，还采用平行排列的备用精加工工段。

3. 工件材料

工件材料决定了加工中是否需要采用切削液，因而对排屑和运输方式有很大的影响。例如，钢件不能很好地断屑是影响生产线正常工作的一个重要因素。对于质地较软的有色金属，即使有合适的输送基面，为避免划伤，也要采用随行夹具式生产线或带输送带的生产线。

4. 生产率

生产率对生产线的配置形式和自动化程度都有较大的影响。工件批量大时，要求生产线能自动上下料；为平衡生产线的工作节拍，有时要在某些工段采用并行支线形式；为平衡个别工序的机动时间，要采用不同步距的输送带，增加同时加工的工件数。

如果工件的批量不大，则要求生产线有较大的灵活性和可调性，以便进行多品种加工。对一些批量不大，但加工工序很多的箱体件，为提高利用率，在工序安排允许的情况下，让工件几次通过生产线，实现全部工序的加工。

5. 车间平面布置

车间的平面布置对生产线配置形式有很大的影响。对于多工段组成的较长生产线，受车间限制有时可改为折线形式。生产线的配置方案还应考虑前后工序的衔接，毛坯从哪个方向进入车间，加工好的工件往哪里运送，都决定了生产线的流向。切屑的排出方向与车间总排屑沟的布置，车间的电源，压缩空气管道以及下水道总管道的位置、方向，对生产线电气、气动管路及排除冷却水等都有影响，在设计生产线时，这些问题都必须注意。

6. 装料高度

生产线的装料高度应与车间原有的滚道高度一致，或与使用单位协商决定。根据组合机床通用部件的配置尺寸要求，一般装料高度为 850 mm。当采用从下方返回的随行夹具生产线，或工件外形尺寸较小时，装料高度可适当加高。

7.1.4 机械加工生产线的设计原则

机械加工生产线的设计原则如下：

(1) 满足生产纲领要求，并留有发展余地，应通过技术经济分析和方案论证，一般使建线投资能在 5 年内收回。

(2) 保证产品加工质量，确保达到产品图样上的各项技术要求。

(3) 根据产品批量和可持续生产的时间，应考虑生产线具有一定的可调整性。

(4) 采用的工艺方案和设备应稳定可靠，基本投资小，使用与维修成本低。

(5) 应尽量减少工人的劳动强度，改善劳动条件和工作环境。

(6) 生产线布局应减少占地面积，还要便于操作者的操作、观察和维修，提供安全宜人的工作环境。

(7) 有利于资源和环境保护，实现洁净化生产。

7.1.5 机械加工生产线设计内容和步骤

机械加工生产线设计的内容和步骤如下：

(1) 确定生产线工艺方案，绘制工序图和加工示意图。

(2) 选择生产线通用加工设备及设计专用机床。

(3) 确定生产线的物流输送方式及输送装置的设计。

(4) 生产线辅助装置的选择及设计。

(5) 生产线总体布局的设计。

(6) 绘制生产线总联系尺寸图。

(7) 生产线控制系统的设计。

(8) 编制生产线的使用说明书及维修注意事项等。

7.1.6 机械加工生产线的优化措施

1. 缩短加工时间

以往的生产线在进行零部件生产加工时，往往需要在各个环节花费大量时间。想要缩短加工时间，需要选择双线或者双工位进行。现阶段的机械加工生产线可以选择新的加工设备，不断优化加工的各个环节，借助先进的技术手段，如电控液压驱动装置，提高加工速度。整个生产线实现自动化操作，可不断缩短加工时间，提高生产效率。

2. 提高对柔性制造系统的重视

以往的机械加工生产线选择的都是由继电器电路所构成的控制系统。随着数控机床的出现，传统的组合机床结构发生了很大的变化，许多零部件的设计标准也与以往的存在很大区别。将柔性制造系统引入传统的刚性自动化生产线，以及将数控加工模块应用到柔性制造系统中，可以加强各个环节之间的沟通，优化原有数控程序，进而更容易满足产品的加工需求。同时，借助柔性制造系统，可以实现对不同品种零件的加工需求，避免频繁重新布局生产线，极大地提高了企业的生产效率，能更好地满足客户的需求。

3. 提高加工精度

随着市场竞争越来越激烈，加工制造企业想要更好地生存和发展，需要为客户提供质量更好、精度更高的零部件产品。同时，受各类产品不断小型化制造的影响，对各个零部件的加工精度要求越来越高。因此，企业想要提高自己的市场竞争力，需要提高零部件产品的加工精度，更好地满足客户对产品的要求。首先，可以提高加工设备的精度，如夹具、主轴上部件等，选择更先进的刀具，优化整个切削过程。在进行尺寸测量时，尽量减小主观测量误差，要选择自动化测量控制系统及相关的自动化测量设备。在进行测量时，要避免材料的热力效应对测量精度的影响，做好热变形控制。在进行加工精度的监控和自动化控制时，可以选择空心工具锥柄及过程统计质量控制。应用空心工具锥柄进行测量时，通过对轴向及径向双向定位，提高测量精度。过程统计质量控制主要是实现对工件质量的自动化监控，其在各个机械加工生产线上的应用越来越广泛。

4. 提高加工的可靠性和利用率

优化机械加工生产线，可以从提高加工的可靠性和利用率方面进行考虑。做好对整个加工过程的质量监控工作，及时发现加工过程中出现的问题和故障，同时诊断故障，避免零部件加工中出现过大的偏差。同时，操作人员需要及时处理故障，尽量减少不必要的停机操作。建立故障自动诊断信息库，整理、收集系统在加工过程中出现的问题和故障，做好故障分析工作，找到产生故障的部位和原因，提高故障排除效率，避免故障进一步扩大。现阶段的生产线自动控制逐渐向着分散控制方式转变，这种新的控制方式的花费远远低于集中控制方式的花费，降低电缆在敷设过程中的长度和覆盖面积，同时可节约电气保养费等。

7.2　机械加工生产线的总体布局形式

机械加工生产线总体布局是指组成生产线的机床、辅助装置以及连接这些设备的工件输送装置的布置形式和连接方式。

机械加工生产线总体布局形式多种多样，它由生产类型、工件结构形式、工件输送方式、车间条件、工艺过程和生产纲领等因素决定。由于各种工件在结构、尺寸和刚度等方面存在较大差异，它们在生产线上所采用的输送方式也不尽相同，工件的输送方式在很大程度上决定了生产线的布局形式。

7.2.1 工件输送方式

1. 直接输送方式

这种输送方式由输送装置直接输送，依次输送到各工位，其输送基面就是工件的某一表面。直接输送方式可分为通过式和非通过式两种。其中，通过式又可分为直线通过式、折线通过式、并联支线形式、框形。

（1）直线通过式。直线通过式生产线布局形式如图 7-5 所示。工件的输送带穿过全线，由两个转位装置将其划分成 3 个工段，工件从生产线始端送入，加工完成后从末端取下。其特点是输送工件方便，生产面积可充分利用。

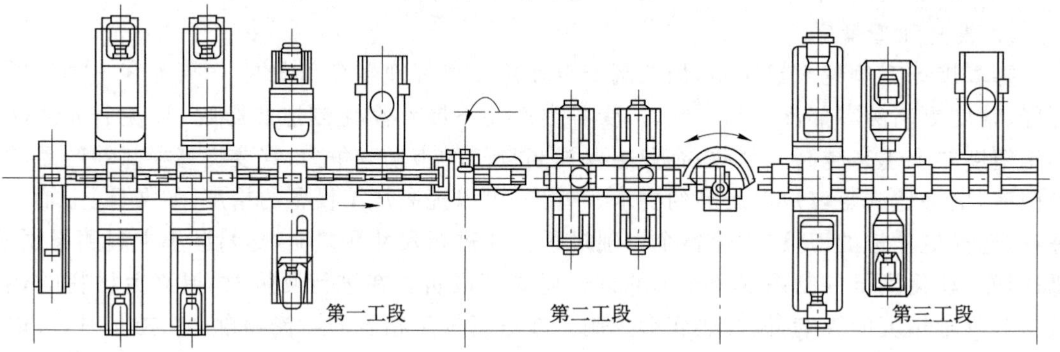

图 7-5　直线通过式生产线布局形式

（2）折线通过式。当生产线的工位数多、长度较长时，直线布置常常受到车间布局的限制，或者需要工位自然转位，可布置成折线式，如图 7-6 所示。生产线在两个拐弯处，工件自然地水平转位 90°，并且节省了水平转位装置。折线通过式可设计成多种形式，如图 7-7 所示。

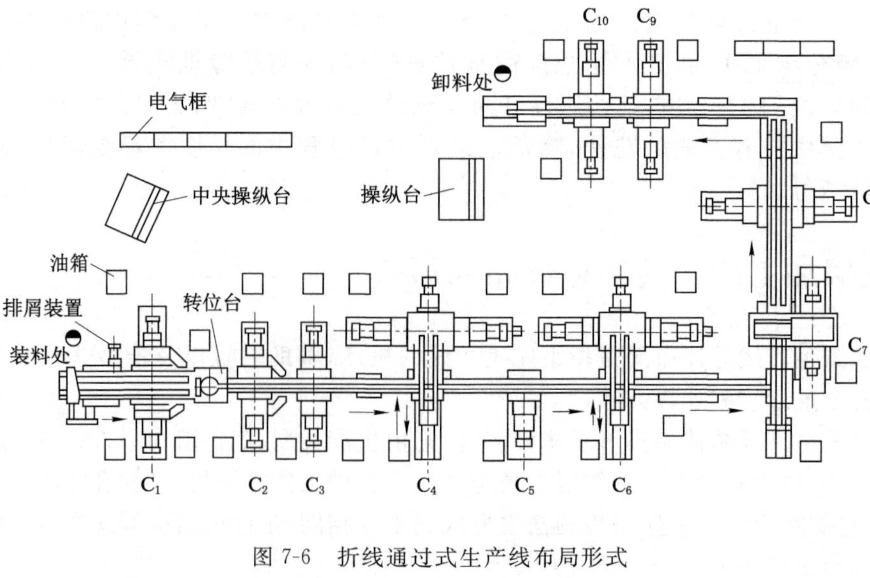

图 7-6　折线通过式生产线布局形式

(3) 并联支线形式。在生产线上,有些工序加工时间特别长,采用在一个工序上重复配置几台同样的加工设备,以平衡生产线的生产节拍,其布局形式示意图如图 7-8 所示。

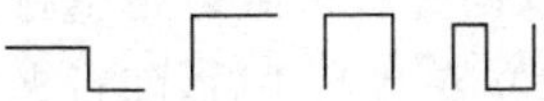

图 7-7 折线通过式生产线布局形式的示意图

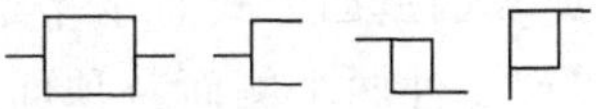

图 7-8 并联支线形式生产线布局形式的示意图

(4) 框形。这种布局适用于采用随行夹具输送工件的生产线,随行夹具自然地循环使用,可以省去一套随行夹具的返回装置。图 7-9 所示为框形生产线布局形式。

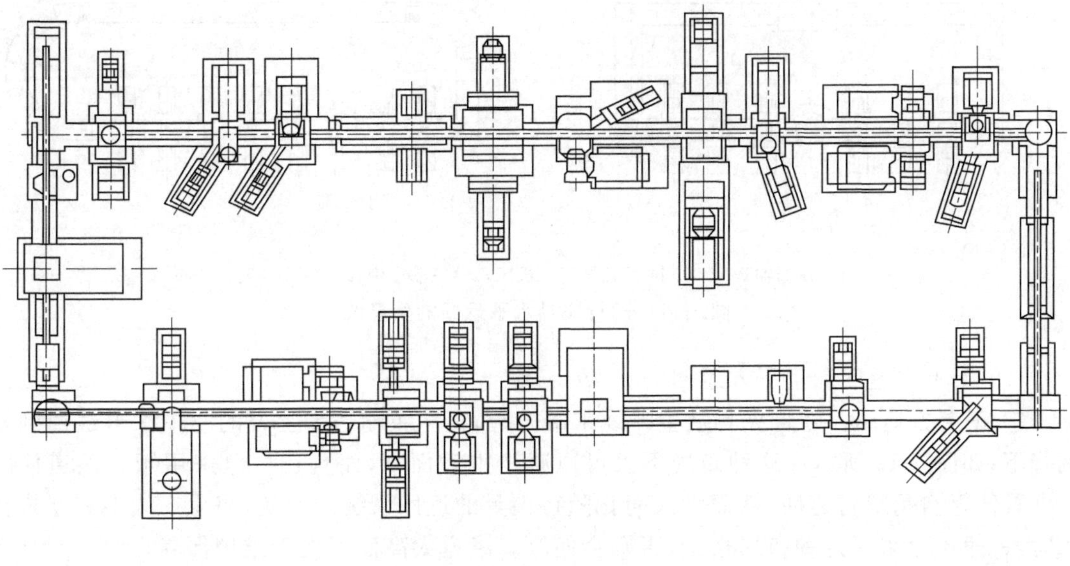

图 7-9 框形生产线布局形式

(5) 非通过式。非通过式生产线的工件输送装置位于机床的一侧,如图 7-10 所示。当工件在输送线上运行到加工工位时,通过移载装置将工件移入机床或夹具中进行加工,并将加工完毕的工件移至输送线上。该方式便于采用多面加工,保证加工面的相互位置精度,有利于提高生产率,但需增加横向运载机构,生产线占地面积较大。

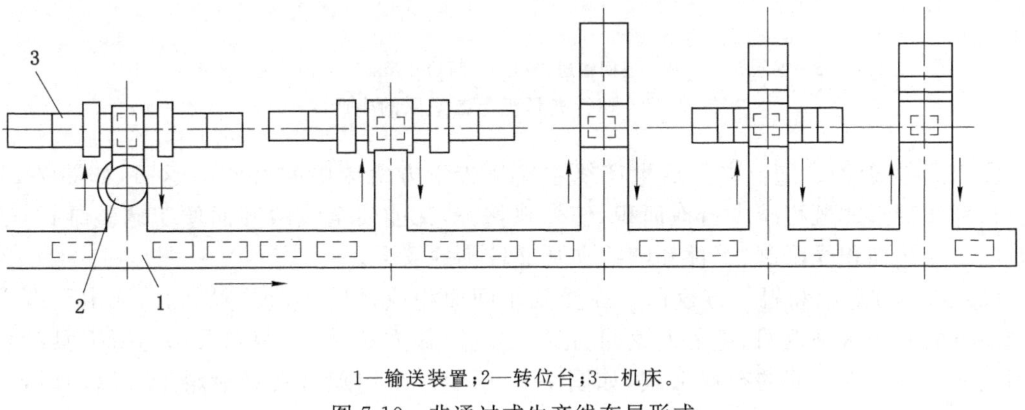

1—输送装置;2—转位台;3—机床。

图 7-10 非通过式生产线布局形式

2. 带随行夹具方式

在随行夹具方式生产线中，将工件安装在随行夹具上，输送线将随行夹具依次输送到各工位，随行夹具的返回方式有水平返回、上方返回和下方返回 3 种形式。带随行夹具方式适用于同时实现工件两个侧面及顶面加工的场合，在装卸工位装上工件后，随行夹具带着工件绕生产线一周便可完成工件 3 个面的加工。

(1) 水平返回。这种布局形式就是将主输送带和返回输送带在水平面内组成封闭的框形，随行夹具可循环使用，如图 7-11 所示。这种布局的主要缺点是占地面积较大。

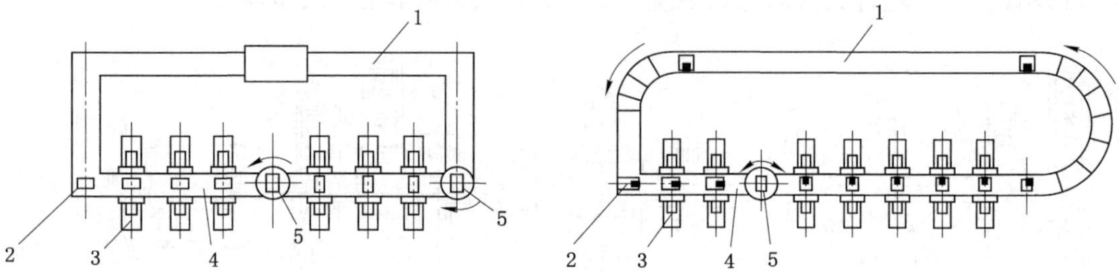

1—返回输送带；2—随行夹具；3—机床；4—主输送带；5—转位装置。

图 7-11　随行夹具水平返回的生产线

(2) 正上方返回和正下方返回。

① 正上方返回。随行夹具从生产线末端升起，再从主输送带上方的空中滚道返回到始端降下，如图 7-12 所示。这种布局不仅可以减少占地面积，而且还可以采用倾斜滚道使随行夹具依靠自重滑行返回，从而大大简化随行夹具的返回系统。但是，当生产线上有立式机床时，一般不宜采用这种布局格式，否则会使倾斜滚道太高而不便于维护保养。

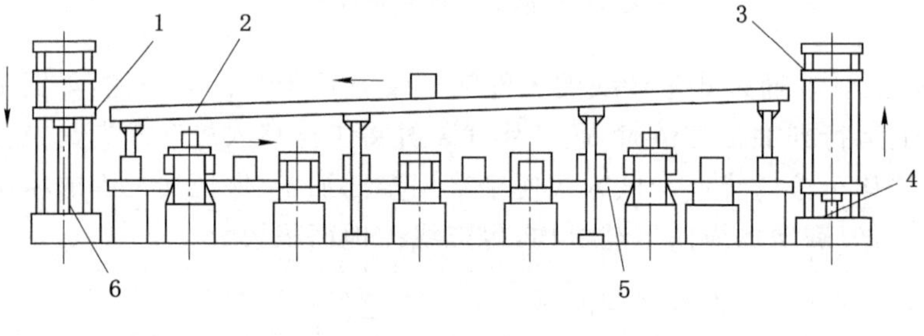

1，3—两端升降台；2—返回输送带；4，6—两端升降液压缸；5—主输送带。

图 7-12　随行夹具正上方返回的生产线

② 正下方返回。随行夹具从生产线主输送带下方机床中间底座中返回，如图 7-13 所示。这种布局形式既可减少占地面积，使外观整齐，又能使全线敞开而便于调整维护，适用于车间的使用面积受限制、工件和随行夹具又较小的场合。

(3) 斜上方返回和斜下方返回。在受到车间面积或排屑要求的限制时，或由于有立式机床而不能采用水平返回、正上方返回、正下方返回等方案时，可考虑采用随行夹具沿生产线斜上方或斜下方返回的布局形式，如图 7-14 所示。采用随行夹具沿斜上方返回时，一般是通过链传动使随行夹具沿斜面上升到设置在立式或倾斜式机床背后的空中返回滚道上，

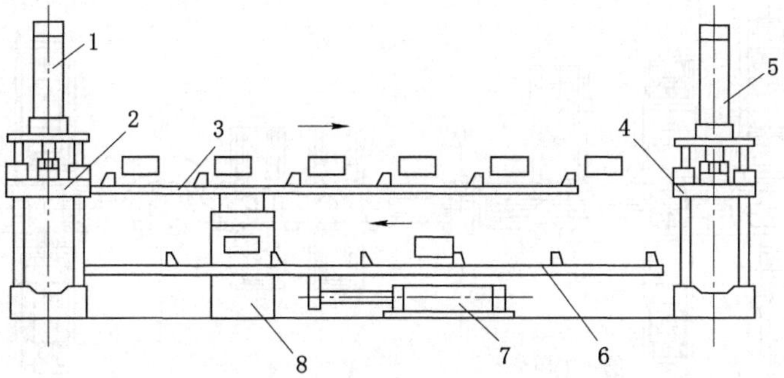

1,5—两端升降液压缸;2,4—两端升降台;3—主输送带;6—返回输送带;
7—返回输送带的驱动装置;8—中间底座。

图 7-13　随行夹具正下方返回的生产线

这种布局主要适用于尺寸较大的工件和随行夹具。采用随行夹具沿斜下方返回的方案时，返回通道设置在卧式机床的尾部。这种布局适用于尺寸较小的工件和随行夹具。

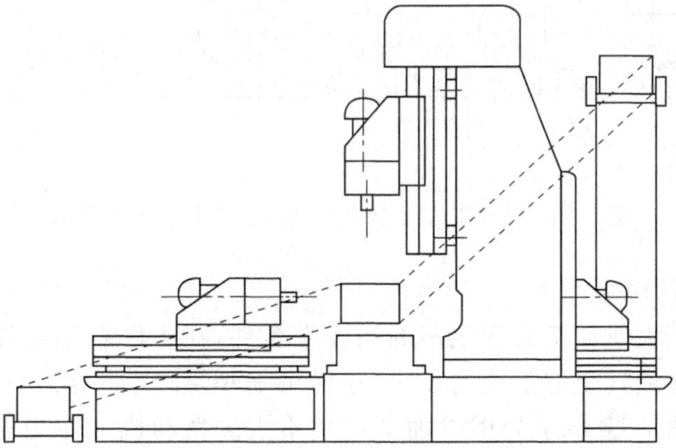

图 7-14　随行夹具沿斜上方或斜下方返回的生产线

3. 悬挂输送方式

悬挂输送方式主要适用于外形复杂及没有合适输送基准的工件及轴类零件，工件传送系统设置在机床的上空，传送机械手悬挂在机床上方的桁架上。各机械手之间的间距一致，不仅完成机床之间的工件传送，还完成机床的上下料。其特点是结构简单，适用于生产节拍较长的生产线，如图 7-15 所示。这种输送方式只适用于尺寸较小、形状复杂的工件。

4. 设置平行加工工位的生产线

设置几个平行加工的工位可以在一条生产线上实现几个较大工件的同时加工。图 7-16所示为具有 3 个平行加工工位生产线的布局形式，它由两组(每组各 3 台)机床组成，前 3 台用以完成第一工序，后 3 台用以完成第二工序。由图可知，这种布局可使每道工序都有 3 个工件在 3 个工位上进行加工，而每个工件则都只在两个工位上由两台机床完成加工。工件输送带经过 5 次移动(每次移动 L)后送出 3 个加工完毕的工件。

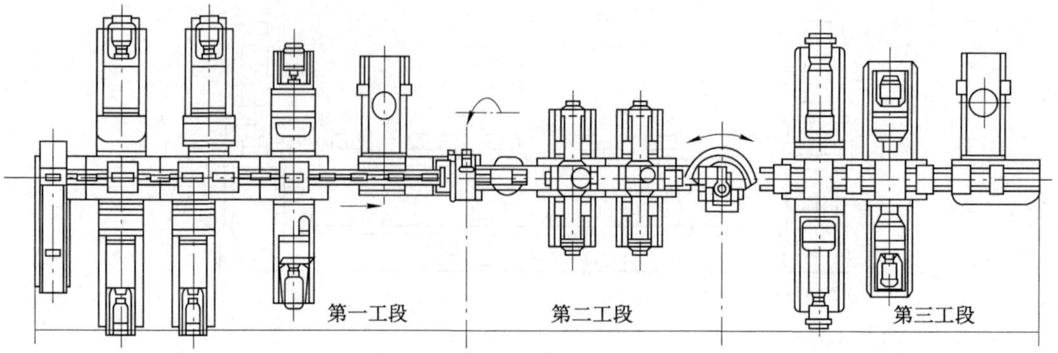

图 7-15　悬挂式输送机械手生产线

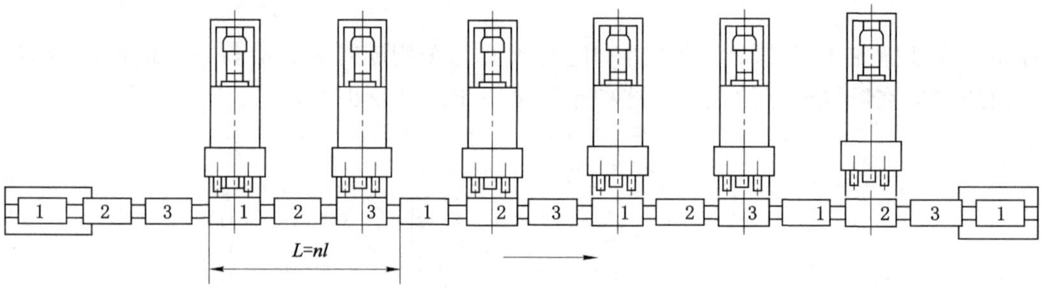

图 7-16　具有 3 个平行加工工位生产线的布局形式

5. 工件多次通过的生产线

对于一些产量不大但加工工序很多的箱体类零件，在工序安排允许的情况下可让工件多次通过生产线而完成其全部工序的加工，这样可缩短生产线的长度，减少资金投入，提高生产线的利用率。图 7-17 所示为用以加工产量不大的发动机缸体的工件两次通过生产线

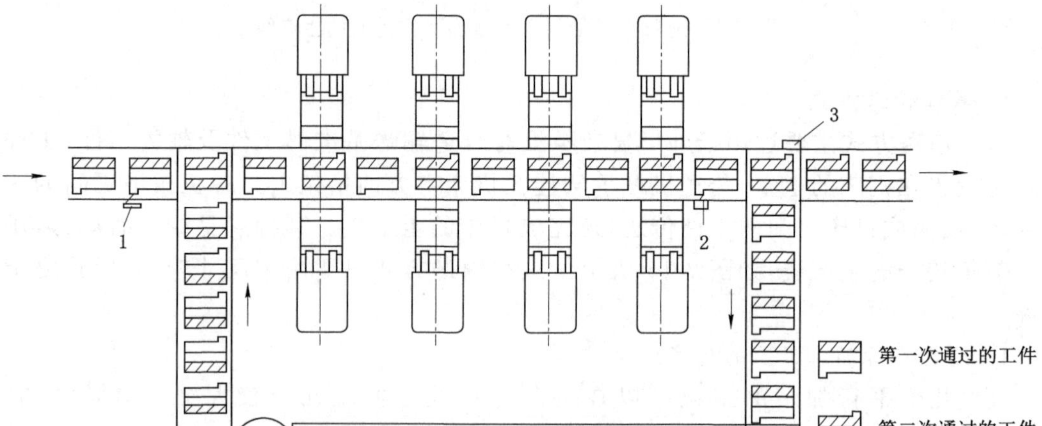

1—定向开关；2—第一次通过检验开关；3—第二次通过检验开关。

图 7-17　工件两次通过生产线的布局形式

的布局形式，工件经过生产线的第一次加工后转位 180°再次进入生产线，对换其两侧表面的加工内容。

7.2.2　生产线的连接方式

1. 刚性连接

刚性连接是指输送装置将生产线连成一个整体，用同一节奏把工件从一个工位传到另一个工位。其特点是生产线中没有储料装置，工件输送有严格的节奏性，如某一工位出现故障，将影响到全线。此种连接方式适用于各工序节拍基本相同、工序较少的生产线或长生产线中的部分工段。

2. 柔性连接

柔性连接是指设有储料装置的生产线。储料装置可设在相邻设备之间，或相隔若干台设备之间。由于储料装置储备一定数量的工件，因而当某台设备因故障停歇时，其余各台机床仍可继续工作一段时间。在这段时间故障如能排除，可避免全线停产。另外，当相邻机床的工作循环时间相差较大时，储料装置又能起到一定的调节平衡作用。

7.3　机械加工生产线总体联系尺寸图

生产线总体联系尺寸图用于确定生产线机床之间、机床与辅助装置之间、辅助装置之间的尺寸关系，是设计生产线各部件的依据，也是检查各部件相互关系的重要资料。当选用的机床和其他装备的形式和数量确定以后，根据拟定的布局就可以绘制生产线总体联系尺寸图。需要确定的尺寸有以下几种。

1. 机床间距

机床之间的距离应保证检查、调整和操作机床时工人出入方便，一般要求相邻两台机床运动部件的距离不小于 600 mm。如采用步伐式输送装置，机床间距 L(mm)还应符合下列条件：

$$L=(n+1)t$$

式中　t——输送带的步距，mm；

n——两台机床间空工位数，一般情况下，空工位数为 1～4。

2. 输送带步距 t 的确定

输送带步距是指输送带上两个棘爪之间的距离。步距 t 可按下式确定(见图 7-18)：

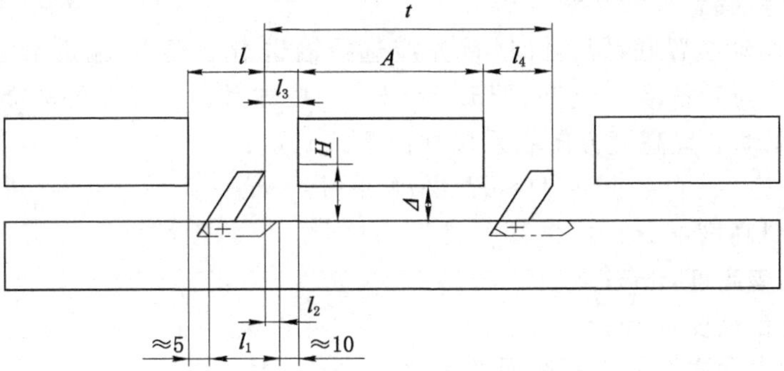

图 7-18　步距的确定

$$t=A+l_4+l_3$$

式中 A——工件在输送方向上的长度,mm;

l_4——前准备量,mm,$l_4=t-l_3$;

l_3——输送带棘爪的起程距离,即后备量,mm;

l——相邻两工件的前面与后面的距离,mm。

确定生产线步距时,既要保证机床之间有足够的距离,又要尽量缩短生产线的长度。标准输送带的步距取 350~1 700 mm。

3. 装料高度的确定

对于专用机床生产线,装料高度是指机床底面至固定夹具支承面的尺寸,一般取 850~1 060 mm;对于回转体加工生产线,则指机床底面至卡盘中心的距离。选择装料高度主要考虑生产人员操作、调整、维修设备和装卸工件方便。对较大的工件,采用随行夹具下方返回时,装料高度取小值;对于较小的工件,装料高度取大值,同时,应使其与车间现有装料高度一致。

4. 转位台联系尺寸的确定

转位台用来改变工件的加工表面。确定转位台中心有以下两种情况:

(1) 当步距较大时,可取工件中心做转位台中心,如图 7-19(a)所示。此时工件或限位板的最大回转半径 R 应满足:$R<L$,$a_1=a_2$,$c_1=c_2=a_2-b$。

转位台转位时,输送带应处于原位状态,并保证棘爪离工件端面距离大于 $R-a_1$。

(2) 转位台较小时,转位台中心不能取工件中心,应按图 7-19(b)选取,并也要满足:$R<L$,$a_1=a_2$,$c_1=c_2=a_2-b$。

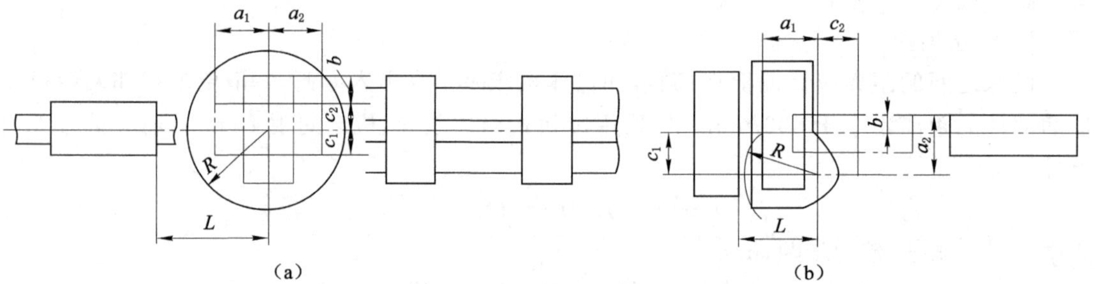

图 7-19 转位台联系尺寸

5. 输送带驱动装置联系尺寸

确定输送带驱动装置联系尺寸时,首先应选择输送滑台规格,输送滑台的工作行程 L_D 应等于输送步距 t 与后备量 l_3 之和,即 $L_D=t+l_3$。依据滑台行程即可选择滑台规格。从图 7-20 可以看出,驱动装置高度方向联系尺寸由下式确定:

$$H=H_1+H_2+H_3+H_4$$

式中 H——装料高度,mm;

H_1——底座高度,mm;

H_2——滑台高度,mm;

H_3——滑台台面至输送带底面的尺寸,mm;

H_4——输送带的高度,mm。

驱动滑台长度方向的尺寸 L(驱动装置在机床间)由下式确定：

$$L=D+2C+E+F$$

式中　D——输送装置(如滑台)底座尺寸,mm；

C——机床底座尺寸,mm；

E——输送驱动装置固定挡铁一端至机床底座间的尺寸,mm,$E\geqslant300$ mm；

F——输送驱动装置不带固定挡铁一端至机床底座的尺寸,mm,$F<E$。

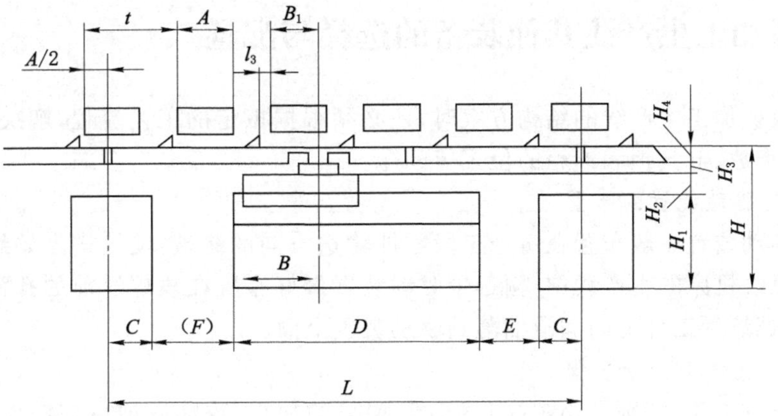

图 7-20　输送带驱动装置联系尺寸

6. 生产线内各装备之间距离尺寸的确定

生产线内各装备之间的距离尺寸如图 7-21 所示。相邻不需要接近的运动部件的间距

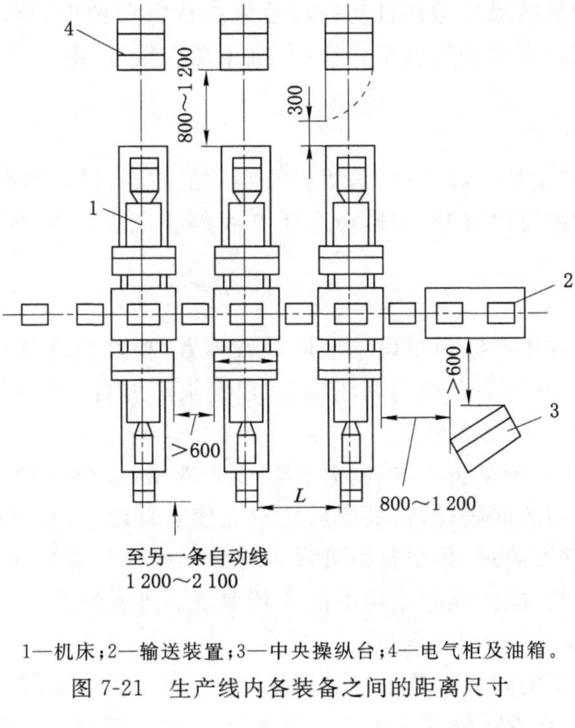

1—机床；2—输送装置；3—中央操纵台；4—电气柜及油箱。

图 7-21　生产线内各装备之间的距离尺寸

可小于 250 mm 或大于 600 mm，当取间距在 250～660 mm 时，应设置防护罩；对于需要调整但不运动的相邻部件之间的距离，一般取 700 mm，如有其中一部件需运动，则该距离应加大，如电气柜门需开与关，推荐取 800～1 200 mm；生产线装备与车间框架距离最近柱子间的距离，对于运动部件取 500 mm，不运动的部件取 300 mm；两条生产线运动部件之间的最小距离一般取 1 000～1 200 mm；生产线内机床与随行夹具返回装置的距离应不小于 800 mm，随行夹具上方返回的生产线，最低点的高度应比装料基面高 750～800 mm。

7.4 机械加工生产线其他装备的选择与配置

在确定机械加工生产线的结构方案时，还必须根据拟定的工艺流程，解决工序检查、切削处理、工件堆放、电气柜和油箱的位置等问题。

1. 输送带驱动装置的布置

输送带驱动装置一般布置在每个工段零件输送方向的终端，使输送带始终处于受拉状态。在有攻螺纹机床的生产线中，输送带驱动装置最好布置在攻螺纹前的孔深检查工位下方，可防止攻螺纹后工件上的润滑油落到驱动装置上面。

2. 小螺纹孔加工检查装置

对于攻螺纹工序，特别是小螺纹孔（小于 M8）的加工，攻螺纹前后均应设置检查装置。攻螺纹前检查孔深是否合适，以及孔底是否有切屑和折断的钻头等；攻螺纹后则检查丝锥是否有折断在孔中的情况。检查装置安排在紧接钻孔和攻螺纹工位后，以便及时发现问题。

3. 精加工工序的自动测量装置

精加工工序应考虑采用自动测量装置，以便在达到极限尺寸时，发出信号，及时采取措施。处理方法有：将测量结果输送到自动补偿装置进行自动调刀；自动停止工作循环，通知操作者调整机床和刀具；采用备用机床，当一台机床在调整时，由另一台机床工作，从而减少生产线的停产时间。

4. 装卸工位控制机构

在生产线前端和末端的装卸工位上，要设有相应的控制机构，当装料台上无工件或卸料工位上工件未取走时，能发出互锁信号，命令生产线停止工作。装卸工位应有足够的空间，以便存放工件。

5. 毛坯检查装置

若工件是毛坯，应在生产线前端设置毛坯检查装置，检查毛坯某些重要尺寸，当不合格时，检查系统发出信号，并将不合格的毛坯卸下，以免损坏刀具和机床。

6. 液压站、电气柜及管路布置

生产线的动作往往比较复杂，其控制需要较多的液压站、电气柜。确定配置方案时，液压站、电气柜应远离车间的取暖设备，其安放位置应使管路最短、拐弯最少、接近性好。

液压管路敷设要整齐美观，集中管路可设置管槽。电气走线最好采用空中走线，这样便于维护；若采用地下走线，应注意防止切削液及其他废物进入地沟。

7. 桥梯、操纵台和工具台的布置

规格较大、封闭布置的随行夹具水平返回生产线，应在适当位置布置桥梯，以便操作者出入。桥梯应尽量布置在返回输送带上方。设置在主输送带的上方时，应力求不占用单独工位，同时一定要考虑扶手及防滑的措施，以保证安全。

生产线进行集中控制，需要设置中央操纵台；分工区的生产线要设置工区辅助操纵台；生产线的单机或经常要调整的设备应安装手动调整按钮台。

生产线的刀具数量大、品种多，为了方便管理，设置刀具管理台及线外对刀装置是保证生产率的重要措施。

8. 清洗设备布置

在综合生产线上，防锈处理和装配工位之前，自动测量和精密加工之后需要设置清洗设备。清洗设备一般采用隧道式，按节拍进行单件清洗。通常与零件的输送采用统一的输送装置，也可采用单独工位进行机械清洗，如毛刷清理、刮板清理等，以清除定位面、测量表面和精加工面上的积屑和油污。

参考文献

[1] 储开宇,王进峰.机械制造装备设计[M].北京:中国电力出版社,2019.

[2] 齐继阳,唐文献.机械制造装备设计[M].北京:北京理工大学出版社,2018.

[3] 芮延年,卫瑞元.机械制造装备设计[M].北京:科学出版社,2017.

[4] 隋秀凛,高安邦.实用机床设计手册[M].北京:机械工业出版社,2010.

[5] 孙远敬,郭辰光,魏家鹏.机械制造装备设计[M].北京:北京理工大学出版社,2017.

[6] 孙远敬,刘宏梅.机械制造技术基础[M].徐州:中国矿业大学出版社,2013.

[7] 谢家瀛.组合机床设计简明手册[M].北京:机械工业出版社,1994.

[8] 游楼弼.组合机床及自动化加工装备设计与实践[M].南京:东南大学出版社,2017.

[9] 于英华.组合机床设计[M].北京:清华大学出版社,2012.

[10] 张福,王晓方.机械制造装备设计[M].武汉:华中科技大学出版社,2014.

[11] 张接信.组合机床及其自动化[M].北京:人民交通出版社,2009.